人力资源和社会保障部职业能力建设司推荐
冶金行业职业教育培训规划教材

加热炉基础知识与操作

主　编　戚翠芬　张树海
副主编　贾庆云　付俊薇
主　审　邢毅品

北　京
冶金工业出版社
2023

内 容 提 要

本书为冶金行业职业技能培训教材，是参照冶金行业职业技能标准和职业技能鉴定规范，根据冶金企业的生产实际和岗位群的技能要求编写的，并经人力资源和社会保障部技工教育和职业培训教材工作委员会组织专家评审通过。

全书内容分为基础知识和操作技能两部分。在具体内容的组织安排上，注意融入一些新技术，既包括加热炉的理论知识，又包括操作技能，注意了岗位工培训的特点，力求少而精，通俗易懂，理论联系实际，着重应用，便于读者掌握加热生产的基础知识和操作技能。

本书也可作为职业技术院校相关专业的教材，或工程技术人员的参考用书。

图书在版编目（CIP）数据

加热炉基础知识与操作/戚翠芬，张树海主编.—北京：冶金工业出版社，2005.1（2023.6 重印）

ISBN 978-7-5024-3621-6

Ⅰ.①加…　Ⅱ.①戚…　②张…　Ⅲ.①冶金炉　Ⅳ.①TF06

中国版本图书馆 CIP 数据核字（2004）第 100714 号

加热炉基础知识与操作

出版发行　冶金工业出版社　　**电　　话**　(010)64027926

地　　址　北京市东城区嵩祝院北巷 39 号　　**邮　　编**　100009

网　　址　www.mip1953.com　　**电子信箱**　service@mip1953.com

责任编辑　郭冬艳　美术编辑　彭子赫　版式设计　孙跃红

责任校对　卿文春　李文彦　责任印制　窦　唯

北京富资园科技发展有限公司印刷

2005 年 1 月第 1 版，2023 年 6 月第 6 次印刷

787mm×1092mm　1/16；12.25 印张；323 千字；179 页

定价 29.00 元

投稿电话　(010)64027932　投稿信箱　tougao@cnmip.com.cn

营销中心电话　(010)64044283

冶金工业出版社天猫旗舰店　yjgycbs.tmall.com

（本书如有印装质量问题，本社营销中心负责退换）

冶金行业职业教育培训规划教材
编辑委员会

序

吴溪淳

改革开放以来，我国经济和社会发展取得了辉煌成就，冶金工业实现了持续、快速、健康发展，钢产量已连续数年位居世界首位。这其间凝结着冶金行业广大职工的智慧和心血，包含着千千万万产业工人的汗水和辛劳。实践证明，人才是兴国之本、富民之基和发展之源，是科技创新、经济发展和社会进步的探索者、实践者和推动者。冶金行业中的高技能人才是推动技术创新、实现科技成果转化不可缺少的重要力量，其数量能否迅速增长、素质能否不断提高，关系到冶金行业核心竞争力的强弱。同时，冶金行业作为国家基础产业，拥有数百万从业人员，其综合素质关系到我国产业工人队伍整体素质，关系到工人阶级自身先进性在新的历史条件下的巩固和发展，直接关系到我国综合国力能否不断增强。

强化职业技能培训工作，提高企业核心竞争力，是国民经济可持续发展的重要保障，党中央和国务院给予了高度重视，明确提出人才立国的发展战略。结合《职业教育法》的颁布实施，职业教育工作已出现长期稳定发展的新局面。作为行业职业教育的基础，教材建设工作也应认真贯彻落实科学发展观，坚持职业教育面向人人、面向社会的发展方向和以服务为宗旨、以就业为导向的发展方针，适时扩大编者队伍，优化配置教材选题，不断提高编写质量，为冶金行业的现代化建设打下坚实的基础。

为了搞好冶金行业的职业技能培训工作，冶金工业出版社在人力资源和社会保障部职业能力建设司和中国钢铁工业协会组织人事部的指导下，同河北工业职业技术学院、昆明冶金高等专科学校、吉林电子信息职业技术学院、山西工程职业技术学院、山东工业职业学院、安徽工业职业技术学院、武汉钢铁集团公司、山钢集团济钢公司、云南文山铝业有限公司、中国职工教育和职业培训协会冶金分会、中国钢协职业培训中心、中国钢协人力资源与劳动保障工作委员会教育培训研究会等单位密切协作，联合有关冶金企业、高职院校和本科院校，编写了这套冶金行业职业教育培训规划教材，并经人力资源和社会保障部技工教育和职业培训教材工作委员会组织专家评审通过，由人力资源和社会保障部职业能力建设司给予推荐，有关学校、企业的编写人员在时间紧、任务重的情况下，克服困难，辛勤工作，在相关科研院所的工程技术人员的积极参与和大力支持下，出色地完成了前期工作，为冶金行业的职业技能培训工作的顺利进行，打下了坚实的基础。相信这套教材的出版，将为冶金企业生产一线人员理论水平、操作水平和管理水平的进一步提高，企业核心竞争力的不断增强，起到积极的推进作用。

随着近年来冶金行业的高速发展，职业技能培训工作也取得了令人瞩目的成绩，绝大多数企业建立了完善的职工教育培训体系，职工素质不断提高，为我国冶金行业的发展提供了强大的人力资源支持。今后培训工作的重点，应继续注重职业技能培训工作者队伍的建设，丰富教材品种，加强对高技能人才的培养，进一步强化岗前培训，深化企业间、国际间的合作，开辟冶金行业职业培训工作的新局面。

展望未来，任重而道远。希望各冶金企业与相关院校、出版部门进一步开拓思路，加强合作，全面提升从业人员的素质，要在冶金企业的职工队伍中培养一批刻苦学习、岗位成才的带头人，培养一批推动技术创新、实现科技成果转化的带头人，培养一批提高生产效率、提升产品质量的带头人；不断创新，不断发展，力争使我国冶金行业职业技能培训工作跨上一个新台阶，为冶金行业持续、稳定、健康发展，做出新的贡献！

前　　言

本书是按照人力资源和社会保障部的规划，受中国钢铁工业协会和冶金工业出版社的委托，在编委会的组织安排下，参照冶金行业职业技能标准和职业技能鉴定规范，根据冶金企业的生产实际和岗位群的技能要求编写的。书稿经人力资源和社会保障部技工教育和职业培训教材工作委员会组织专家评审通过，由人力资源和社会保障部职业能力建设司推荐作为冶金行业职业技能培训教材。

企业的发展动力来源于员工的较高素质，一线岗位操作人员的专业知识与技能的熟练掌握，是企业高效率生产的根本保障。为了提高岗位工人的专业理论素质，规范岗位工的生产操作，我们编写了《加热炉基础知识与操作》一书。

教材内容是依据《中华人民共和国职业技能标准鉴定规范——轧钢卷》，并借鉴了加拿大 CBE 理论和 DACUM 方法，结合热轧厂的实际情况确定的。在具体内容的组织安排上，注意融入一些新技术，既包括加热炉的理论知识，又包括其操作技能；注意了岗位工培训的特点，力求少而精，通俗易懂，着重应用，便于岗位工掌握加热生产的基础知识和操作技能。本书对从事加热工作的技术人员、技术工人及各级学校师生也有一定的参考价值。

本书由河北工业职业技术学院戚翠芬、张树海任主编，石家庄钢铁集团公司贾庆云和河北工业职业技术学院付俊薇任副主编，参加编写工作的还有邯郸钢铁集团有限责任公司孙桂芬、耿波，河北工业职业技术学院刘宏儒、袁建路、张景进、袁志学、孟延军，唐山建龙钢铁集团公司董会军，邯郸纵横钢铁集团公司郝俊景、李雪芬。本书初稿由石家庄钢铁集团公司邢毅品主审。

在编写过程中，我们参考了许多文献，得到了有关单位的大力支持，在此谨向有关作者和支持帮助过我们的同志表示衷心的感谢。

书中不当之处，敬请读者批评指正。

编　者

目　录

基 础 知 识

1　热轧生产概况 …… 1
1.1　轧制产品的分类及生产工艺过程 …… 1
1.1.1　轧制产品的分类及其特点 …… 1
1.1.2　热轧生产工艺流程及生产特点 …… 2
1.1.3　产品的标准和技术要求 …… 3
1.2　产品的成分及性能要求 …… 4
1.2.1　钢的基本知识 …… 4
1.2.2　钢的分类和钢的编号方法 …… 8
1.2.3　产品的用途及质量性能要求 …… 11
复习思考题 …… 12

2　热工基础知识 …… 13
2.1　燃料及其燃烧 …… 13
2.1.1　燃料 …… 13
2.1.2　燃料的燃烧 …… 16
2.2　炉内综合传热 …… 26
2.2.1　传导传热 …… 26
2.2.2　对流传热 …… 27
2.2.3　辐射换热 …… 28
2.2.4　综合传热 …… 30
2.2.5　加热炉炉膛内的传热概述 …… 30
2.3　耐火材料 …… 31
2.3.1　耐火材料的性能 …… 32
2.3.2　常用块状耐火制品 …… 33
2.3.3　不定形耐火材料 …… 35
2.3.4　轻质耐火材料及其他隔热材料 …… 37
2.3.5　耐火材料的选用 …… 39
复习思考题 …… 39

3　钢的加热工艺 …… 41
3.1　钢加热的目的及要求 …… 41
3.2　钢加热缺陷的预防与处理 …… 41

3.2.1　钢的氧化 …… 41
3.2.2　钢的脱碳 …… 43
3.2.3　钢的过热与过烧 …… 44
3.2.4　钢的表面烧化和粘钢 …… 44
3.2.5　钢的加热温度不均匀性 …… 45
3.2.6　钢的加热裂纹 …… 46
3.3　钢的加热工艺 …… 46
3.3.1　钢的加热温度 …… 46
3.3.2　钢的加热速度 …… 48
3.3.3　钢的加热时间 …… 49
3.3.4　钢的加热制度 …… 50
复习思考题 …… 50

4　连续式加热炉 …… 51
4.1　连续式加热炉的基本组成 …… 51
4.1.1　炉膛与炉衬 …… 51
4.1.2　加热炉的冷却系统 …… 54
4.1.3　燃料的输送管道、空气管道和排烟系统 …… 56
4.1.4　燃烧装置 …… 58
4.1.5　余热利用设备 …… 63
4.1.6　炉门、出渣门和观察孔 …… 66
4.1.7　常见的阀门 …… 66
4.2　轧钢厂常见的连续式加热炉 …… 70
4.2.1　推钢式连续加热炉 …… 70
4.2.2　步进式加热炉 …… 76
4.2.3　高效蓄热式加热炉 …… 80
4.3　加热炉技术经济性能指标 …… 83
4.3.1　炉底尺寸 …… 84
4.3.2　炉子的生产率 …… 84
4.3.3　炉子的平均热耗 …… 86
4.3.4　炉子的热平衡和热效率 …… 86
复习思考题 …… 88

5　汽化冷却 …… 90
5.1　汽化冷却的原理与循环方式 …… 90
5.1.1　汽化冷却的原理和优点 …… 90
5.1.2　循环方式 …… 90
5.2　安全三大附件 …… 91
5.2.1　安全阀 …… 91

5.2.2 压力表 …… 92
5.2.3 水位表 …… 94
5.3 水质分析与化验 …… 94
5.3.1 基本概念 …… 94
5.3.2 分析药品及仪器 …… 96
5.3.3 试剂和标准液体的配置和标定 …… 98
5.3.4 化验与分析的方法 …… 100
复习思考题 …… 105

6 加热炉的热工仪表与自动控制 …… 106
6.1 测温仪表 …… 106
6.1.1 测温方法简介 …… 106
6.1.2 热电偶高温计 …… 107
6.1.3 光学高温计 …… 109
6.1.4 光电高温计 …… 110
6.2 测压仪表 …… 111
6.2.1 U形液柱压力计 …… 111
6.2.2 单管液柱压力计 …… 111
6.2.3 测量压力时应注意的问题 …… 112
6.3 流量测量仪表 …… 112
6.3.1 流量的定义及表示方法 …… 112
6.3.2 节流式差压流量计 …… 113
6.4 加热炉的计算机自动控制 …… 114
6.4.1 加热区基础自动化 …… 114
6.4.2 手动调节、自动调节及计算机自动控制 …… 115
6.4.3 计算机控制的一般原理 …… 115
复习思考题 …… 117

操 作 技 能

7 原料岗位操作 …… 118
7.1 原料管理工作业标准化要求 …… 118
7.1.1 原料管理的主要任务 …… 118
7.1.2 按炉送钢制度 …… 119
7.1.3 原料的主要技术要求 …… 119
7.1.4 原料的管理 …… 120
7.2 原料工序质量事故分析 …… 122
7.2.1 混钢事故及其预防 …… 122
7.2.2 轧后漏检过多 …… 123
7.3 坏料的热送热装 …… 123

7.3.1　概述 …… 123
7.3.2　采用热装的条件 …… 124
7.3.3　热装工艺 …… 125
7.3.4　热装操作 …… 125
复习思考题 …… 126

8　推钢式加热炉装出炉操作 …… 127
8.1　装炉操作的标准化 …… 127
8.1.1　装炉前的准备工作 …… 127
8.1.2　装炉操作要点 …… 127
8.2　推钢操作 …… 128
8.2.1　作业前的准备 …… 128
8.2.2　推钢操作 …… 128
8.3　装炉推钢操作事故的判断与预防处理 …… 129
8.3.1　钢坯跑偏的预防与处理 …… 129
8.3.2　钢坯碰头及刮墙的预防 …… 130
8.3.3　掉钢事故的预防与处理 …… 130
8.3.4　拱钢、卡钢事故的预防与处理 …… 130
8.3.5　混钢事故的预防 …… 131
8.4　装炉安全事故的预防 …… 131
8.4.1　飞钩、散吊等物体打击事故的预防 …… 131
8.4.2　烧烫伤事故的预防 …… 131
8.4.3　挤压伤害事故的预防 …… 132
8.5　出钢操作 …… 132
8.5.1　上岗作业前的准备 …… 132
8.5.2　出钢操作要点 …… 132
8.6　推钢式加热炉出钢异常情况的判断与处理 …… 133
8.6.1　炉内拱钢、掉钢、粘钢、碰头的判断 …… 134
8.6.2　卡钢 …… 134
8.6.3　出钢与要钢不符 …… 134
8.7　托出机出钢事故的处理 …… 135
8.7.1　粘钢 …… 135
8.7.2　板坯从抽出口掉下 …… 135
8.7.3　板坯在炉内弯曲过大 …… 135
8.7.4　抽出炉门与抽出机出现其他异常 …… 135
复习思考题 …… 135

9　看火操作 …… 137
9.1　炉子的干燥与烘炉 …… 137

9.1.1 炉子的干燥及养护 …… 137
9.1.2 烘炉 …… 137
9.2 燃油加热炉加热操作要点 …… 141
9.2.1 重油的准备 …… 141
9.2.2 送油操作要点 …… 143
9.2.3 点炉操作要点 …… 144
9.2.4 燃烧操作 …… 144
9.2.5 停炉操作 …… 145
9.3 燃煤气加热炉的操作及注意事项 …… 146
9.3.1 送煤气前的准备 …… 146
9.3.2 送煤气操作 …… 146
9.3.3 煤气点火操作 …… 146
9.3.4 升温操作 …… 147
9.3.5 换向燃烧操作 …… 147
9.3.6 正常状态下的煤气操作 …… 148
9.3.7 换热器的操作 …… 148
9.3.8 停炉操作 …… 148
9.4 烧钢操作的优化 …… 149
9.4.1 正确地组织燃料燃烧 …… 150
9.4.2 合理控制热负荷 …… 150
9.4.3 合理控制钢温 …… 151
9.4.4 合理地控制、调整炉温 …… 151
9.4.5 炉压控制 …… 152
9.4.6 采用正确的操作方法 …… 153
9.5 炉况的分析判断 …… 153
9.5.1 煤气燃烧情况的判断 …… 154
9.5.2 加热过程中钢坯温度的判断 …… 154
9.5.3 炉膛温度达不到工艺要求的原因分析 …… 155
9.5.4 炉膛压力的判断 …… 155
9.5.5 燃料燃烧不稳定的原因分析 …… 155
9.5.6 换热器烧坏的原因分析 …… 155
9.5.7 空气或煤气供应突然中断的判断 …… 156
9.5.8 炉底水管故障的判断 …… 156
9.5.9 通过仪表判断炉况 …… 156
复习思考题 …… 157

10 煤气的安全使用 …… 159
10.1 煤气中毒事故的预防及处理 …… 159
10.1.1 发生煤气中毒的原因 …… 159

10.1.2 煤气中毒事故的预防 …… 159
10.1.3 煤气中毒事故的处理 …… 160
10.2 煤气着火事故的预防及处理 …… 160
10.2.1 煤气着火事故的预防 …… 160
10.2.2 煤气着火事故的处理 …… 160
10.3 煤气爆炸事故的预防及处理 …… 161
10.3.1 产生煤气爆炸事故的主要原因 …… 161
10.3.2 煤气爆炸事故的预防 …… 161
10.3.3 煤气爆炸事故的处理 …… 162
10.4 预防回火 …… 162
复习思考题 …… 163

11 加热炉的维护及检修 …… 164
11.1 加热炉的维护 …… 164
11.1.1 炉子维护的意义与内容 …… 164
11.1.2 加热炉的日常维护规程 …… 164
11.1.3 耐火材料炉衬的维护 …… 165
11.1.4 炉子钢结构的维护注意事项 …… 165
11.1.5 炉底的维护 …… 165
11.1.6 架空炉底及炉底机械的日常维护 …… 166
11.1.7 水冷设施的维护 …… 166
11.1.8 燃烧装置的维护 …… 167
11.1.9 烟道、闸门的维护注意事项 …… 167
11.1.10 换热器的维护注意事项 …… 167
11.1.11 空、煤气系统的维护 …… 168
11.2 加热炉的检修 …… 168
11.2.1 检修的种类 …… 168
11.2.2 检修注意事项 …… 169
11.3 大、中修完成的验收 …… 169
11.3.1 砌体质量的验收 …… 170
11.3.2 金属结构安装质量的验收 …… 170
复习思考题 …… 171

12 汽化冷却系统操作 …… 172
12.1 汽化冷却系统操作程序 …… 172
12.1.1 检修过程与专业人员的试压配合操作步骤 …… 172
12.1.2 点炉时汽化操作工的操作 …… 173
12.1.3 运行 …… 173
12.1.4 排污操作 …… 174

12.1.5　放散操作 …… 174
12.1.6　清污垢操作 …… 174
12.1.7　汽化冷却系统事故及处理 …… 175
12.1.8　停炉操作 …… 175
12.1.9　停炉保养 …… 176
12.2　运行事故分析与处理 …… 176
12.2.1　汽包缺水 …… 176
12.2.2　汽包满水 …… 177
12.2.3　汽、水共腾 …… 177
12.2.4　炉管变形 …… 177
复习思考题 …… 178

参考文献 …… 179

基础知识

1 热轧生产概况

1.1 轧制产品的分类及生产工艺过程

1.1.1 轧制产品的分类及其特点

钢铁的用途十分广泛，在国民经济中起着十分重要的作用。可以说钢铁生产的水平是衡量一个国家工业、农业、国防和科学技术水平的重要标志。然而直接与国民经济的各工业部门相关联的，则是钢材。通常在钢的总产量中，除少数采用铸造和锻压等加工方法外，约90%以上的钢材都要经过轧制成材来满足国民经济各部门的需要。当然各工业部门还需要通过各种后续的加工方式进一步加工成所需要的零件。

轧制的品种繁多，目前已达两万种以上。按国家统一分类方法即按分配目录分类可分为十六类。归纳起来为型钢、钢板、钢管、金属制品和其他钢材等五大类。其中型钢包括重轨、轻轨、大型型钢、中型型钢、小型型钢、优质型钢、冷弯型钢和线材；钢板包括中厚钢板、薄钢板、硅钢片和带钢；钢管包括无缝钢管和焊接钢管；金属制品包括钢丝、焊丝、钢丝绳；其他钢材包括钢轨配件、鱼尾板、车轮、盘件、环件、车轴坯、锻件坯和钢球料等。下面对十六类钢材分别予以简单的介绍：

（1）重轨。每1m质量大于24kg的钢轨，包括起重机轨、接触钢轨和工业轨。

（2）轻轨。每1m质量等于或小于24kg的钢轨。

（3）大型型钢。包括18号以上的工字钢和槽钢（18号表示工字钢、槽钢的高度，单位为cm），90mm以上圆钢、方钢（90mm表示圆钢的直径或方钢断面边长），16号以上的角钢（16号表示角钢的边长，单位为cm），断面为1000mm^{2}以上的扁钢以及大型异型钢。

（4）中型型钢。包括16号以上的工字钢和槽钢，38～80mm的圆钢，50～75mm的方钢，5～14mm的角钢，断面为500～1000mm^{2}的扁钢以及中型异型钢等。

（5）小型型钢。包括10～36mm的圆钢、螺纹钢、铆钉钢，10～25mm的方钢，4.5号以下的角钢，断面为500mm^{2}以下的扁钢，以及窗框钢、农具钢和小型异型钢等。

（6）线材。直径为6～9mm的热轧圆钢和10mm以下的螺纹钢（热轧圆盘条）。

（7）钢带。也称带钢，包括热轧普通钢带、冷轧普通钢带、热轧优质钢带、冷轧优质钢带和镀涂钢带。

（8）中厚钢板。厚度大于4mm的钢板，包括普通中厚钢板和优质中厚钢板。

（9）薄钢板。厚度等于或小于4mm的钢板，包括热轧普通薄板、热轧优质薄板、冷轧普通薄板、冷轧优质薄板以及不锈钢薄钢板和镀涂薄钢板等。

（10）硅钢片。即电工用硅钢薄板，包括热轧硅钢片和冷轧硅钢片。

(11) 优质型材。用优质钢材制成的圆钢、方钢、扁钢、六角钢以及用高温合金、精密合金制成的各种形状的型材等。

(12) 无缝钢管。由圆钢或坯经穿孔制成的断面上没有焊缝的钢管,包括热轧无缝钢管和冷轧(拔)无缝钢管。

(13) 焊接钢管。用钢带或薄钢板卷焊而成,断面上有焊缝的钢管。按焊缝形式可分为直缝焊管和螺旋焊管;按用途又可分为水煤气输送管、电线套管等多种。

(14) 冷弯型钢。原属于中型型钢,现单独列出。冷弯型钢是以钢板或带钢为原料,在冷态(常温)下,通过一系列的成型辊,将其弯曲成所要求的形状和尺寸的型钢。

(15) 其他钢材。包括钢轨配件、鱼尾板、车轮、盘件、环件、车轴坯、锻件坯、钢球料等。

(16) 金属制品。包括钢丝、焊丝和钢丝绳等。

1.1.2 热轧生产工艺流程及生产特点

轧制是指金属在旋转的两个轧辊之间受到压缩而产生塑性变形,使其横断面缩小、形状改变、长度增加的一种压力加工方法。

生产不同品种的钢材,其轧制方式是不同的。轧制一般可分为:纵轧、横轧和斜轧。纵轧时两轧辊旋转方向相反,轧件的运动方向与轧辊轴线垂直。它是轧制生产中应用最为广泛的一种轧制方法,如:各种型材和板材都属于纵轧的产品范围。横轧时两轧辊旋转方向相同,轧件作旋转运动与轧辊转动方向相反,轧件纵轴与轧辊轴线平行。这种轧制方式可以用来生产回转体,如:变断面轴、齿轮等。斜轧时两个工作辊轴线空间交叉一个小角度,其转动方向相同,轧件在轧辊间作旋转前进运动。这种轧制方法广泛应用于生产无缝钢管和较长的变断面型材。

轧制是在轧制设备中进行的。轧制设备也称轧机成套机组,分为主要设备(轧钢机)和辅助设备(如辊道、升降台、剪切机、锯机、矫直机、热处理设备以及控制设备等)。

轧机的种类很多。按轧机用途可分为轧制方坯、扁坯或板坯等钢坯轧机,轧制型材、板(带)材、管材等的成品轧机,以及轧制车轮、轮箍、钢球等的特种轧机。按轧辊在机架内的布置方式可分为轧辊在机架中水平布置的水平轧机和轧辊在机架内垂直布置的立辊轧机,以及轧辊在机架内既可水平布置又可垂直布置的平立可转换轧机。按轧机的排列方式可分为仅有一架机座的单机座轧机,数架机座横向顺序排列的横列式轧机,数架机座纵向顺序排列的纵列式轧机,数架机座依次纵向顺序排列的连续式轧机,既有非连续式轧机,又有连续式轧机组合的半连续式轧机。

轧机的类型不同,其命名方法也不同。钢坯轧机和型钢轧机一般将轧辊名义直径(齿轮机座的节圆直径)加在轧机名称前来命名。如:1150mm 初轧机,表示轧辊名义直径为 1150mm 的初轧机;板带钢轧机一般将轧辊辊身长度数字加在轧机名称前来命名,例如:1700mm 钢板轧机,表示该轧机轧辊辊身长度为 1700mm,能轧制最宽为 1500mm 的钢板或带钢;钢管轧机一般用所轧制钢管的最大外径或外径的尺寸范围和轧机的类型来命名,例如 ϕ140mm 无缝管轧机,20 ~ 102mm 焊管机。

从金属学的观点来看,低于再结晶温度的轧制为冷轧,高于再结晶温度的轧制为热轧。热轧与冷轧相比,首先能消除铸造金属中的某些缺陷,经过加热使金属的塑性提高,变形抗力降低,因此轧制时可增大变形量,有利于提高生产率,降低设备造价,并使电动机的能耗大大降低。但热轧的金属表面不够光洁,产品的尺寸不够精确,力学性能也不如冷加工好。

热轧生产工艺过程一般包括原料(钢锭或钢坯)清理、加热、轧制、轧后冷却及精整等工序。轧钢所用的原料有钢锭、轧制坯和连铸坯。轧制加热前必须对原料进行检查和清理,清理的内容主要有表面缺陷的清理，表面氧化铁皮的去除和坯料的预先热处理等。清理的方法有火焰清理、风铲清理、抛丸清理、砂轮研磨以及车削剥皮等方法。轧前需要进行加热（一般为1100～1300℃），使之成为塑性好的奥氏体状态，然后进行轧制（热轧）。轧制是轧钢生产的中心环节，钢锭先经过初轧机或钢坯轧机轧成各种规格尺寸的半成品（方坯、扁坯或板坯等），这一过程叫初轧或开坯。将钢坯在成品轧机上进行轧制，可获得要求的形状和尺寸的钢材。成材的轧制过程一般可分为两个阶段：粗轧阶段，采取较大的压下量，以减少轧制道次。精轧阶段，采取较小的压下量，以获得精确的尺寸和良好的表面质量。轧制后可采取缓冷、空冷或喷水冷等冷却方式。轧后的钢材还需进行精整处理，精整工序通常包括：剪切、矫直、表面加工、热处理、检查分级、成品质量检验、打印记和包装等。

1.1.3 产品的标准和技术要求

产品的标准是技术活动中需要统一协调的事物共同遵循的技术准则，是企业进行生产技术活动的基本依据，是产品质量特性的定量表现。轧制产品为了满足使用上的需要，应具有的这些规格和技术性能等方面的具体质量特性统称为技术要求。例如，形状、尺寸、表面状态、机械性能、物理化学性能、金属内部组织和化学成分等方面的要求。它是由使用单位按用途的要求提出，再根据当时实际生产技术水平的可能性和生产的经济性来制定的。轧材的技术要求有一定的范围，并且随着生产技术水平的提高，这种要求及其可能满足的程度也在不断提高。轧材的产品标准一般包括有品种（规格）标准、技术条件、试验标准及交货标准等方面的要求。

品种标准主要规定轧材形状、尺寸精度及表面质量方面的要求。形状要求正确，不能有断面歪扭，长度上弯曲不直和表面不平等缺陷。尺寸精度是指可能达到的尺寸偏差的大小，它不仅会影响到使用性能，而且与节约金属材料也有很大关系。所谓负公差轧制，是在负偏差范围内的轧制，实质上相当于轧制精确度的要求提高了一倍，这样自然要节约大量金属，并且还能使金属结构的重量减轻。但应该指出，有些轧材（例如工具钢）在使用时还要经过加工处理工序，则常要按正偏差交货。

产品的表面质量直接影响到轧材的使用性能和寿命。产品要求表面无缺陷，且平坦而洁净。最常见的表面缺陷有表面裂纹、结疤、划伤和氧化铁皮等。造成表面缺陷的原因是多方面的，与铸锭（坯）、加热、轧制及冷却都有很大关系。因此要在整个生产过程中加以注意。

轧材性能的要求主要是对轧材的力学性能、工艺性能（弯曲、冲压、焊接性能等）及特殊物理化学性能（磁性、抗腐蚀性能等）的要求。其中最常见的是机械性能（强度性能、塑性和韧性等），有时还要求硬度及其他性能。这些性能可以由拉伸、冲击及硬度试验来确定。

抗拉强度 σ_b 代表材料在断裂前强度的最大值，而屈服点或屈服强度（σ_s 或 $\sigma_{0.2}$）表示开始塑性变形的抗力。这是用来计算结构强度的基本参数。屈强比值（σ_s/σ_b）对于钢材的用途有很大的意义。此比值愈小，则当应力超过 σ_s 时钢材的使用可靠性越高，但太小则又使金属的有效利用率较低；若此比值很高，则说明钢材的塑性差，不能做很大的变形。根据经验数据，随结构钢用途不同，屈强比一般在0.65～0.75之间。

轧材使用时还要求有足够的塑性和韧性，其中伸长率包括伸长时均匀变形和局部变形两个阶段的变形率，其数值依试样长度而变化，而断面收缩率为拉伸时的最大局部变形程度，可理解为在构件不致破坏的条件下金属所能承受的局部变形能力，它与试样的长度及直径无关，因此断面收缩率能更好地表明金属的真实塑性，故不少学者建议按断面收缩率来测定金属的塑性。在实际工作中由于测定伸长率较为简便，迄今伸长率仍然是最广泛使用的指标，有时也要求给出断面收缩率指标。材料的冲击韧性（a_K 值及脆性转变温度）以试样折断时所耗之功表示之，它是对金属内部组织变化最敏感的质量指标，反映了高应变率下抵抗脆性断裂的能力或抵抗裂纹扩展的能力。金属内部组织的微小变化，在静力试验中难以显出，而对冲击韧性却有很大影响，当变形速度极大时，要想测得应力—应变曲线非常困难，因而往往采用击断试样所需的能量来综合地表示高应变率下金属材料的强度和塑性。必须指出，促使强度提高的因素往往不利于塑性和韧性的提高，欲使材料的强度和韧性都得到提高，即提高其综合机械性能，就必须使材料具有细小晶粒的组织结构。

轧材性能主要取决于轧材的组织结构及化学成分，因此，在技术条件中规定了化学成分的范围，有时还提出金属组织结构方面的要求，例如，晶粒度、轧材内部缺陷、杂质形态及分布等。生产实践表明，钢的组织是影响钢材性能的决定因素，而钢的组织又取决于化学成分和轧制生产工艺过程，通过控制轧制和控制冷却来控制钢材组织结构状态，从而获得所要求的使用性能。

验收规则和试验内容，包括做试验时的取样部位、试样形状和尺寸、试验条件和试验方法等。此外，还规定了轧材交货时的包装和标识方法以及质量证明书等内容。某些特殊的轧材在产品标准中还规定了特殊的性能和组织结构等附加要求以及特殊的成品试验要求等。各种钢材根据用途的不同都有各自不同的产品和技术要求。由于各种轧材不同的技术要求，再加上不同的材料特性，从而决定了它们不同的生产工艺过程和生产工艺特点。

1.2 产品的成分及性能要求

1.2.1 钢的基本知识

不同的金属材料具有不同的力学性能，即使同一种金属材料，在不同的条件下其力学性能也是不一样的。金属材料这种性能上的差异，从本质上讲，是由其内部结构所决定的。因此掌握金属材料内部结构及对力学性能的影响，对于选择加工材料及制订合理的加工工艺，具有重要的指导意义。

1.2.1.1 金属的晶体结构

自然界中的一切物质都是由原子组成。根据物质内部原子的聚集状态不同，可将固态物质分为晶体和非晶体两大类。晶体物质内的原子是按一定的次序有规则排列的，这类物质如水晶、结晶盐、天然金刚石等，绝大多数金属和合金都属于金属晶体。非晶体物质内部的原子是无规则、杂乱地堆积着，这类物质如松香、普通玻璃等。晶体与非晶体结构不同，因此性能也不同。如晶体具有一定的熔点，而且在不同方向上具有不同的性能，即单晶体具有各向异性。而非晶体则不具备这些特点。但是实际的金属晶体均为多晶体，由于它们自身的各向异性彼此相互抵消，故显示出各向同性，也称“伪无向性”。

晶体内部原子在空间的规则排列称为空间点阵。为了便于理解和描述晶体中原子排列情况，近似地把晶体中的原子看成是固定不动的刚性小球，并用一些假想的几何线条将晶体中各原子的中心连接起来，使之构成了有一定规律的空间格子，这种空间格子称为晶格。

不同金属元素原子排列的规律是不同的，因而晶格的类型也是不同的，最常见的金属晶格结构有三种类型：

(1) 体心立方晶格。具有该晶格的金属有：α-Fe、Cr、Mo、W、V、Nb 等约 30 种，占金属元素的一半左右。

(2) 面心立方晶格。具有该晶格的金属有：γ-Fe、Al、Cu、Ni、Ag 等约 20 种金属。

(3) 密排六方晶格。具有该晶格的金属有：Mg、Zn、Be、α-Ti 等，它是原子排列最密集的晶体结构。

在实际使用的金属材料中，由于有其他种类的外来原子以及金属材料在冶炼后的凝固过程中受到各种因素的影响，使本该有规律的原子堆积方式受到干扰，使得在原子排布过程中出现了不规则的现象，这种原子排布不规则的现象称为晶格缺陷。它们的存在对晶体的性能影响很大。根据缺陷的几何形态特征，可将其分为以下三类：

（1）点缺陷。属于这类缺陷的主要包括：空位、间隙原子。晶体中的空位或间隙原子都处在不断地运动变化之中，空位和间隙原子的运动，是金属中原子扩散的主要方式之一。钢的表面渗碳、渗金属等化学热处理都是依据原子扩散来完成的。

（2）线缺陷。这种缺陷实际上是各种类型的位错，主要包括：刃型和螺型位错。晶体中的位错也不是固定不变的，当晶体受热或受外力作用而发生塑性变形时，位错就会在晶体内运动。金属材料的塑性变形就是通过位错运动来实现的。

（3）面缺陷。实际的金属晶体均为多晶体，在多晶体中，晶粒和晶粒之间由于彼此间的位向不同而出现的晶界及一系列刃型位错所形成的亚晶界均属这类缺陷。由于晶界处的原子排列不规则，造成晶格畸变较大，使晶界上的原子平均能量高于晶粒内部的原子平均能量而处于不稳定状态，结果将使晶界处的性能发生变化，如在腐蚀环境中，晶界将首先被腐蚀。

1.2.1.2 铁碳合金相图

铁碳合金相图，也称 $Fe-Fe_3C$ 相图或 $Fe-Fe_3C$ 状态图。它是研究铁碳合金组织与性能关系的重要工具，了解和掌握铁碳合金相图对于制定钢铁材料的各种热加工工艺有重要的指导意义。$Fe-Fe_3C$ 状态图如图 1-1 所示，w_C 表示含碳量。$Fe-Fe_3C$ 状态图中的特性点见表 1-1。

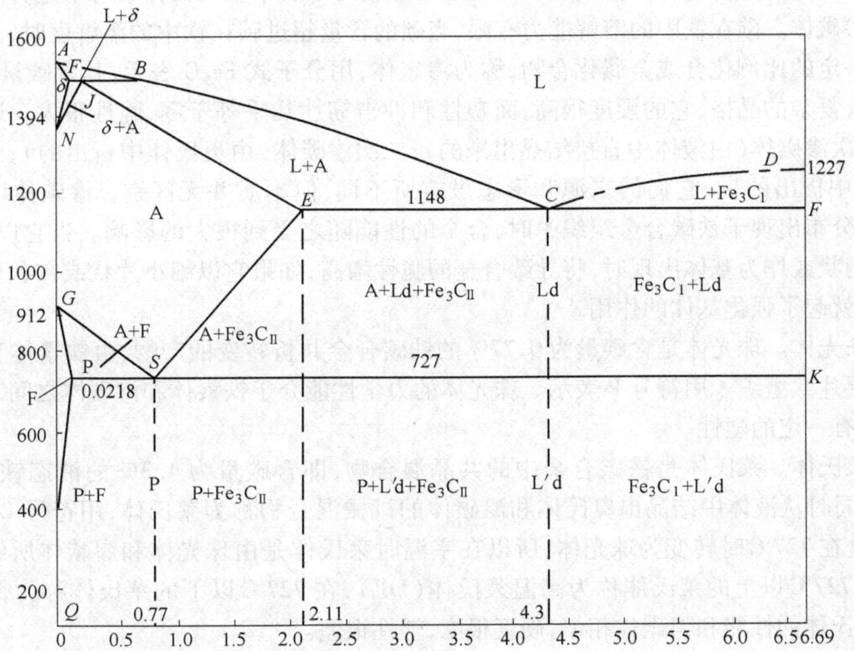

图 1-1 $Fe-Fe_3C$ 状态图

表1-1　Fe-Fe_3C 状态图中主要特性点

特性点	温度/℃	含碳量/%	说明
A	1538	0	纯铁的熔点
C	1148	4.3	共晶点，共晶反应 $L_{4.3} \Leftrightarrow A_{2.11} + Fe_3C$
D	1227	6.69	渗碳体的熔点
E	1148	2.11	碳在 γ-Fe 中的最大溶解度点
G	912	0	纯铁的同素异构转变点
S	727	0.77	共析点，共析反应 $A_{0.77} \Leftrightarrow F_{0.0218} + Fe_3C$
P	727	0.0218	碳在 α-Fe 中的最大溶解度点
Q	600	0.006	碳在 α-Fe 中的溶解度点

A　铁碳合金中的基本相

(1) 铁素体。碳溶于 α-Fe(体心立方晶格)中形成的间隙固溶体，称为铁素体。用符号 F 表示。由于体心立方晶格原子之间的间隙较小，所以碳在 α-Fe 中的溶解度很小，在 727℃时 α-Fe中的最大溶解度仅为0.0218%。随着温度的降低，α-Fe 中的溶碳量减少，在室温时降低到 0.0008%。由于铁素体的含碳量极微，所以铁素体的组织和性能与纯铁相似，即具有良好的塑性和韧性，强度和硬度较低。

(2) 奥氏体。碳溶于 γ-Fe(面心立方晶格)中形成的间隙固溶体叫奥氏体。用符号 A 表示。由于面心立方晶格原子之间的间隙较大，故奥氏体的溶碳能力较强，在1148℃时溶碳量可达 2.11%。随着温度的下降，溶解度逐渐减小，在 727℃时溶碳量为 0.77%。奥氏体的强度、硬度不高，但具有良好的塑性，绝大多数钢种在高温压力加工时都要求在奥氏体状态下进行。

(3) 渗碳体。碳在铁中的溶解能力有限，当碳的含量超过碳在铁中的溶解度时，多余的碳就会和铁以一定的比例化合成金属化合物，称为渗碳体，用分子式 Fe_3C 表示，其含碳量为 6.69%。渗碳体具有复杂的晶格，它的硬度很高，而塑性和冲击韧性几乎等于零，脆性很大。通常把渗碳体分为：一次渗碳体(由液体中直接结晶出来的)；二次渗碳体(由奥氏体中析出的)；三次渗碳体(由铁素体中析出的)。它们的来源和形态虽有所不同，但本质并无区别。渗碳体以不同的大小、形状与分布出现于铁碳合金组织中时，合金的性能随之受到很大的影响。当它以粗大片状、沿晶界呈网状或作为基体出现时，将导致合金的脆性增高；如果它以细小片状或粒状分散在铁素体基体上，就起了强化基体的作用。

(4) 珠光体。珠光体是含碳量为 0.77% 的铁碳合金共析转变的产物，由铁素体和渗碳体相间排列的层片状组织。用符号 P 表示。珠光体的力学性能介于铁素体和渗碳体之间，强度较高，硬度适中，有一定的塑性。

(5) 莱氏体。莱氏体是铁碳合金中的共晶混合物，即含碳量为 4.3% 的液态铁碳合金，在 1148℃时，同时从液体中结晶出奥氏体和渗碳体的机械混合物称为莱氏体，用符号 Ld 表示。由于奥氏体是在 727℃时转变为珠光体，所以在室温时莱氏体是由珠光体和渗碳体所组成。为区别起见，将 727℃以上的莱氏体称为高温莱氏体(Ld′)，在 727℃以下的莱氏体称为低温莱氏体(L′d)。莱氏体的性能和渗碳体相似，硬度很高，塑性很差。

B　铁碳合金的分类

铁碳合金根据其在 Fe-Fe_3C 相图上的位置可分为：

(1) 工业纯铁。$w_C \leqslant 0.0218\%$ 的铁碳合金。

(2) 钢。w_C = 0.0218% ~ 2.11% 的铁碳合金称为钢。根据其室温组织不同又可分为：

亚共析钢　　0.0218% < w_C < 0.77%

共析钢　　w_C = 0.77%

过共析钢　　0.77% < w_C < 2.11%

(3) 白口铸铁。w_C ≥ 2.11% 并且小于 6.69% 的铁碳合金叫做白口铸铁。根据其室温组织不同又可分为：

亚共晶白口铸铁　　2.11% ≤ w_C < 4.3%

共晶白口铸铁　　w_C = 4.3%

过共晶白口铸铁　　4.3% < w_C < 6.69%

C 铁碳合金的成分、组织与性能的关系

根据铁碳合金相图的分析，铁碳合金的室温相都是由铁素体和渗碳体组成的。随着含碳量增加，铁素体量逐渐减少，而渗碳体量则有所增加，不仅铁素体和渗碳体的相对含量有所变化，而且相互组合的形态也有所变化，从而改变了钢的力学性能。总之，含碳量越高，钢的强度和硬度越高，而塑性和韧性越低，这是由于钢中的脆硬相——Fe_3C 越多的缘故。此外，钢的性能还同渗碳体的形态、大小和数量有关，珠光体中的渗碳体以细小片状分布在铁素体基体上起到了强化作用，当渗碳体呈网状分布在晶界上，或渗碳体为基体时，则合金的性能随之降低。

一般来讲，当 w_C 超过 1.0% 时，由于二次渗碳体呈网状，故强度下降，而硬度仍不断上升，生产用钢为了保证有一定的塑性、韧性，一般 w_C 不超过 1.4%。

D $Fe-Fe_3C$ 相图在轧钢生产中的应用

铁碳合金的组织结构比较复杂，而 $Fe-Fe_3C$ 相图则能较全面地说明这些组织结构的形成和转变过程。为铁碳合金的选材及制订铸锻、轧钢、热处理等加工工艺提供了重要依据。现将 $Fe-Fe_3C$ 相图在轧钢生产中的应用简述如下：

(1) 确定钢的加热温度。钢的加热温度是指钢在加热炉内加热到满足轧制工艺要求时的温度。一般来说，对于碳素钢最高加热温度常低于固相线（100 ~ 150℃），如果没有特殊要求，应使钢坯充分奥氏体化，以获得最好的塑性和最小的变形抗力。在确定加热温度时，除考虑铁碳平衡相图外，还应考虑到合金元素的影响、轧制工艺要求、钢种的性能要求等特点，避免过热、过烧、脱碳等加热缺陷的产生，从而保证钢坯的加热质量。

(2) 轧制温度范围。轧制温度范围是指开轧温度和终轧温度的区间范围。开轧温度是指第一道的轧制温度，一般比加热温度低 50 ~ 100℃，开轧温度主要受钢的允许加热温度和终轧温度的限制。终轧温度是控制产品质量的一个重要因素，从金属学的角度，一般来说，终轧温度过高，晶粒粗大，机械性能降低，对碳素工具钢、轴承钢、合金工具钢来说，还容易产生网状碳化物。若终轧温度过低，则容易产生加工硬化，使变形抗力显著增加，甚至产生轧制裂纹。对碳素工具钢、轴承钢等高碳类钢，若终轧温度过低，还使石墨炭析出严重，造成产品不能满足性能要求。因此终轧温度必须按工艺要求的规定严格执行。由此可见，制定合理的轧制温度范围，是提高产量和产品质量的重要保证。

(3) 轧后的热处理工艺。轧后钢材需经过一个冷却过程，使之温度降至室温。对于低碳钢、低合金钢生产的热轧圆钢，为了满足机加工性能，通常采用在室温下空冷。根据有关金属学原理可知，低碳钢、低合金钢在室温下空冷，其冷却速度较慢，最终的室温组织为铁素体和珠光体。由于铁素体含量较大，珠光体中的片层粗大，决定了性能表现为：屈服强度低、硬度低，机加工性能好，氧化铁皮含量高。而对于建筑用螺纹钢，为提高其抗拉强度，常进行轧后的控制冷却工艺，其原理就是利用钢材轧后的余热，以一定的控制手段控制其冷却速度，从而获得所需要的组织和性能。目前常用的是：淬火加自回火。这种轧后热处理工艺，不仅提高了产品的强度和韧性，且具有较高的经济效益。随着生产现代化速度的加快，新工艺和新技术必将得到不断的进步和完善，且应用领域会更加广泛。

1.2.2 钢的分类和钢的编号方法

钢是 w_C 小于 2.11% 的铁碳合金，是现代化工业中用途广泛、用量最大的金属材料。

1.2.2.1 钢的分类

钢的种类繁多，为了便于生产、选用和比较研究并进行保管，根据钢的某些特性，从不同角度出发，可以把它们分成若干具有共同特点的类别。下面简单介绍一些常用的钢的分类方法。

A 按化学成分分类

按化学成分可把钢分为碳素钢（简称碳钢）和合金钢两大类。工业用碳钢除以铁和碳为主要成分外，还含有少量的锰、硅、硫、磷、氮、氧、氢、非金属夹杂物等常存杂质。由于碳钢容易冶炼，价格低廉，性能可以满足一般工程机械、工具及日常轻工业产品的使用要求，故得到了广泛的使用。我国碳钢产量约占总钢产量的 85% ~90%。合金钢是在碳钢的基础上，为了提高钢的机械性能、物理性能和化学性能，改善钢的工艺性能，在冶炼时有目的地加入一些合金元素。在钢的总产量中，合金钢比重约占 10% ~15%。与碳钢相比，合金钢的性能有显著的提高和改善，随着我国钢铁工业的发展，合金钢的产量、品种、质量也将逐年增加和提高。

（1）碳素钢。按含碳量不同又可分为低碳钢（碳质量分数 $w_C<0.25\%$）、中碳钢（碳质量分数 $w_C=0.25\%\sim0.60\%$）和高碳钢（碳质量分数 $w_C>0.60\%$）。

（2）合金钢。按钢中合金元素总含量可分为低合金钢（合金元素总质量分数小于 5%）、中合金钢（合金元素总质量分数为 5% ~10%）和高合金钢（合金元素总质量分数大于 10%）。此外，还可根据钢中所含主要合金元素种类不同来分类，如锰钢、铬钢、硼钢、铬锰钢、铬锰钛钢等。

B 按钢的质量分类

根据钢中所含有害杂质（S、P）的多少，工业用钢通常分为普通质量钢、优质钢和高级优质钢。

（1）普通质量钢。硫的质量分数 $w_S\leqslant0.050\%$，$w_P\leqslant0.045\%$。

（2）优质钢。$w_S\leqslant0.035\%$，$w_P\leqslant0.035\%$。

（3）高级优质钢。$w_S\leqslant0.030\%$，$w_P\leqslant0.030\%$。

C 按金相组织分类

（1）按照平衡状态或退火组织可分为亚共析钢（其金相组织为铁素体和珠光体）、共析钢（其金相组织为珠光体）、过共析钢（其金相组织为珠光体和二次渗碳体）和莱氏体钢（其金相组织类似白口铸铁，即组织中存在着莱氏体）。

（2）按正火组织可分为珠光体钢、贝氏体钢、马氏体钢和奥氏体钢。但由于空冷的速度随钢试样尺寸大小而有所不同，所以这种分类法是以断面不大的试样（通常选用 ϕ25mm）为准。

（3）按加热及冷却时有无相变和室温组织时的金相组织可分为铁素体钢（加热和冷却时始终保持铁素体组织）、奥氏体钢（加热和冷却时始终保持奥氏体组织）和复相钢（如半铁素体或半奥氏体钢）。

D 按冶炼方法分类

（1）按冶炼设备分类，可分为平炉钢（酸性平炉钢、碱性平炉钢）、转炉钢（酸性转炉钢、碱性转炉钢,其中又有底吹、侧吹、顶吹转炉钢)和电炉钢(电弧炉钢、电渣炉钢、感应炉钢和真空感应炉钢)。

(2) 按钢的脱氧程度不同,又可将其分为沸腾钢、镇静钢和半镇静钢。合金钢一般均为镇静钢。

E 按用途分类

按钢的用途分类是钢的主要分类方法。我国冶金行业标准(YB)和国家标准(GB)一般都是按钢的用途分类法制定的。

根据工业用钢的不同用途,可将其分为结构钢、工具钢、特殊性能钢三大类。

(1) 结构钢。结构钢又分为:

1) 用做工程结构钢。属于这类钢的有碳素结构钢、低合金结构钢。

2) 用做各种机械零部件的钢。包括渗碳钢、调质钢、弹簧钢、滚动轴承钢,以及易切削钢、低淬钢、冷冲压钢等。

(2) 工具钢。工具钢包括碳素工具钢、合金工具钢和高速工具钢三种。它们可以制造刃具、模具和量具等。

(3) 特殊性能钢。这类钢具有特殊的物理、化学性能,它包括不锈钢、耐热钢、电工用钢、低温用钢等。此外还有特定用途钢,如锅炉用钢、压力容器钢、桥梁用钢、船舶用钢等。

1.2.2.2 钢的编号方法

为了管理和使用的方便,必须确定一个编号方法。编号的原则是:以明显、确切、简单的符号反映钢种的冶炼方法、化学成分、特性、用途、工艺方法等,同时还要便于书写、打印和识别而不易混淆。

我国现行钢铁产品牌号标准规定,产品牌号使用汉语拼音字母、化学元素符号和阿拉伯数字来表示。

汉语拼音字母表示产品名称、用途、特性和工艺方法。例如,碳素工具钢,采用"碳"字汉语拼音"TAN"的"T"表示;滚珠轴承钢选用字母"G"表示。

化学元素采用国际化学符号表示。例如,锰用"Mn"表示,硅用"Si"表示,铬用"Cr"表示等。

阿拉伯数字用来表示化学元素含量或表示牌号的顺序号、分类及特性。例如,40Cr 钢"40"表示钢中的平均含碳量为 $w_C = 0.40\%$;Q235 钢,"235"表示钢的屈服点数值。

A 结构钢

(1) 碳素结构钢。钢号由代表屈服点的字母"Q"、屈服点下限值、质量等级符号(A、B、C、D)、脱氧方法符号等四个部分按顺序组成。其中:

Q——钢材屈服点"屈"字汉语拼音首位字母;

数值——屈服点(σ_s)下限值的大小,单位为 MPa;

质量等级符号——A、B、C、D 表示四个等级,其中 A 级质量最差,D 级质量最好;

脱氧方法符号——用 F、b、Z、TZ 分别表示沸腾钢、半镇静钢、镇静钢和特殊镇静钢(其中 Z、TZ 可省略);

例如:Q235-A·F 表示碳素结构钢,屈服点下限为 235MPa,A 等级沸腾钢。

(2) 优质碳素结构钢。优质碳素结构钢按含锰量不同,分为普通含锰量和较高含锰量两组。

1) 普通含锰量的优质碳素结构钢的牌号用两位数字表示,数字表示钢中含碳量的万分之几。如 20 钢,平均含碳量 $w_C = 0.20\%$。

2) 较高含锰量的优质碳素结构钢的牌号用两位数字和"Mn"表示,数字表示钢中平均含碳量的万分之几。例如20Mn、65Mn。

沸腾钢、半镇静钢在钢的牌号尾部分别用“F”、“b”(镇静钢不标符号)。例如:08F、10b。

3)高级优质碳素结构钢,在牌号尾部加“A”,例如:20A。

4)专门用途的优质碳素结构钢,可按优质碳素结构钢的表示方法,但在钢号之尾附以用途字母,20g(锅炉钢)。

(3)低合金结构钢和合金结构钢。这两类钢的牌号采用含碳量(两位数字)、合金元素及含量、优质程度等四者来表示。含碳量用两位数字表示,数字表示钢中平均碳的质量含量的万分之几。主要合金元素含量,除个别钢号外,一般都用质量含量的百分之几表示。若合金元素含量低于1.5%,在钢号中只标出元素,而不标含量。若合金元素的平均含量为1.5%~2.49%、2.5%~3.49%……,则相应地在元素符号后标出数字2、3……;高级优质钢则在钢号后加一个字母“A”。例如,20Cr,平均含碳量为 $w_C=0.20\%$,铬的质量分数低于1.5%。

滚动轴承钢是一类专用钢,为表示钢的用途,在钢号前面冠以“G”(“滚”字的汉语拼音字首),而不标出含碳量。滚动轴承钢一般为铬轴承钢,其钢号为“G”字母后面加“Cr+数字”,数字表示含铬量的千分之几,其他元素仍用百分之几表示。例如:GCr15表示Cr含量为 $w_{Cr}=1.5\%$ 的滚动轴承钢;GCr15SiMn表示Cr的质量分数为1.5%,Si、Mn的质量分数分别小于1.5%的滚动轴承钢。滚动轴承钢为高级优质钢,钢号后不再标“A”字母。

(4)其他结构钢。包括易切削钢和低淬透性钢两种。

1)易切削钢。易切削钢用字母“Y”和阿拉伯数字表示,阿拉伯数字表示平均含碳量的万分之几。硫易切削钢或磷易切削钢的牌号中不标出易切削元素符号,而含钙、铅、硒等易切削钢,在牌号尾部应标出易切削元素符号。例如:Y15Pb,含碳为 $w_C=0.15\%$,含易切削元素铅 $w_{Pb}=0.15\%\sim0.35\%$。

2)低淬透性钢。低淬透性钢是专供感应加热淬火用的淬透性特别低的钢。钢中增加淬透性的元素(主要是锰和硅)含量降低到最低限度,同时加入少量强碳化物形成元素(如钛、钒)。其钢号表示方法基本与合金结构钢相同,但牌号尾部加一字母“d”,表示低淬透性钢。例如,55Tid。

B 工具钢

(1)碳素工具钢。碳素工具钢牌号采用汉语拼音字母符号、含碳量、含锰量及优质程度四者来表示。

在钢号中,冠以汉语拼音字母“T”,表示碳素工具钢。含碳量一律以平均含量的千分之几表示,采用阿拉伯数字表示之。

1)锰质量分数较高($w_{Mn}=0.40\%\sim0.60\%$)者,在数字后标注符号“Mn”,例如T8Mn。

2)高级优质钢在钢号后标注“A”。例如T10A表示平均碳质量分数为1.0%的高级优质碳素工具钢。

(2)合金工具钢。合金工具钢钢号采用含碳量、合金元素及含量这三者来表示。

含碳量 $w_C\geqslant1.0\%$ 时,钢号中不必标出含碳量;含碳量 $w_C<1.0\%$ 时,钢号中用含碳量的千分之几表示。

合金元素含量的表示方法,与合金结构钢基本相同。但对含铬量低的合金工具钢,其含量以千分之几表示,并在含量之前加一个“0”。例如,Cr06钢,平均含碳量 $w_C>1.0\%$(实际为1.3%~1.45%),合金元素铬的含量为0.6%。

高速工具钢钢号除个别外,只用合金元素及其含量来表示。合金元素含量表示方法与合金结构钢相同。

合金工具钢均属于高级优质钢，故钢号后不再标出“A”。

C 特殊性能钢（不锈钢、耐热钢和高电阻电热合金钢）

这几个钢种都用含碳量、合金元素及其含量来表示钢号。

含碳量以千分之几标出，含碳量 $w_C \leqslant 0.08\%$ 时，钢号前用一个“0”表示，含碳量 $w_C \leqslant 0.03\%$ 时，钢号前用“00”表示。

合金元素及其含量的表示方法与合金结构钢相同。如：0Cr19Ni9 钢，含碳量 $w_C \leqslant 0.08\%$，含铬量 $w_{Cr} = 19\%$（实际 18.00% ~20.00%），含镍量 $w_{Ni} = 9\%$（实际 8.00% ~10.5%）。

1.2.3 产品的用途及质量性能要求

这里介绍几种常见钢种的用途及质量性能要求。

（1）碳素结构钢。这类钢以 Q235 钢为代表，碳素结构钢的平均碳质量分数在 0.06% ~ 0.35% 范围内，钢中含有害杂质和非金属夹杂物较多，但其性能可满足一般工程结构及普通零件的要求，因而用途很广。这类钢的质量要求主要是化学成分、尺寸精度、力学性能。由于此类钢含碳量较低，故对加热温度的控制要求不严格，采用常规生产工艺即可满足产品性能的要求，碳素结构钢一般以热轧空冷状态交货。

（2）优质碳素结构钢系列。此类钢以 45 号钢为代表。与碳素结构钢相比，其有害元素控制更严。如：硫、磷的质量分数均限制在 0.035% 以下，非金属夹杂物也较少，表面质量、组织结构的均匀性较好，可用作需要经过热处理的各种重要的机械结构零件。生产工艺采用常规生产工艺即可，但对于中碳以上的钢，应对其脱碳进行严格控制。因含碳量高，轧制中变形抗力大，因此为保证产品质量，对终轧温度和控制冷却的温度也应进行严格控制。

（3）合金结构钢系列。合金结构钢是使用广泛，用量最多的一类合金钢，它的产量约占合金钢总量的三分之一以上，合金结构钢制成的零件、构件应用于机床、汽车、船舶、飞机、建筑等方面，钢中主要合金元素有铬、锰、硅、硼、镍、钼、钛、钒等，按合金元素的组合可分为：锰钢、硅锰钢、铬钢、硅铬钢、铬锰钢、铬钒钢、铬镍钢、铬钼钢等。40Cr（铬结构钢）属于珠光体类合金结构钢，钢的导热性较差，低温阶段加热温度不宜过高，加热速度不宜过快；铬结构钢氧化铁皮细小致密，注意除鳞充分；并且各种铬结构钢都对白点缺陷敏感，断面较大（直径或边长 >50mm）的钢坯（材）轧后应采用缓冷。

（4）弹簧钢系列。弹簧是一种能产生大量弹性变形的零件，一般是在动载荷、交变应力条件下工作，因此要求弹簧钢具有高的弹性极限、高的疲劳强度、足够的塑性和韧性及良好的表面质量。弹簧钢对钢材的脱碳层要求较严。60Si2Mn 属于硅锰系列弹簧钢，而含硅的弹簧钢，其脱碳倾向很大，因此弹簧钢加热温度不易过高，高温时间不易过长，加热炉气氛控制为弱还原性，对于断面不大的钢坯可采用快速加热工艺，尽量缩短钢坯在高温区的停留时间。

（5）轴承钢系列。轴承钢是指制造各种滚动轴承内外套圈及滚动体（滚珠、滚柱、滚针）的专用钢种，轴承钢应具有高的淬透性、耐磨性、耐腐蚀性，以提高轴承的接触疲劳寿命，还应具有良好的钢材表面质量及尺寸精度，以增加轴承的尺寸稳定性。目前最常用的是铬轴承钢，特别是 GCr15，在加热时应注意防止脱碳和过热，且严格控制终轧温度，避免网状组织的形成。

复习思考题

1. 产品的标准和技术要求是什么？
2. 最常见的金属晶格结构有哪几种？
3. 铁碳合金的基本相有哪些？
4. $Fe-Fe_3C$ 相图在轧钢生产中有哪些应用？
5. 什么是钢？Q235—A·F 和 20 钢的含义是什么？

2　热工基础知识

2.1　燃料及其燃烧

2.1.1　燃料

加热的热源——燃料，是在燃烧时能够放出大量的热，其热量能够被有效地利用在工业和其他方面的物质。

燃料的种类很多，分类方法也不尽相同。一般按其存在状态来分，有固体燃料、液体燃料和气体燃料三种。随着我国冶金工业设备的日趋完善，技术的逐渐提高和石油工业的全面发展，目前国内大、中型冶金企业的轧钢加热炉已极少使用固体燃料，绝大部分轧钢厂是使用气体或液体燃料，因此，这里主要介绍气体和液体燃料。

2.1.1.1　燃料的一般性质

燃料的性质是比较复杂的。这里重点是要介绍那些和炉子热工过程有关的性质，即燃料的化学组成及燃料的发热量。

A　燃料的化学组成

气体燃料由 CO、H_2、CH_4、C_2H_4、C_mH_n、H_2S、CO_2、N_2、O_2、H_2O 等简单的化合物和单质混合组成，煤气成分就是用上述各单一气体在煤气中所占的体积分数来表示。其中主要的可燃成分是 CO、H_2、CH_4、C_2H_4、C_mH_n 等，它们在燃烧时能放出热量。CO_2、N_2、O_2、H_2O 等是不可燃成分，它们在燃烧时不能放出热量，故其含量希望不要过高。H_2S 的燃烧产物 SO_2 有毒性，对人身和设备都有害，所以应视为煤气中的有害成分。此外煤气中还含有少量灰尘，在煤气中这些不可燃成分的增加会使得煤气中的可燃成分减少，从而使其发热量有所降低。气体燃料就是用上述各单一气体在煤气中所占的体积分数表示。

自然界中的液体和固体燃料都是来源于埋藏地下的有机物质。它们是古代植物和动物在地下经过长期物理和化学的变化而生成的。所以它们都是由有机物和无机物两部分组成。有机物主要由 C、H、O 及少量的 N、S 等构成。这些复杂的有机化合物，分析十分困难，所以一般只测定 C、H、O、N、S 元素的百分含量，与燃料的其他特性配合起来，帮助我们判断燃料的性质和进行燃烧计算。燃料的无机物部分主要是水分（W）和矿物质（Al_2O_3、SiO_2、MgO 等），其中矿物质又称之为灰分，用符号 A 表示。固、液体燃料的组成通常以其各组成物的质量分数表示。

B　燃料的发热量

燃料发热量的高低是衡量燃料质量和热能价值高低的重要指标，也是燃料的一个重要特性。在实际生产中，知道燃料的发热量将有助于正确的评价燃料质量的好坏，以此指导现场操作。

单位质量或体积的燃料完全燃烧后所放出的热量称为燃料的发热量。对于固、液体燃料，其发热量的单位是 kJ/kg，气体燃料发热量的单位是 kJ/m^3。燃料完全燃烧后放出的热量还与燃烧产物中水的状态有关，基于燃烧产物中水的状态不同，可以把燃料的发热量分为高发热量和低发热量。当燃烧产物的温度冷却到参加燃烧反应物质的原始温度20℃,同时产物中的水蒸气冷凝成为0℃的水时,所放出的热量称为燃料的高发热量,用 $Q_{高}$ 表示。当燃烧产物中的水分不是呈液态,而是呈20℃的水蒸气存在时,由于水分的汽化热没有放出而使发热量降低,这时得到的热量称为燃料的低发热量,用 $Q_{低}$ 表示。在实验室条件下测定发热量时,燃烧产物中的水被冷却成液态水,故可得到高发热量。而在实际的加热炉上,燃烧产物出炉时不可能使水冷凝成为液态水,所以实际生产上用的都是低发热量。

2.1.1.2 加热炉常用的气体和液体燃料

A 气体燃料

气体燃料的种类很多,目前,加热炉常用的气体燃料有天然气、高炉煤气、焦炉煤气、发生炉煤气、高炉和焦炉混合煤气等。下面就介绍这些燃料各自的特性。

(1) 天然气。天然气是直接由地下开采出来的可燃气体,它的主要可燃成分是 CH_4,含量一般在80%~98%,此外,还有其他少量的碳氢化合物及 H_2 等可燃气体,不可燃气体很少,所以发热量很高,大多都在33500~46000kJ/m³,天然气的理论燃烧温度高达2020℃。

天然气是一种无色、稍带腐臭味的气体,比空气轻(密度约为0.73~0.80kg/m³),而且极易着火,与空气混合到一定比例(容积比约为4%~15%),遇到明火会立即着火或爆炸,现场操作时应注意这一特征。天然气燃烧时所需的空气量很大,每1m³ 天然气需9~14m³ 空气,而且燃烧时甲烷及其碳氢化合物分解析出大量固体碳粒,燃烧火焰明亮,辐射能力强。

(2) 高炉煤气。高炉煤气是高炉炼铁的副产品,它主要由可燃成分 CO、H_2、CH_4 和不可燃成分 N_2、CO_2 组成,其中CO占30%左右,H_2 和 CH_4 的数量很少。高炉煤气含有大量的 N_2 和 CO_2,约占60%~70%,所以发热量比较低,通常只有3350~4200kJ/m³。高炉煤气由于发热量低,燃烧温度也较低,约1470℃,在加热炉上单独使用困难,往往是与焦炉煤气混合使用,或在燃烧前将煤气与空气预热。应当注意CO对人是有害的,如果大气中CO浓度超过30mg/m³,人就会有中毒的危险。因此,在使用CO成分较多的煤气,如高炉煤气时,需特别注意防止煤气中毒事故发生。此外,高炉煤气着火温度较高,通常为700~800℃。现代高炉往往采用富氧鼓风和高压炉顶等技术,这些技术往往对高炉煤气的发热量有一定的影响,采用富氧鼓风时,高炉煤气的CO和 H_2 升高,而氮气含量降低,所以煤气的发热量相应提高。采用高压炉顶技术时,随着炉顶压力的升高,煤气CO略有降低,而 CO_2 相应升高,所以煤气的发热量稍有下降。

(3) 焦炉煤气。焦炉煤气是炼焦生产的副产品。它的燃料成分组成是:H_2 含量一般超过50%,CH_4 含量一般超过25%,其余是少量的 CO、N_2、CO_2、H_2S 等。由于焦炉煤气内的主要可燃成分是高发热量的 H_2 和 CH_4,所以焦炉煤气的发热量较高,为16000~18800kJ/m³。如果炼焦用煤的挥发分高,焦炉煤气中 CH_4 等成分的含量将增高,煤气的发热量也将增高。焦炉煤气的理论燃烧温度约为2090℃。焦炉煤气由于 H_2 含量高,所以火焰黑度小,较难预热。同时密度只有0.4~0.5kg/m³,比其他煤气轻,火焰的刚性差,容易往上飘。

(4) 高炉—焦炉混合煤气。在现代的钢铁联合企业里,可以同时得到大量高炉煤气和焦炉煤气,高炉煤气和焦炉煤气的产量比值大约为10:1,针对高炉煤气产量大、发热量低和焦炉煤气产量低、发热量较高的特点,为了发挥其各自的优点,充分利用这些副产燃气资源,可以利用不同比例的高炉煤气和焦炉煤气配成各种发热量的混合煤气。

如果高炉煤气与焦炉煤气的发热量分别为 $Q_{高}$ 和 $Q_{焦}$,要配成发热量为 $Q_{混}$ 的混合煤气,可用下式计算,设焦炉煤气在混合煤气中的体积分数为 x,则高炉煤气的分数为 $(1-x)$。那么

$$Q_{混}=xQ_{焦}+(1-x)Q_{高}$$

整理上式,得:

$$x=\frac{Q_{混}-Q_{高}}{Q_{焦}-Q_{高}} \tag{2-1}$$

采用高炉、焦炉混合煤气不仅合理利用了燃料,而且改善了火焰的性能,它既克服了焦炉煤气火焰上飘的缺点,同时也可以利用焦炉煤气中碳氢化合物分解产生的碳粒,在燃烧时可以增强火焰的辐射能力。

(5) 转炉煤气。转炉煤气含 CO 高达 50% ~70%,转炉煤气极易造成人身中毒,爆炸范围更广。转炉煤气主要成分是 CO,冶炼 1t 钢一般可以回收含 CO 为 50% ~70% 的煤气 $60m^3$ 左右,是良好的燃料和化工原料。发热量为 6280 ~ 10467kJ/m^3,为高炉煤气的两三倍,理论燃烧温度 1650 ~ 1850℃。

(6) 发生炉煤气。发生炉煤气是以固体燃料为原料,在煤气发生炉中制得的煤气,这个热化学过程叫做固体燃料的气化。它是由可燃成分 CO、H_2、CH_4 和不可燃成分 N_2、CO_2 以及少量的其他化学成分组成。根据气化介质的不同,发生炉煤气分为空气煤气、空气-蒸汽煤气等。作为加热炉燃料使用的主要是空气-蒸汽煤气,通常所说的发生炉煤气就是指这一种。它们的化学组成为:CO 含量为 20% ~27%,H_2 含量为 11% ~17%,N_2 含量 50% 左右。这种煤气燃烧时发热量较低,仅为 5020 ~5670kJ/m^3。

各种常见气体燃料成分及发热量见表 2-1。

表 2-1 各种煤气的成分

煤气名称	(干)成分/%							$Q_{低}$/kJ·m^{-3}
	CO	H_2	CH_4	C_mH_n	CO_2	O_2	N_2	
天然气	—	0 ~2	85 ~97	0.1 ~4	0.1 ~2	—	0.2 ~4	33500 ~46000
高炉煤气	22 ~31	2 ~3	0.3 ~0.5	—	10 ~19	—	55 ~58	3350 ~4200
焦炉煤气	6 ~8	55 ~60	24 ~28	2 ~4	2 ~4	0.4 ~0.8	4 ~7	16000 ~18800
转炉煤气	50 ~70	0.5 ~2.0	—	—	10 ~25	0.3 ~0.8	10 ~20.5	6280 ~10467
发生炉煤气(空—蒸)	20 ~27	11 ~17	1.1 ~7	0.2 ~0.4	3 ~7	0.1 ~0.6	46 ~55	5020 ~5670

B 液体燃料

加热炉所用的液体燃料主要是重油。将天然石油经过加工,提炼了汽油、煤油、柴油等轻质产品后,剩下的分子量较大的油就是重油,也称渣油。由于重油在冶金企业生产中用途最广,故在此将它的元素组成和它的几种重要特性做一简单介绍。

(1) 重油的元素组成和发热量。重油是由 85% ~87% C,10% ~12% H,1% ~2% O,1% ~4% S,0.3% ~1% N,0.01% ~0.05% A,0% ~0.3% W 等成分组成的。重油主要由碳氢化合物组成,杂质很少。一般重油的低发热量为 40000 ~42000kJ/kg。

(2) 黏度。黏度是表示流体流动时内摩擦力大小的物理指标。黏度越大,流体质点间内摩擦力越大,流体的流动性越差。黏度的大小对重油的运输和雾化有很大影响,所以在使用时对重油的黏度应当有一定的要求,并且应该保持稳定。

黏度的表示方法很多,工业上表示重油黏度的指标通常采用恩氏黏度($^{\circ}E$),该值使用漏斗状的恩氏黏度计测得,即:

$$^{\circ}E_t=\frac{t℃200mL\text{ 油从容器中流出的时间}}{20℃\text{时 }200mL\text{ 水从容器中流出的时间}}$$

重油的黏度主要与温度有关，随着温度的升高，它将显著下降。由于重油的凝固点一般在30℃以上，因此在常温下大多数重油都处于凝固状态，故它的黏度很高。为了保证重油的输送和进行正常的燃烧，一般采用电加热或蒸汽加热等方法来提高温度，以降低油的黏度，提高其流动性和雾化性。对于要求输送的重油，加热温度一般以70～80℃为宜（30～40 °E），但在喷嘴前一般油温以110～120℃为佳（10～15 °E）。因为这样可提高油的雾化质量，使油能充分完全燃烧。

（3）闪点、燃点、着火点。重油加热时表面会产生油蒸汽，随着温度的升高，油蒸汽越来越多，并和空气相混合，当达到一定温度时，火种一接触油气混合物便发生闪火现象。这一引起闪火的最低温度称为重油的闪点。再继续加热，产生油蒸汽的速度更快，此时不仅闪火而且可以连续燃烧，这时的温度叫燃点。继续提高重油温度，即使不接近火种油蒸汽也会发生自燃，这一温度称为重油的着火点。

重油的闪点一般在80～130℃的范围内，燃点一般比闪点高7～10℃。而它的着火点一般在500～600℃之间，当炉温低于着火点时，重油一般不能进行很好的燃烧。

闪点、燃点和着火点关系到用油的安全。闪点以下重油没有着火的危险，所以储油罐内重油的加热温度必须控制在闪点以下。

（4）水分。重油含水分过高会使着火不良，火焰不稳定，降低燃烧温度，所以限制重油的水分在2%以下。但往往采用蒸汽对重油直接加热，因而使重油含水量大大增加，一般应在储油罐中用沉淀的方法使油水分离而脱去。

（5）残碳率。使重油在隔绝空气的条件下加热，将蒸发出来的油蒸汽烧掉，剩下的残碳以质量分数表示就叫残碳率。我国重油的残碳率一般在10%左右。

残碳率高的重油燃烧时，可以提高火焰的黑度，有利于增强火焰的辐射能力，这是有利的一面；但残碳多时，又会在油烧嘴口部积炭结焦，造成雾化不良，影响油的正常燃烧。

（6）重油的标准。我国冶金厂现行的重油标准共有四个牌号，即20、60、100、200号四种，重油的牌号是指在50℃时，该重油的恩氏黏度值。各牌号重油的分类标准见表2-2。

表2-2　重油的分类标准（SYB1091—60）

指　标	牌　号			
	20	60	100	200
恩氏黏度°E，80℃时不大于	5.0	11.0	15.5	
100℃时不大于				5.5～9.5
闪点（开口）/℃，不低于	80	100	120	130
凝固点/℃，不高于	15	20	25	36
灰分/%，不大于	0.3	0.3	0.3	0.3
水分/%，不大于	1.0	1.5	2.0	2.0
硫分/%，不大于	1.0	1.5	2.0	3.0
机械杂质/%，不大于	1.5	2.0	2.5	2.5

2.1.2　燃料的燃烧

2.1.2.1　基本概念

A　完全燃烧和不完全燃烧

（1）完全燃烧。燃料中的可燃物质和氧进行了充分的燃烧反应，燃烧产物中已不存在可燃物质,称为完全燃烧。如燃料中的碳全部氧化生成CO_2,而不存在CO。

(2)不完全燃烧。不完全燃烧是指燃料经过燃烧后在燃烧产物中存在着可燃成分如CO等,不完全燃烧又分两种情况:

1)化学不完全燃烧。燃料中的可燃成分由于空气不足或燃料与空气混合不好,而没有得到充分反应的燃烧,燃烧产物中存在可燃成分如CO等。燃料燃烧时如果火焰过长而呈黄色,则是燃料不完全燃烧现象,应及时增加空气量或适当减少燃料量;如果火焰过短、发亮而有刺耳噪声,则是空气量过多现象,应及时增加燃料量或减少空气量。

2)机械不完全燃烧。燃料中的部分可燃成分没有参加或进行燃烧反应就损失了的燃烧过程,叫机械不完全燃烧,如管道漏掉的煤气。

可燃成分发生不完全燃烧的发热量远远低于完全燃烧的发热量。例如C在完全燃烧时的发热量要比它发生不完全燃烧时的发热量高约3.25倍,因此,除了工艺上需要CO气氛外,应尽量避免碳的不完全燃烧。

B 理论空气需要量和空气消耗系数

燃料中的可燃成分全部燃烧需要有一定量的空气,这种空气量叫做理论空气需要量。燃料在实际燃烧过程中,由于受具体燃烧设备、技术条件的限制,如果仅向加热炉供给理论空气需要量,则必然导致燃料的不完全燃烧。为了实现燃料完全燃烧,实际空气供给量必须大于理论空气需要量。该实际空气量与理论空气量的比值就叫空气消耗系数。空气消耗系数的大小与燃料的种类、燃烧方法、燃烧装置结构及工作的好坏等都有直接关系。因此,对于各种燃料,如何确定n将直接关系到燃料能否实行完全燃烧,原则上应当是在保证燃料完全燃烧的基础上使n越接近1越好。当$n>1$时,燃料燃烧结束后势必要多出一部分空气量,而这部分空气量的存在将带来以下几点不利因素:(1)燃烧后进入燃烧产物,增加了燃烧产物的体积,使废气带走的热损失增加,而且还需增大附属设备的容量。(2)由于这部分空气要吸收一部分燃料燃烧所放出的热量,从而降低了炉温。(3)这些多余的空气进入燃烧产物后将使炉膛内氧化性增强,而造成钢的大量氧化和脱碳,严重影响产品质量。各种燃料的空气消耗系数经验数据如下:

固体燃料:$n=1.20\sim1.50$

液体燃料:$n=1.15\sim1.25$

气体燃料:$n=1.05\sim1.15$

2.1.2.2 燃料的燃烧过程

气体燃料、液体燃料和固体燃料由于它们燃烧反应参数的不同和各自物理化学特性的差异,而使其燃烧过程各有区别。在加热炉中采用气体燃料,其空气消耗系数n值可以小些,同时也较为容易实现自动化,所以加热炉烧煤气者居多。此外,气体燃料的燃烧过程也比较有代表性,所以本节重点讨论煤气的燃烧过程,对于重油的燃烧过程则只作一般介绍。

A 气体燃料的燃烧过程

加热炉采用气体燃料与采用固体燃料、液体燃料相比较,有如下优点:(1)煤气与空气易于混合,用最小的空气消耗系数即可以实现完全燃烧;(2)煤气可以预热,故可以提高燃烧温度;(3)点火、熄火及其燃烧操作过程简单,容易控制,炉内温度、压力、气氛等都比较容易调节;(4)输送方便,劳动强度小,燃烧时干净,有利于减轻体力劳动和改善生产环境,较易实现自动化。气体燃料也有它的缺点:(1)管路施工及维护等费用高;(2)燃料价格贵;(3)贮存困难;(4)煤气有发生爆炸和使人中毒的危险。

气体燃料的燃烧是一个复杂的物理与化学综合过程,整个燃烧过程可以视为混合、着火、反应三个彼此不同又有密切联系的阶段,它们是在极短时间内连续完成的。

煤气与空气的混合。要实现煤气中可燃成分的氧化反应,必须使可燃物质的分子能和空气中氧分子接触,即使煤气与空气均匀混合。煤气与空气的混合是一种物理扩散现象,它的完成需一定的时间,这个过程比燃烧反应过程本身慢得多。因此,混合速度的快慢,混合的均匀程度都将会直接影响到煤气的燃烧速度及火焰的长短。研究煤气烧嘴时,必须了解煤气与空气两股射流混合的规律和影响因素。煤气及空气自烧嘴口喷出以后,在运动过程中相互扩散,它们的体积膨胀,而速度随之降低,混合的均匀程度基本上取决于煤气与空气相互扩散的速度。要强化燃烧过程必须改善混合的条件,提高混合的速度。

改善混合的途径有:

(1) 使煤气与空气流形成一定的交角。这是改善混合最有效的方法之一,由于二者相交,机械掺混作用占了主导地位。一般说来,两股气流的交角愈大,混合愈快。显然,在煤气与空气流动速度很慢,并成为平行的层流流动时,其相互的扩散很慢,混合所经历的路径很长,火焰也拉的很长。这时在烧嘴上安设旋流导向装置,造成气流强烈的旋转运动,有利于混合。涡流式烧嘴、平焰烧嘴就充分发挥了旋流的加强混合之优势,取得了较优越的燃烧效果。

(2) 改变气流的速度。在层流情况下,混合完全靠扩散作用,与绝对速度的大小无关。在紊流状态下,气流的扩散大大加强,混合速度也增大。实验证明,在流量不变的情况下,采用较大的流速比采用较小的流速,可以使混合改善。此外,改变两股气流的相对速度,使两气流的比值增大,也有利于混合的改善。

(3) 缩小气流的直径。气体流股的直径越大,混合越困难。如果把气流分成许多细股,可以增大煤气与空气的接触面积,周围质点容易达到流股中心,有利于加快混合速度。许多烧嘴的结构都是基于这一点,把气流分割成若干细股,或采用扁平流股,使煤气与空气的混合条件改善。

煤气与空气混合物的着火。煤气与空气混合物达到一定浓度时,在低温条件下还不能着火,只有加热到一定温度时才能着火燃烧。反应物质开始正常燃烧所需要的最低温度叫着火温度。

各种气体燃料与混合物的着火温度如下:焦炉煤气为 550 ~ 650℃,发生炉煤气为700 ~ 800℃。

在开始点火时,需要一火源把可燃气体与空气的混合物点燃。这一局部燃烧反应所放出的热,把周围可燃物又加热到着火温度,从而使火焰传播开来。这样一经点火,燃烧反应便可以继续进行下去。

当可燃混合物中燃料浓度太大或太小时,即使达到了正常的着火温度,也不能着火或不能保持稳定的燃烧。燃料浓度太小时,着火以后放出的热量不足以把邻近的可燃混合物加热到着火温度;燃料浓度太大时,相对空气的比例不足,也不能达到稳定的燃烧。要保持稳定的燃烧,必须使煤气处于一定的浓度极限范围。在点火时如果出现点不着或不稳定燃烧的情况,就要调节煤气与空气的比例。着火浓度极限与煤气的成分有关,也和气体的预热温度有关,如果煤气与空气预热到较高温度,则浓度极限范围将加宽,即可燃混合物容易着火。在正常燃烧时炉膛内温度很高,可以保证燃烧稳定进行。掌握煤气的着火温度和着火浓度极限不仅对正常生产的炉子在操作和管理上有实际意义,而且在煤气的防火、防爆炸等安全技术方面都有重要意义。比如,在煤气储存和运输管路附近不允许有引火物或存在任何使煤气温度达到着火点的高温热源。

空气中的氧与煤气中的可燃物完成化学反应。空气与煤气的混合物加热到着火温度以后,就产生激烈的氧化反应,这就是燃烧。燃烧反应本身是一个化学过程,化学反应的速度和反应物质的温度有关,温度越高,反应的速度越快,燃烧反应本身的速度是很快的,实际上是在一瞬间完成的。

在上述三个阶段中,对整个燃烧过程起最直接影响的是煤气与空气的混合过程。要提高燃烧强度,必须很好地控制混合过程。所以,煤气与空气的混合是最关键的环节。

根据煤气与空气在燃烧时混合情况的不同,气体燃料的燃烧方法(包括燃烧装置)分为两大类,即有焰燃烧法和无焰燃烧法。

(1) 有焰燃烧。有焰燃烧的主要特点是煤气与空气预先不混合,各以单独的流股进入炉膛,边混合边燃烧,混合和燃烧两个过程在炉内同时进行。如果燃料中含有碳氢化合物,容易热分解产生固体碳粒,因而可以看到明显的火焰,所以火焰实际表示了可燃质点燃烧后燃烧产物的轨迹,碳粒的存在能提高火焰的辐射能力,对炉气的辐射传热有利。能否看到"可见"的火焰,不仅与混合条件有关,也要看煤气中是否含有大量可分解的碳氢化合物,如果没有这些碳氢化合物,采用"有焰燃烧"时,实际上火焰轮廓也是不明显的。

有焰燃烧法的主要矛盾在于煤气与空气的混合,混合得愈完善,则火焰愈短,燃烧过程在较小的火焰区域内进行,火焰的温度比较高。当煤气与空气混合不好时,则火焰拉长,火焰温度较低。可以通过火焰来控制炉内的温度分布。在实践中,改变火焰长度的方法主要是从改变混合条件着手,即喷出的速度、喷口的直径、气流的交角以及机械搅动等。这些影响因素就是设计和调节烧嘴的依据。

由于煤气与空气是分别进入烧嘴和炉膛的,因此可以把煤气与空气预热到较高的温度,而不受着火温度的限制,预热温度越高,着火越容易。但是,由于是边混合边燃烧,混合条件不好时容易造成化学不完全燃烧,所以有焰燃烧法的空气消耗系数必须高于无焰燃烧。随着空气消耗系数的增大,氧的浓度增大,会使得燃烧完全,火焰长度缩短。但是空气消耗系数达到一定值以后,火焰长度基本保持不变,而形成较多的氮氧化合物。

在燃烧过程中,火焰好像一层一层地向前推移,火焰锋面连续向前移动,这种现象叫火焰的传播,火焰前沿向前推移的速度叫火焰传播速度。各种可燃气体的火焰传播速度是靠实验方法测定的,而且随着条件的变化测定数据各异。在各种可燃气体中,氢的火焰传播速度最大,一氧化碳、乙烯次之,甲烷最小。火焰传播速度的概念对燃烧装置的设计与使用是很重要的,因为要保持火焰的稳定性,必须使煤气与空气喷出的速度与该条件下的火焰传播速度相适应。否则如果喷出速度超过火焰传播速度,火焰就会发生断火(或脱火)而熄灭;反之,如果喷出速度小于火焰传播速度,火焰会回窜到烧嘴内,出现回火现象,所以煤气空气的流速实际上与火焰传播速度相互平衡,才能保持稳定的火焰。

影响火焰传播速度大小的主要因素有:燃料的种类和成分、空气消耗系数的大小、烧嘴的结构型式、煤气和空气的预热温度、向外散热情况等。

(2) 无焰燃烧。如果将煤气与空气在进行燃烧之前预先混合再喷入炉内,燃烧过程要快得多。由于较快地进行燃烧,碳氢化合物来不及分解,火焰中没有或很少有游离的炭粒,看不到明亮的火焰,或者火焰很短,这种燃烧方法称为无焰燃烧。

无焰燃烧的主要特点是:1)空气消耗系数小;2)由于过剩空气量少,燃烧温度比有焰燃烧高,高温区集中;3)没有"可见的火焰",火焰辐射能力不及同温度下有焰燃烧;4)由于煤气与空气要预先混合,所以不能预热到过高的温度,否则要发生回火现象,一般限制在混合后温度不超过400~450℃;5)煤气与空气的混合需要消耗动力,喷射式无焰烧嘴的空气是靠煤气的喷射作用吸入的,煤气要有较高的压力,必须有煤气加压设备;6)为了防止发生回火爆炸,所以单个烧嘴能力不能过大(过大时烧嘴的结构、安装、维修都很困难),但是因为它可以自动按比例地吸入燃烧需要的空气,因而省去了庞大的供风系统,从而使得整个炉子结构变得十分紧凑、简单,特别是对多烧嘴的热处理炉这一优点更加明显。

B 液体燃料的燃烧过程

加热炉常用的液体燃料是重油，也有使用焦油和柴油的。因为重油是由不同族液体碳氢化合物和溶于其中的固体碳氢化合物组成，是一种混合物，因此重油没有十分确定的理化性能。下面介绍重油的燃烧过程。

（1）重油的雾化。与煤气一样，要使液体燃料燃烧，必须使液体燃料质点与空气中的氧接触。为此，重油燃烧前必须先进行雾化，以增大其和空气接触的面积。重油雾化是借助某种外力的作用，克服油本身的表面张力和黏性力，使油破碎成很细的雾滴。这些雾滴颗粒的直径不等，在10～200μm之间，为了保证良好的燃烧条件，小于50μm的油雾颗粒应占85%以上。实验结果证明，油雾颗粒太大，燃烧时产生了大量黑烟，燃烧不完全，温度提不高。油雾颗粒的平均直径是评价雾化质量的主要指标。

影响雾化效果的因素有以下几点：

1）重油的温度。提高重油温度可以显著降低油的黏度，表面张力也有所减小，可以改善油的雾化质量，要保证重油烧嘴前的黏度不高于5～10°E。

2）雾化剂的压力和流量。低压油烧嘴和高压油烧嘴都是用气体作雾化剂的。雾化剂以较大的速度喷出，依靠气流对油表面的冲击和摩擦作用进行雾化。当外力大于油的黏性力和表面张力时，油就被击碎成细的颗粒；此时的外力如仍大于油颗粒的内力时，油颗粒将继续碎裂成更细的微粒，直到油颗粒表面上的外力和内力达到平衡为止。

雾化剂的相对速度（即雾化剂流速与重油流速之差）和雾化剂的单位消耗量（每千克油用多少千克或立方米雾化剂）对雾化质量的影响比较明显。实践表明，雾化剂的相对速度与油颗粒直径成反比，即速度愈大，颗粒愈小。当油烧嘴出口截面一定时，增大雾化剂压力，意味着雾化剂的流量增加，流速加大，使雾化质量得到改善。

3）油压。采用气体雾化剂时，油压不宜过高，因为油压过高，油的流速太大，雾化剂来不及对油流股起作用使之雾化。低压油烧嘴的油压在0.1MPa以下，高压油烧嘴可高到0.5MPa左右。

但有的机械雾化油烧嘴是靠油本身以高速喷出，造成油流股的强烈脉动而雾化的。油的喷出速度越大雾化越好，所以要求有较高的油压，约在1～2MPa之间，油压越高，雾化质量越好。

4）油烧嘴结构。常采用适当增大雾化剂和油流股的交角，缩小雾化剂和油的出口截面（使截面成为可调的），使雾化剂造成流股的旋转流动等措施，来改善雾化质量。

（2）油雾与空气的混合。与气体燃料相同，油雾与空气的混合也是决定燃烧速度与质量的重要条件，实际上影响混合的最关键的因素还是雾化的质量，雾化的油颗粒越细，混合条件越好。在实际生产中，控制油的燃烧过程，就是通过调节雾化和混合条件来实现。

（3）预热。重油必须预热到着火温度，才能发生燃烧反应。在预热过程中，重油的沸点只有200～300℃，而着火温度在500～600℃，因此油在燃烧前先变为蒸气，蒸气比液滴容易着火，为了加速重油燃烧，应使油更快地蒸发。重油的碳氢化合物中，有的可以气化，有的不能，蒸发的结果会留下一些固体残渣。应使这部分残渣颗粒不要太大，以便随同油蒸汽一起燃烧，这也牵涉到雾化的质量。

油和油蒸气当其与空气中的氧接触达到着火温度后便立即燃烧，但是在高温下的油粒和油蒸气没有接触氧的部分则其中的碳氢化合物就会受热分解并产生微粒炭和氢。重油燃烧不好时，往往见到冒出大量黑烟，就是因为重油热分解，在火焰中含有大量固体炭粒的结果。

另外没有来得及蒸发的油颗粒，如果在高温下没有与氧接触时还会发生裂化现象。裂化的结果,一方面产生一些分子量较小的气态碳氢化合物,一方面剩下一些固态的较重的分子,这种现象严重时,会在油烧嘴中发生结焦现象。为了避免这种现象的发生,应当尽力提高雾化质量,改善油雾与空气的混合,使重油在达到着火温度时能立即燃烧。

由于重油燃烧时不可避免地发生热解和裂化,火焰中游离着大量的炭粒,使火焰呈橙色或黄色,这种火焰比不发光的火焰辐射能力强。

(4) 着火燃烧。油蒸气及热解、裂化产生的气态碳氢化合物,与氧接触并达到着火温度时,便激烈地完成燃烧反应;其次,固态的炭粒、石油焦在这种条件下也开始燃烧。在火焰的前沿面上温度最高,热不断传给邻近的油颗粒,使火焰扩展开来。

综上所述,重油的燃烧是雾化、混合、预热、着火等过程的综合,燃烧的各环节互相联系又相互制约,一个过程不完善重油就不能顺利燃烧,一个过程不能实现火焰就会熄灭。例如当调节油烧嘴时,突然将油量加大,而未及时调节雾化剂量和空气时,则由于大量油喷入炉内而得不到很好雾化与混合,因而不能立即着火。这时火焰就会脱离油烧嘴,出现脱火现象,继续发展下去,火焰就会熄灭。这些喷入的油大量蒸发,油蒸气逐渐与空气混合到着火的浓度极限,温度又达到着火温度时,会发生突然着火,像爆炸一样。生产中应力求避免这类现象,保持燃烧的稳定。煤气燃烧好坏主要取决于煤气和空气的混合,而重油燃烧的好坏主要取决于雾化程度,雾化程度越好,油滴越细,表面积越大,加热也快,氧也极易渗入,燃烧速度快,即使形成未燃烧的炭粒,颗粒极其细小,但小颗粒的炭不仅能很快的燃烧,而且还增加了火焰的辐射能力。

2.1.2.3 燃烧计算

燃料的燃烧是一种激烈的氧化反应,是燃料中的可燃成分与空气中的氧气所进行的氧化反应。要使燃料达到完全燃烧并充分利用其放出的热量,首先要对燃烧反应过程做物料平衡和热平衡计算,算出燃料燃烧时需要的空气量、产生的燃烧产物量以及燃烧后能够达到的温度等。只有在此基础上我们才能有根据地去改进燃烧设备,控制燃烧过程,达到满意的燃烧效果。燃烧过程是很复杂的,为了使计算简化,在燃烧计算中作如下几项假定:

(1) 气体的体积都按标准状态(0℃和101326Pa)计算,每1kmol任何气体的体积都是$22.4m^3$;

(2) 在计算中不考虑热分解效应;

(3) 空气的组成只考虑O_2和N_2,认为干空气由体积分数为21%的氧和体积分数为79%的氮所组成;

(4) 在计算理论空气量和理论燃烧产物量时,均考虑在完全燃烧条件下进行。

A 气体燃料燃烧空气量及燃烧产物量的计算

已知气体燃料的湿成分

$$\varphi_{CO^{湿}} + \varphi_{H_2^{湿}} + \varphi_{CH_4^{湿}} + \varphi_{C_mH_n^{湿}} + \varphi_{H_2S^{湿}} + \varphi_{CO_2^{湿}} + \varphi_{SO_2^{湿}} + \varphi_{O_2^{湿}} + \varphi_{N_2^{湿}} + \varphi_{H_2O^{湿}} = 100\%$$

因为1kmol任何气体在标准状态下的体积为$22.4m^3$,所以参加燃烧反应的各气体与生成物之间的mol数之比,就是其体积比。例如:

$$H_2 + \frac{1}{2}O_2 = H_2O$$

1mol∶0.5mol∶1mol

$1m^3$∶0.5 m^3∶$1m^3$

因此,气体燃料的燃烧计算可以直接根据体积比进行计算。其计算步骤用表2-3说明。

表 2-3 每 $100m^3$ 气体燃料的燃烧反应

$100m^3$ 气体燃料中各成分的体积/m^3	反应方程式（体积比例）	需 O_2 体积/m^3	燃烧产物体积/m^3				
			CO_2	H_2O	SO_2	N_2	O_2
$CO^{湿}$	$CO+\frac{1}{2}O_2=CO_2$ $1:\frac{1}{2}:1$	$\frac{1}{2}CO^{湿}$	$CO^{湿}$				
$H_2^{湿}$	$H_2+\frac{1}{2}O_2=H_2O$	$\frac{1}{2}H_2^{湿}$		$H_2^{湿}$			
$CH_4^{湿}$	$CH_4+2O_2=CO_2+2H_2O$ $1:2:1:2$	$2CH_4^{湿}$	$CH_4^{湿}$	$2CH_4^{湿}$			
$C_mH_n^{湿}$	$C_mH_n+\left(m+\frac{n}{4}\right)O_2$ $=mCO_2+\frac{n}{2}H_2O$ $1:\left(m+\frac{n}{4}\right):m:\frac{n}{2}$	$\left(m+\frac{n}{4}\right)C_mH_n^{湿}$	$mC_mH_n^{湿}$	$\frac{n}{2}C_mH_n^{湿}$			
$H_2S^{湿}$	$H_2S^{湿}+\frac{3}{2}O_2=SO_2+H_2O$ $1:\frac{3}{2}:1:1$	$\frac{3}{2}H_2S^{湿}$		$H_2S^{湿}$	$H_2S^{湿}$		
$CO_2^{湿}$	不燃烧，到烟气中		$CO_2^{湿}$				
$SO_2^{湿}$	不燃烧，到烟气中				$SO_2^{湿}$		
$O_2^{湿}$	助燃，消耗掉	$-O_2^{湿}$					
$N_2^{湿}$	不燃烧，到烟气中					$N_2^{湿}$	
$H_2O^{湿}$	不燃烧，到烟气中			$H_2O^{湿}$			

注：$100m^3$ 气体燃料燃烧所需 O_2 的体积数：

$$\left[\frac{1}{2}CO^{湿}+\frac{1}{2}H_2^{湿}+2CH_4^{湿}+\left(m+\frac{n}{4}\right)C_mH_n^{湿}+\frac{3}{2}H_2S^{湿}-O_2^{湿}\right]\quad m^3$$

（1）空气需要量

$$L_0=\frac{4.76}{100}\left[\frac{1}{2}CO^{湿}+\frac{1}{2}H_2^{湿}+2CH_4^{湿}+\left(m+\frac{n}{4}\right)C_mH_n^{湿}+\frac{3}{2}H_2S^{湿}-O_2^{湿}\right] \quad (2-2)$$

$$L_n=nL_0 \quad (2-3)$$

式中 L_0——理论空气需要量，m^3/m^3；

L_n——实际空气需要量，m^3/m^3；

n——空气消耗系数；

$CO^{湿}$、$H_2^{湿}$…——$100m^3$ 气体燃料中各成分的体积，m^3。

（2）燃烧产物量

$$V_0=\frac{1}{100}\left[CO^{湿}+H_2^{湿}+3CH_4^{湿}+\left(m+\frac{n}{2}\right)C_mH_n^{湿}+CO_2^{湿}+2H_2S^{湿}+\right.$$

$$N_2^{湿} + SO_2^{湿} + H_2O^{湿}\Big] + 0.79L_0 \tag{2-4}$$

$$V_n = V_0 + (n-1)L_0 \tag{2-5}$$

式中 V_0——理论燃烧产物量，m^3/m^3；

$CO^{湿}$、$H_2^{湿}$…——100m^3 气体燃料中各成分的体积，m^3；

V_n——实际燃烧产物量，m^3/m^3。

［例 2-1］ 已知焦炉煤气的湿成分：$\varphi_{CO^{湿}}=8.1\%$，$\varphi_{H_2^{湿}}=56.5\%$，$\varphi_{CH_4^{湿}}=25\%$，$\varphi_{C_2H_4^{湿}}=2.5\%$，$\varphi_{CO_2^{湿}}=2.4\%$，$\varphi_{N_2^{湿}}=3\%$，$\varphi_{O_2^{湿}}=0.5\%$，$\varphi_{H_2O^{湿}}=2\%$，$Q_{低}=17547kJ/m^3$。在 $n=1.05$ 的条件下完全燃烧，计算煤气燃烧所需的实际空气量和实际燃烧产物量。

解：(1) 空气需要量

$$L_0 = \frac{4.76}{100}(0.5\times8.1+0.5\times56.5+2\times25+3\times2.5-0.5) = 4.25(m^3/m^3)$$

$$L_n = 1.05\times4.25 = 4.46(m^3/m^3)$$

(2) 燃烧产物生成量

$$V_0 = \frac{1}{100}(8.1+56.5+3\times25+4\times2.5+2.4+3+2)+0.79\times4.25 = 4.93(m^3/m^3)$$

$$V_n = 4.93+0.05\times4.25 = 5.14(m^3/m^3)$$

B 固、液体燃料燃烧空气量及燃烧产物量的计算

已知固、液体燃料的应用成分

$$w_{C^{用}}+w_{H^{用}}+w_{O^{用}}+w_{N^{用}}+w_{S^{用}}+w_{A^{用}}+w_{W^{用}}=100\%$$

固体燃料和液体燃料的燃烧反应通常以 1kmol 为依据，求出所需氧的 kmol 数，再换算为体积。固体燃料和液体燃料的主要可燃成分是碳和氢，还有少量的硫也可以燃烧。在计算空气需要量和燃烧产物量时，应该根据各可燃元素燃烧的化学反应式来进行。例如

$$C + O_2 = CO_2$$

$$1kmol:1kmol:1kmol$$

具体的计算方法和步骤可以用表 2-4 说明。

表 2-4 每 100kg 固、液体燃料的燃烧反应

100kg 固、液体燃料中各组成物的含量		反应方程式（kmol 比例）	燃烧时所需氧的 kmol 数	燃烧产物的 kmol 数				
质量/kg	kmol 数			CO_2	H_2O	SO_2	N_2	O_2
$C^{用}$	$\frac{C^{用}}{12}$	$C+O_2=CO_2$ 1:1:1	$\frac{C^{用}}{12}$	$\frac{C^{用}}{12}$				
$H^{用}$	$\frac{H^{用}}{2}$	$H_2+\frac{1}{2}O_2=H_2O$ $1:\frac{1}{2}:1$	$\frac{1}{2}\times\frac{H^{用}}{2}$		$\frac{H^{用}}{2}$			
$S^{用}$	$\frac{S^{用}}{32}$	$S+O_2=SO_2$ 1:1:1	$\frac{S^{用}}{32}$			$\frac{S^{用}}{32}$		
$N^{用}$	$\frac{N^{用}}{28}$	不燃烧，到烟气中					$\frac{N^{用}}{28}$	

续表 2-4

100kg 固、液体燃料中各组成物的含量		反应方程式（kmol 比例）	燃烧时所需氧的 kmol 数	燃烧产物的 kmol 数				
质量/kg	kmol 数			CO_2	H_2O	SO_2	N_2	O_2
$W^{用}$	$\frac{W^{用}}{18}$	不燃烧，到烟气中			$\frac{W^{用}}{18}$			
$A^{用}$		不燃烧，无气态产物						
100kg 燃料燃烧所需氧的 kmol 数				$\frac{C^{用}}{12}+\frac{H^{用}}{4}+\frac{S^{用}}{32}-\frac{O^{用}}{32}$				
1kg 燃料燃烧所需氧的体积数				$\frac{22.4}{100}\times\left(\frac{C^{用}}{12}+\frac{H^{用}}{4}+\frac{S^{用}}{32}-\frac{O^{用}}{32}\right)$ m^3				

根据表 2-4 的分析，可得出各有关燃烧参数的计算公式

（1）空气需要量

$$L_0=\frac{4.76\times22.4}{100}\times\left(\frac{C^{用}}{12}+\frac{H^{用}}{4}+\frac{S^{用}}{32}-\frac{O^{用}}{32}\right) \tag{2-6}$$

$$L_n=nL_0 \tag{2-7}$$

式中 L_0——理论空气需要量，m^3/kg；

L_n——实际空气需要量，m^3/kg；

n——空气消耗系数；

$C^{用}$、$H^{用}$…——100kg 燃料中各成分的质量，kg。

（2）燃烧产物量

$n=1$ 时的理论燃烧产物量

$$V_0=\frac{22.4}{100}\times\left(\frac{C^{用}}{12}+\frac{H^{用}}{2}+\frac{S^{用}}{32}+\frac{N^{用}}{28}+\frac{W^{用}}{18}\right)+0.79L_0 \tag{2-8}$$

$n>1$ 时的实际燃烧产物量

$$V_n=V_0+(n-1)L_0 \tag{2-9}$$

式中 V_0——理论燃烧产物量，m^3/kg；

$C^{用}$、$H^{用}$…——100kg 燃料中各成分的质量，kg；

L_0——理论空气需要量，m^3/kg；

V_n——实际燃烧产物量，m^3/kg；

n——空气消耗系数。

［例 2-2］ 已知重油的成分：$w_{C^{用}}=87\%$，$w_{H^{用}}=12\%$，$w_{S^{用}}=1\%$，$Q_{低}=44613.1kJ/kg$。当 $n=1.2$ 时，试计算完全燃烧时的实际空气需要量和实际燃烧产物量。

解：（1）空气需要量

$$L_0=\frac{4.76\times22.4}{100}\times\left(\frac{87}{12}+\frac{12}{4}+\frac{1}{32}\right)=10.96(m^3/kg)$$

$$L_n=1.2\times10.96=13.15(m^3/kg)$$

（2）燃烧产物量

$$V_0=\frac{22.4}{100}\times\left(\frac{87}{12}+\frac{12}{2}+\frac{1}{32}\right)+0.79\times10.96=11.63(m^3/kg)$$

$$V_n = 11.63 + (1.2 - 1) \times 10.96 = 13.82(m^3/kg)$$

由例2-1和例2-2可知，$Q_{低} = 17547kJ/m^3$ 的焦炉煤气完全燃烧需要 $4.25m^3$（标准）空气，$Q_{低} = 44613.1kJ/kg$ 的重油完全燃烧约需要 $10.96m^3$（标准）空气，通过大量的计算，燃料燃烧时，可以粗略地估算，每4150kJ发热量的燃料燃烧约需要理论空气量为 $1m^3$（标准）左右。这对实际操作很有指导意义。

C　燃烧温度

燃料燃烧放出的热量包含在气态燃烧产物中，则气态燃烧产物的温度要升高，燃烧产物所能达到的温度叫燃料的燃烧温度，又叫火焰温度。

燃烧温度既与燃料的化学成分有关，又受外部燃烧条件的影响。化学成分相同的燃料，燃烧条件不同，燃烧产物的数量也不同，燃烧产物中所含的热量也就不同。所以燃烧温度的高低，取决于燃烧产物中所含热量的多少，燃烧产物中所含热量的多少，取决于燃烧过程中热量的收入和支出。

根据能量守恒和转化定律，燃料燃烧时燃烧产物的热量收入和热量支出必然相等，由热量收支关系可以建立热平衡方程式，根据热平衡方程式即可求出燃烧温度。现以 $1m^3$ 燃料为依据来计算燃烧过程的热平衡，单位为 kJ/m^3，计算如下：

热收入各项有：

（1）燃料燃烧的化学热，即燃料的低发热量 $Q_{低}$。

（2）燃料带入的物理热 $Q_{燃}$。

（3）空气带入的物理热 $Q_{空}$。

热支出各项有：

（1）燃烧产物所含的热量 $Q_{产} = V_n c_{产} t_{产}$

式中　$c_{产}$——燃烧产物在 $t_{产}$ 温度下的平均热容，$kJ/(m^3 \cdot ℃)$；

$t_{产}$——燃烧产物的温度，℃；

V_n——实际燃烧产物量，m^3/m^3。

（2）由燃烧产物向周围介质的散热损失以 $Q_{介}$ 表示，它包括炉墙的全部热损失，加热钢坯和炉子构件等的散热损失。

（3）燃料不完全燃烧损失的热量以 $Q_{不}$ 表示，它包括化学不完全燃烧损失和机械不完全燃烧损失两项。

（4）高温下燃烧产物热分解损失的热量以 $Q_{解}$ 表示，因为热分解是吸热反应，故要损失部分热量。

因此，可以建立热平衡方程式如下：

$$Q_{低} + Q_{燃} + Q_{空} = V_n c_{产} t_{产} + Q_{介} + Q_{不} + Q_{解}$$

由上式所确定的燃烧产物温度 $t_{产}$ 就是实际燃烧温度。在生产实际中提高燃烧温度是强化加热炉生产的重要手段之一，提高加热炉的燃烧温度可采取以下几条途径：

（1）提高燃料的发热量。燃料的发热量越高，则燃烧温度越高。但燃料发热量的增大和实际燃烧温度是不成正比的，当发热量增大到一定值后再增大发热量，其对应的理论燃烧温度几乎不再增高。这主要是因为此时相应地燃烧产物量也随燃料发热量的增大而增大。

（2）实现燃料的完全燃烧。采用合理的燃烧技术，实现燃料的完全燃烧，加快燃烧速度，是提高燃烧温度的基本措施。

（3）降低炉体热损失。若采用轻质耐火材料、隔热材料、耐火纤维等，可以大大降低此项热损失,对于间歇操作的炉子,采用轻质材料还可以减少炉体蓄热的损失。

(4) 预热空气和燃料。这对提高燃烧温度的效果最为明显,目前全国各地加热炉都纷纷地安装了换热器或蓄热室来提高空气和煤气温度,从而达到提高燃烧温度的目的。

(5) 尽量减少烟气量。在保证燃料完全燃烧的基础上,尽量减少实际燃烧产物量 V_n 是提高燃烧温度的有效措施。具体来说就是:加强热工测试,安装检测仪表对炉温、炉压和燃烧过程进行自动调节等都能使 V_n 降低而提高燃烧温度,从而达到降低燃耗的目的。

2.2 炉内综合传热

如果将冷钢坯送入炽热的加热炉内,它就会被加热,钢坯的温度会逐渐升高。只要有温度差存在,热量总是由高温向低温传递。这种热量的传递过程称为传热。传热是一种复杂的物理现象,为了便于研究,根据其物理本质的不同,把传热过程分为三种基本方式:传导、对流、辐射。

2.2.1 传导传热

物体内部两相邻质点(如分子、原子、离子、电子等)通过热振动,将热量由高温部分依次传递给低温部分的现象,称为传导传热。如炉墙的散热,钢坯由表面向内部的加热,金属棒热端向冷端的传热等,都是传导传热的例子。

假设如图 2-1 所示的几何物体,热由 A 面传至 B 面,传热面积为 F,导热系数为 λ,A、B 面温度分别为 t_1 和 t_2,A、B 面间的距离为 S。

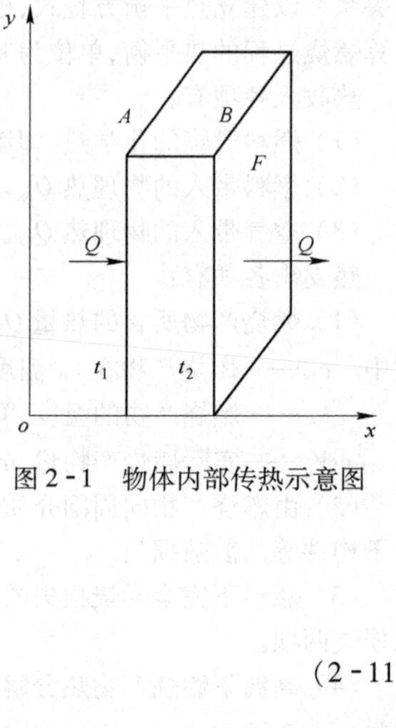

图 2-1　物体内部传热示意图

单层平壁的导热计算公式

$$Q = \frac{\lambda}{S}(t_1 - t_2)F \qquad (2-10)$$

式中 t_1、t_2——发生传导的平壁两侧的温度,℃;

λ——导热系数,W/(m·℃);

S——平壁的厚度,m;

F——传热面积,m²。

而对于多层平壁,其导热计算公式则为:

$$Q = \frac{t_1 - t_{n+1}}{\frac{S_1}{\lambda_1} + \frac{S_2}{\lambda_2} + \cdots + \frac{S_n}{\lambda_n}}F \qquad (2-11)$$

式中 t_1、t_{n+1}——发生传导的平壁两侧的温度,℃;

λ_1、$\lambda_2 \cdots \lambda_n$——各层平壁的平均导热系数,W/(m·℃);

S_1、S_2、$\cdots S_n$——各层平壁的厚度,m;

F——传热面积,m²。

根据以上公式可知,传导传热的快慢主要与下列因素有关:

(1) 材料的性质。物体导热能力的大小用导热系数 λ 来表示。各种材料的导热系数都由实验测定。气体、液体和固体三者比较来看,气体的导热系数最小,仅为 0.0058W/(m·℃),而且随着温度的升高,气体的导热系数也随着增大。液体的导热系数在 0.093~0.698W/(m·℃)之间;温度升高时,有的液体导热系数减小,有的导热系数增大。固体的导热系数比较大,其中以金属的导热系数最大,在 2.326~418.68W/(m·℃)之间;铁的导热系数约为 52.34W/(m·℃)。

钢铁依其化学成分、热处理和组织状态的不同，其导热系数有很大差别。例如，经过轧制的钢，其导热性要比铸造的好；经退火的钢要比未经退火的钢导热性好，碳素钢的导热性要比合金钢好。而且碳素钢的导热性随其含碳量的不同而变化，一般含碳量越高，其导热性越差，合金钢的导热性也是随其合金元素含量的多少而变化的，合金元素与碳的作用一样，通常都是促使钢的导热性降低，因此高合金钢的导热性更差。

（2）温度差。一般说来，温度差越大，传导传热也越强烈。例如钢坯的表面和中心的温差越大，则热量的传递就越快和越多。当然除了温差这一推动因素外，还存在着各种阻碍传热的因素，如传热的距离、热容大小等内在和外在因素。

2.2.2 对流传热

对流传热发生在气体或液体中。如将一个固态热物体放入原来处于静止的气体或液体中，热量从固体表面传给靠近它的流体层，其温度升高，密度减小，因而流体层上升，同时较冷的流体层流过来补充，形成自然流动，由于这种流动而产生的热交换通常称为自然对流传热，除此以外，由强制流动产生的传热过程称为强制对流传热。

实际上的对流传热总是发生在流体与固体表面之间，而且传热过程中总伴随着传导传热存在。特别是当流体流经固体表面时，由于层流边界层的存在，在边界层内只有传导传热发生。这种对流与传导的综合作用也称“对流给热”或称“对流换热”。

加热炉内的对流传热属于气体与固体之间的传热，这种传热是炽热的高温气体质点不断地撞击钢坯表面，将热量传给温度较低的钢坯的过程。如果将热钢坯置于一个温度比它低的环境中（例如钢坯出炉后停在输送辊道上待轧时），冷空气流经钢坯表面吸取钢坯的热量，这也是对流传热。显然，气体的流速愈大，同一时间内气体与固体间传递的热量就愈多，钢坯的加热或冷却也就愈快。如高温炉气对炉内钢坯或炉墙的给热，炉外壁对周围空气的给热等，都是或主要是对流给热的作用和例子。

对于对流传递热量的大小，工程上通常用下式计算：

$$Q = \alpha_{对}(t_f - t_w)F \tag{2-12}$$

式中 Q——对流传热量，W；

t_f, t_w——分别代表流体和固体表面的温度，℃；

F——换热面积，m^2；

$\alpha_{对}$——对流给热系数，$W/(m^2 \cdot ℃)$。

由于对流给热都是在物体的表面进行，因此又称为外部传热。

影响对流给热的因素不仅仅有物体的温度差，而且与下列因素有关：

（1）流体流动的情况。自然对流和强制对流两种情况下的传热强度不同，显然，自然对流热交换强度不及强制对流热交换强度大。强制对流时，运动速度和温度差越大，其内部的扰动与混合越强烈，边界层也随之变薄，这时传热效果就越显著，这种对流给热称为“强制对流给热”。在强制对流的同时，一般也会发生自然对流，但当强制对流的流动速度相当大时，自然对流的范围和影响也就缩小。

加热炉炉墙表面散热是自然对流的典型例子。加热炉内烧嘴喷出的高温气体对金属表面的加热则属于强制对流给热。

（2）流体流动的性质。流体流动分为层流流动和紊流流动，它们与雷诺数有关。在层流流动时，流体质点作平行壁面的单向流动，而不能穿过流层去撞击壁面，这时的传热过程实质上是传导传热。而紊流流动时，边界层外流体质点作激烈紊乱流动。因此对流作用强烈，温度趋于均匀化。而边界层内流体质点的流动仍属于层流流动，因而只有传导传热，其热阻大，热流小。

（3）流体的物理性质。流体的物理性质对对流传热量的影响一般都是间接的，比如，边界层的热阻和导热系数 λ 成反比，不同流体其 λ 值不同，因而产生的热阻也不同，其传热量也不等。又如流体的黏度不同，它所产生的流动性质也不同。

（4）固体表面形状、大小和位置。固体表面形状越复杂，流体流动时搅动越激烈；固体表面可接触的面积越大，对对流给热越有利。对于同一形状大小的表面，其位置不同，传热效果也不一样。炉墙、炉顶、炉底位置不同，自然对流强度不一样，其中，炉顶最大，炉底最小。

2.2.3 辐射换热

热辐射能是电磁波的一种。物体的热能变为电磁波（辐射能）向四周传播，当辐射能落到其他物体上被吸收后又变为热能，这一过程称为辐射换热。

辐射换热与对流和传导传热有本质的区别。辐射换热的特征如下：

（1）辐射是一切物体固有的特性，任何物体只要自身温度高于绝对零度（-273℃），由于其内部电子的振动将产生变化的电场，这种变化的电场产生磁场，磁场又产生电场，如此交替循环下去便产生电磁波，传递热量。

（2）辐射传热不需要任何中间介质，在真空中同样可以传播。太阳的辐射热通过极厚的真空带而射到地球就是极好的例证。也就是说，辐射传热是通过电磁波实现的，而热量的传递过程伴随有能量形式的转变，即热能——辐射能——热能。

（3）传递能量的电磁波波长变动范围很大，长到几百米，短到 10^{-6}m。但能够进行辐射传热的只有波长为 $0.4\sim40\mu m$ 的可见光波和红外线，通常把这些射线称为热射线。

（4）正因为辐射是一切物体固有的特性，所以不仅是高温物体把热量辐射给低温物体，而且低温物体同样把热量辐射给高温物体，最后低温物体得到的热量是它们的差额值，此差额只要参与相互辐射的两物体的温度不同，就不会等于零。因此，辐射传热严格地讲应该叫做辐射热交换。

2.2.3.1 辐射传热的基本概念

当物体接受热射线时，与光线落到物体上一样，有三种可能的情况：一部分被吸收，一部分被反射，另一部分透过物体继续向前传播，如图 2-2 所示。

根据能量守恒定律，这三者之间应有如下的关系：

$$Q_A + Q_R + Q_D = Q \tag{2-13a}$$

$$\frac{Q_A}{Q} + \frac{Q_R}{Q} + \frac{Q_D}{Q} = 1 \tag{2-13b}$$

如以 A、R、D 分别表示物体对热辐射的吸收能力、反射能力和透过能力，称为物体的吸收率 A、反射率 R 和透过率 D。

则

$$A + R + D = 1 \tag{2-13c}$$

若 $A=1, R=0, D=0$，即落在物体上的热辐射都被该物体吸收，没有反射和透过，这种物体称为绝对黑体，简称黑体。

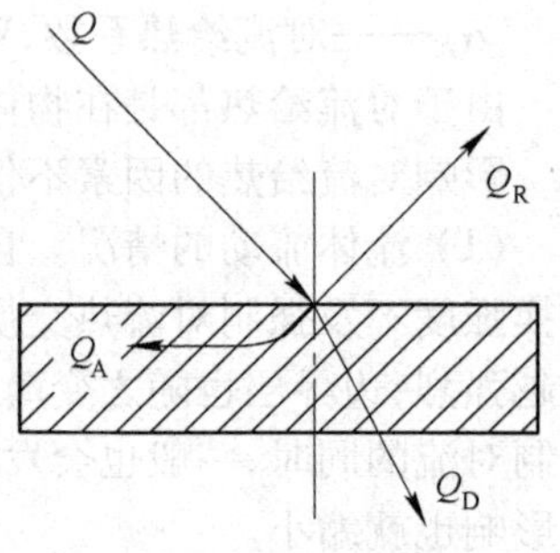

图 2-2　辐射能的吸收、反射和透过示意图

若 $R=1, A=0, D=0$，即落在物体上的全部辐射能完全被该物体反射出去，这种物体称为绝对白体，简称白体。

若 $D=1, A=0, R=0$，即投射到物体上的辐射能全部透过该物体，没有任何吸收和反射，这种物体称为绝对透过体，简称透过体。

在自然界中,绝对黑体、绝对白体和绝对透过体都是不存在的。这三种情况只是为了研究问题方便而进行的假设。自然界中大量物体是介于其间的,例如固体与液体一般认为是不透过的,即 $A+R=1$;气体认为是不反射的,即 $A+D=1$。这些物体统称为灰体。

物体对辐射能的吸收、反射和透过能力,取决于物体的性质、表面状况、温度及热辐射的波长等。

2.2.3.2 物体的辐射热量

物体在某温度下单位面积单位时间所辐射出去的能量称为该物体的辐射能力,以 E 表示。根据理论推导和实验,绝对黑体的辐射能力为:

$$E_0 = C_0\left(\frac{T}{100}\right)^4 \tag{2-14}$$

式中 E_0——绝对黑体的辐射能力,W/m^2;

C_0——绝对黑体的辐射系数,$C_0=5.67W/(m^2 \cdot K^4)$;

T——黑体的绝对温度,K。

式 2-14 通常称为黑体辐射的四次方定律。由于自然界中不存在绝对黑体,如将绝对黑体的辐射定律用于一般物体,则必须对其修正。式 2-15 为灰体的辐射能力计算公式:

$$E = \varepsilon E_0 = \varepsilon C_0\left(\frac{T}{100}\right)^4 = C\left(\frac{T}{100}\right)^4 \tag{2-15}$$

式中 E——灰体的辐射能力,W/m^2;

ε——灰体的黑度,$\varepsilon = E/E_0$,是灰体的辐射能力与同温度下黑体辐射能力的比值。

C——灰体的辐射系数,$C=\varepsilon C_0$。

从上面的介绍可知,辐射传热量的大小主要与辐射体的温度有关,也就是说,与辐射体之间的温度差有关。在炉膛内加热坯料时,如果提高炉墙的温度,则炉墙辐射给坯料的热量就会增加。因此,提高炉温对快速加热有决定性意义。

其次,辐射传热量的大小还与辐射体的黑度有关。烧油时火焰的辐射能力比烧煤气时的火焰辐射能力大得多就是一个典型的例子。这是因为烧油时(特别是焦油),火焰中有热分解的炭粒,这种炭颗粒很小,但黑度很大。又如同样条件下,由于水蒸气的黑度比二氧化碳的黑度大,因此烧焦炉煤气(含有大量的 H_2 和 CH_4)比烧高炉煤气的辐射性要好,烧天然气(含有 90% 以上的 CH_4),其辐射能力比焦炉煤气要好。

2.2.3.3 气体的辐射和吸收

在冶金炉内,燃料燃烧后,热量是通过炉气传给被加热钢坯的。因此,炉内实际进行的是气体与固体表面间的辐射热交换,而炉气(火焰)的辐射是起着关键作用的。

气体的辐射和吸收与固体比较起来有很多特点,主要介绍以下两点:

(1) 不同的气体,其辐射和吸收辐射能的能力不同。气体的辐射是由原子中自由电子的振动引起的。单原子气体和对称双原子气体(如 N_2、O_2、H_2 及空气)没有自由电子,因此它们的辐射能力都微不足道,实际上是透热体。但三原子气体(如 H_2O、CO_2、SO_2 等)、多原子气体和不对称双原子气体(如 CO),则有较强的辐射能力和吸收能力。

(2) 在气体中,能量的吸收和辐射是在整个体积内进行的。固体的辐射和吸收都是在表面进行的,气体则是在整个体积内进行。当热射线穿过气体时,其能量因沿途被气体所吸收而减少。这种减少取决于沿途所遇到的分子数目。碰到的气体分子数目越多,被吸收的辐射能量也就越多。而射线沿途所遇到的分子数目与射线穿过时所经过的路程长短以及气体的压力有关。射线穿过气体的路程称为射线行程或辐射层厚度，用符号 x 表示，可见气体的单色吸收率是气体温度、气体层厚度及气体分压力的函数。

2.2.4　综合传热

在加热炉的炉膛内，热的交换过程是相当复杂的，往往是辐射、对流和传导同时存在。我们把两种以上传热方式同时存在的传热过程，称为综合传热。

在炉内加热钢料时，钢料依靠各种方式得到热量，与炉底接触或钢料相互间接触由传导方式得到热量，与炉气接触由对流方式得到热量，高温炉墙和炉气通过辐射方式将热量传给钢料。

当温度在800℃以下时，热量的传递主要依靠对流作用和传导作用。

当温度在800～1000℃之间时，热量的传递主要以对流及辐射同时进行。

当温度高于1000℃时，这时辐射传热是加热钢坯的主要方式，虽然这时同时存在辐射、对流和传导的综合作用，但炉内被加热钢坯所吸收的热量约有90%是来自辐射方式的。

2.2.5　加热炉炉膛内的传热概述

炉膛内钢料的加热可以分为外部加热和内部加热两个组成部分。首先借助于外部传热使钢料表面获得所需的热量，再靠钢料内部传热把热量由外表传给内部，以达到钢料均匀加热的目的。这里，钢料的外部传热是决定炉子生产率的关键所在。

分析研究炉内传热的目的主要在于如何提高钢料的加热速度提高生产率以及如何减少热耗，提高热效率。

下面我们简述炉内传热的途径和方式。

2.2.5.1　高温炉气的热量分配

供入炉内的总热量全部包含在燃烧产物——高温炉气内，而后通过不同方式把它传递分配出去，总的有三个方面：

(1) 高温炉气以辐射和对流方式传给钢料。

(2) 高温炉气以辐射和对流方式传给炉墙和炉顶。

(3) 烟气带走一部分热量。

2.2.5.2　炉墙炉顶获得的热量分配

炉墙和炉顶获得的热量分配如下：

(1) 以辐射方式给钢料的热量。

(2) 炉墙炉顶散失的热量。

钢坯最终得到的热量为：高温炉气以辐射和对流方式传给钢料的热量和炉墙炉顶以辐射的方式传给钢料的热量之和。

通过分析，可以得到以下结论：

1) 炉内的温度以炉气最高，钢坯最低，炉墙居中。炉气通过外部传热将热量传给钢坯，使钢坯温度升高，而炉气失去了热量。所以炉气必须不断由燃料燃烧来补充，同时不断将低温炉气排出炉外。

2) 炉墙本身不是一个热源体，它具有高温是因为它吸收了炉气的热量。当炉墙温度稳定后，它吸收的热量除一小部分经过炉墙传导散失于四周外，大部分都给了钢坯，因此，炉墙在整个热交换过程中只起到了一个传递热量的介质作用。

炉墙的面积对传热的影响很大。因为炉气与钢坯的传热是气体与固体间的热交换，而炉墙与钢坯间的热交换是固体间的热交换。一般来说，气体与固体间的辐射热交换远小于固体相互之间的辐射热交换强度，所以炉墙面积的大小，对热交换就显得特别重要。炉墙面积（炉膛内表总面积）与金属受热面积之比，叫做炉围展开度，用 ω 表示，即

$$\omega = F_{炉墙}/F_{金属}$$

ω 越大，表示炉墙的面积比金属受热面积相对越大，热交换就越强烈。

3）炉气和钢坯的黑度对热交换有很大的影响，二者黑度越大，热交换越强。钢的黑度大都在0.8左右，变化不大，只有气体黑度随着炉气中二氧化碳与水的含量和火焰中炭粒的多少而改变。

2.3 耐火材料

砌筑加热炉广泛使用各种耐火材料和绝热材料，耐火材料的合理选择与正确使用是保证加热炉的砌筑质量，提高炉子的使用寿命，减少炉子热能损耗的前提。耐火材料的种类繁多，了解各种耐火材料的性能、使用要求及方法，是正确使用耐火材料的必要条件。

砌筑加热炉的耐火材料应满足以下要求：

（1）具有一定的耐火度。即在高温条件下使用时，不软化不熔融。各国均规定：耐火度高于1580℃的材料称之为耐火材料。

（2）在高温下具有一定的结构强度，能够承受规定的建筑荷重和工作中产生的应力。

（3）在高温下长期使用时，体积保持稳定，不会产生过大的膨胀应力和收缩裂缝。

（4）温度急剧变化时，不能迸裂破坏。

（5）对熔融金属、炉渣、氧化铁皮、炉衬等的侵蚀有一定的抵抗能力。

（6）具有较好的耐磨性及抗热震性能。

（7）外形整齐，尺寸精确，公差不超过要求。

以上是对耐火材料总的要求。事实上，目前尚无一种耐火材料能同时满足上述要求，这一点必须给予充分的注意。选择耐火材料时，应根据具体的使用条件，对耐火材料的要求确定出主次。

耐火制品通常根据耐火度、形状尺寸、烧制方法、耐火基体的化学矿物组成等进行分类。

（1）按耐火材料的化学成分分类：

1）硅质制品

硅砖	SiO_2 含量不小于93%
石英玻璃	SiO_2 大于99%

2）硅酸铝质制品

半硅砖	SiO_2 含量大于65%，Al_2O_3 含量小于30%
黏土砖	SiO_2 含量小于65%，Al_2O_3 含量30%～46%
高铝砖	Al_2O_3 含量大于或等于46%

3）镁质制品

镁砖	MgO 含量85%以上
镁铬砖	MgO 含量55%～60%，Cr_2O_3 含量8%～12%
白云石制品	CaO 含量40%以上，MgO 含量30%以上
镁铝砖	MgO 含量不小于80%，Al_2O_3 含量5%～10%

4）铬质

5）碳质及碳化硅质制品

6）锆质

7）特种氧化物制品

（2）按耐火度、形状尺寸和烧制方法分类：

1）耐火度为1580～1770℃时为普通耐火制品，1770～2000℃时为高级耐火制品，2000℃以上时为特级耐火制品。

2）按尺寸形状分为块状耐火材料和散状耐火材料。

3）按烧制方法分为不烧砖、烧制砖和烧铸砖。

（3）根据耐火材料的化学性质分类：

1）酸性耐火材料。

2）碱性耐火材料。

3）中性耐火材料。

2.3.1 耐火材料的性能

耐火材料的性能包括物理性能和工作性能两个方面。物理性能如体积密度、气孔率、真密度、线（体）膨胀系数等往往反映了材料制造工艺的水平，并直接影响着耐火材料的工作性能。耐火材料的工作性能指的是材料在使用过程中表现出来的性能，主要包括耐火度、高温结构强度、高温体积稳定性、抗渣性等，耐火材料的工作性能取决于耐火材料的化学矿物组成及其制造工艺。

2.3.1.1 耐火材料的物理性能

A 体积密度

耐火材料的体积密度指的是单位体积（包括全部气孔在内）的耐火材料的质量，常用单位为 g/cm^3 或 kg/m^3。

B 气孔率

耐火材料中总存在着一些大小不同、形状各异的气孔。耐火材料中所有气孔的体积与材料总体积的比值就称为耐火材料的气孔率。

C 真密度

耐火材料的真密度是指不包含气孔在内，单位体积耐火材料的质量，单位为 kg/m^3。

体积密度、气孔率、真密度这些指标反映了耐火材料的致密程度，是评定耐火制品质量的重要指标之一。耐火材料的这些指标大小直接影响着耐火制品的耐压强度、耐磨性、抗渣性、导热性等。

D 热膨胀性

耐火材料的长度和体积随温度升高而增大的性质，称为耐火材料的热膨胀性。耐火材料的热膨胀是一种可逆变化，即受热后膨胀，冷却后收缩。

2.3.1.2 耐火材料的工作性能

耐火材料的工作性能有以下几方面。

A 耐火度

耐火材料在高温状态下抵抗熔化和软化的性能称为耐火度。它是衡量耐火材料承受高温作用能力的基本尺度，是表征耐火材料耐高温性能的一项基本技术指标。

耐火度与材料熔点的意义不同，熔点是纯物质熔化时的温度，是一个确定的温度。由于耐火材料由多种矿物组成，在一定温度范围内熔融软化，故耐火材料的耐火度是指特制的耐火三角锥受热后软化到一定程度时的温度。

耐火材料的耐火度愈高，表明材料的耐高温性质愈好。耐火材料实际使用温度应低于耐火度。

B 高温结构强度

加热炉中的耐火材料都是在一定的负荷下进行工作的，故要求其必须具有一定的抗负荷能力。耐火材料在高温下承受压力、抵抗变形的能力称为耐火材料的高温结构强度。耐火材料的高温结构强度通常用荷重软化点作为评定的指标。所谓荷重软化点，是指耐火材料在一定的压力(0.02MPa)下，以一定的升温速度加热，当材料产生0.6%、4%及40%的软化变形时对应的温度，分别称为荷重软化开始温度、4%及40%时的荷重软化温度。

各种耐火材料的荷重软化开始点是不一样的。一般常用耐火黏土砖的荷重软化开始点为1550℃。耐火材料的使用温度不能超过其荷重软化开始温度。

C 高温体积稳定性

耐火材料在高温及长期使用的情况下，应保持一定的体积稳定性。这种体积的变化不是指一般的热胀冷缩，而是指耐火材料在烧制时，由于其内部组织未完全转化，在使用过程中内部组织结构会继续变化而引起的不可逆的体积变化。

一般耐火制品允许的残余收缩或残余膨胀不超过1%。

D 抗热震性

耐火材料抵抗温度急剧变化而不致破裂和剥落的能力称为抗热震性，又称耐热剥落性和耐热崩裂性。在炉子的操作过程中，如炉门开启时冷空气进入炉膛会使炉子温度处于波动之中，如果耐火材料没有足够的抗热震性能，就会过早地损坏。

耐火材料抗热震性的指标可以用试验来测定。目前采用的标准方法是将耐火材料试样加热至850℃，然后在流动水中冷却，如此反复加热、冷却，直至试样的脱落部分质量为原质量的20%为止，以所经受的反复加热、冷却的次数作为该材料的抗热震性指标。

E 化学稳定性

耐火材料在高温下抵抗熔融金属、钢坯、炉渣、熔融炉尘等侵蚀作用的能力称为耐火材料的化学稳定性。这一指标通常也用抗渣性来表示。对轧钢加热炉而言，经常遇到的是熔融氧化铁皮对耐火材料的侵蚀。酸性耐火材料对酸性炉渣有较强的抵抗能力，而碱性渣对其侵蚀大；碱性耐火材料则反之；中性耐火材料对酸性和碱性炉渣均有较强的抵抗能力。

2.3.2 常用块状耐火制品

加热炉常用的耐火砖有黏土砖、高铝砖、硅砖、镁砖和碳化硅质制品等。根据 Al_2O_3 及 SiO_2 含量比例的不同，黏土类耐火材料分为三种：半硅砖($Al_2O_3$15% ~30%)、黏土砖($Al_2O_3$30% ~48%)和高铝砖(Al_2O_3 >48%)。

2.3.2.1 黏土砖

黏土砖是生产量最多、使用最广泛的耐火材料，属于硅酸铝质，以 Al_2O_3 及 SiO_2 为其基本化学组成，制作原料为耐火黏土和高岭土。

黏土砖的耐火度一般为1580 ~1750℃，随着 Al_2O_3 含量的增加，黏土砖的耐火度提高。

黏土砖属于弱酸性耐火材料，在高温下容易被碱性炉渣所侵蚀。

黏土砖的荷重软化开始点温度很低，只有1250～1300℃，而且其荷重软化开始温度和终了温度（即40%变形温度）的间隔很大，约为200～250℃。

黏土砖有良好的抗热震性能，在850℃水冷次数可达10～25次。

黏土砖在高温下出现再结晶现象，使砖的体积缩小。同时产生液相，由于液相表面张力的作用，使固体颗粒相互靠近，气孔率低，使砖的体积缩小，因此黏土砖在高温下有残存收缩的性质。

黏土砖表面为黄棕色（Fe_2O_3 的含量愈多颜色愈深），表面有黑点。

由于黏土砖化学组成的波动范围较大，生产方法不同，烧成温度的差异，各类黏土砖的性质变化较大。普通黏土砖根据组成中 Al_2O_3 含量的多少分为（NZ）—40、（NZ）—35、（NZ）—30三种牌号。

我国耐火黏土资源极为丰富，质量好，价格便宜，被广泛的应用于砌筑各种加热炉和热处理炉的炉体、烟道、烟囱、余热利用装置和烧嘴等。

2.3.2.2 高铝砖

高铝砖是含 $Al_2O_3$48%以上的硅酸铝质制品。按照矿物组成的不同，高铝质制品分为刚玉质（95%以上的 Al_2O_3）、莫来石质（$3Al_2O_3 \cdot 2SiO_2$）及硅线石质（$Al_2O_3 \cdot SiO_2$）三大类，工业上大量应用的是莫来石质和硅线石质的高铝砖。

高铝砖的耐火度比黏土砖和半硅砖的耐火度都要高，达1750～1790℃，属于高级耐火材料。高铝制品中 Al_2O_3 高，杂质量少，形成易熔的玻璃体少，所以荷重软化温度比黏土砖高，但因莫来石结晶未形成网状组织，故荷重软化温度仍没有硅砖高，只是抗热震性比黏土砖稍低。由于高铝砖的主要成分是 Al_2O_3，接近于中性耐火材料，对酸性、碱性炉渣和氧化铁皮的侵蚀均有一定的抵抗能力。高铝砖在高温下也会发生残存收缩。随着 Al_2O_3 含量的不同，普通高铝砖分为三种牌号：（LZ）—65、（LZ）—55、（LZ）—48。

高铝砖常用来砌筑连续加热炉的炉底、炉墙、烧嘴砖、吊顶等。另外，高铝砖也可用来砌筑蓄热室的格子砖。

2.3.2.3 硅砖

硅砖是含 SiO_2 在93%以上的硅质耐火材料。由于 SiO_2 在烧成过程中发生复杂的晶型转变，体积发生变化，因此硅砖的制造技术和使用性能与 SiO_2 的晶型转变有着密切的关系。在使用中通常通过测量其真密度的数值，判断烧成过程中的晶型转变的完全程度。真密度越小，表明转化越完全，在使用时的体积稳定性就越好。普通硅砖的真密度在2.4 g/cm^3 以下。

硅砖属于酸性耐火材料，对酸性渣的抵抗能力强，对碱性渣的抵抗力较差，但对氧化铁有一定的抵抗能力。硅砖的荷重软化开始温度较其他几种常用砖都高，为1620～1660℃，接近于其耐火度（1690～1730℃），这一特点允许硅砖可用于砌筑高温炉的拱顶。硅砖的抗热震性不好，在850℃的水冷次数只有1～2次，因此不宜用在温度有剧烈变化的地方和周期工作的炉子上。

硅砖在200～300℃和575℃时有晶型转变，体积会骤然膨胀，故烘炉时在600℃以下升温时不能太快，否则会有破裂的危险。同样，在冷却至600℃以下时也应避免剧烈的温度变化。

硅砖在加热炉上一般用来砌筑炉子的拱顶和炉墙，尤其是拱顶等。此外，硅砖也用来砌筑蓄热室上层的格子砖。

2.3.2.4 镁砖

镁砖是含 MgO 在 80%~85% 以上,以方镁石为主要矿物组成的耐火材料。

镁砖属于碱性耐火材料,对碱性渣有较强的抵抗作用,但不耐酸性渣的侵蚀,在 1600℃高温下,与硅砖、黏土砖甚至高铝砖接触都能起反应,故使用时必须注意不要和硅砖等混砌。镁砖的耐火度在 2000℃以上,但其荷重软化点只有 1500~1550℃。镁砖的抗热震性较差,只能承受水冷 2~3 次,这是镁砖损坏的一个重要原因。镁砖的线膨胀系数大,故砌砖过程中,应留足够的膨胀缝。

煅烧不透的镁砖会因水化造成体积膨胀,使镁砖产生裂纹或剥落。因此,镁砖在储存过程中必须注意防潮。

镁砖在冶金工业中应用很广,加热炉和均热炉的炉底表面层及均热炉的炉墙下部都用镁砖铺筑。镁砖和硅砖一样,不能用于温度波动激烈的地方,用镁砖砌筑的炉子在操作过程中应注意保持炉温的稳定。

2.3.2.5 碳化硅质耐火材料

碳化硅质耐火材料是以碳化硅为主要原料制得的耐火材料。碳化硅耐火材料具有优异的耐酸性渣或碱性渣及氧化铁皮侵蚀的能力和耐磨性能,其高温下强度大、线膨胀系数小、导热性好、抗热冲击性强。碳化硅制品的耐氧化性较差,价格昂贵,故多被用于工作条件极为苛刻且氧化性不显著的部位。

碳化硅矿物原料在自然界极为罕见,工业上采用人工合成的方法获得。

2.3.3 不定形耐火材料

不定形耐火材料是由耐火骨料、粉料和一种或多种结合剂按一定的配比组成的不经成型和烧结而直接使用的耐火材料。这类材料无固定的形状,可制成浆状、泥膏状和松散状,用于构筑工业炉的内衬砌体和其他耐高温砌体,因而也通称为散状耐火材料。用此种耐火材料可构成无接缝或少接缝的整体构筑物,故又称为整体耐火材料。

不定形耐火材料通常根据其工艺特性和使用方法分为浇注料、可塑料、捣打料、喷射料和耐火泥等。

近年来,不定形耐火材料得到快速发展。目前,在加热炉中,不仅广泛使用普通不定形耐火材料,还使用轻质不定形耐火材料,并向复合加纤维的方向发展。目前,在一些发达国家,不定形耐火材料的产量已占其耐火材料产量的二分之一以上。

不定形耐火材料施工方便,筑炉效率高,能适应各种复杂炉体结构的要求。不定形耐火材料的使用,也可以改善炉子的热工指标。

2.3.3.1 耐火浇注料

耐火浇注料是由耐火骨料、粉料、结合剂组成的混合料,加水或其他液体后,可采用浇注的方法施工或预先制成具有规定的形状尺寸的预制件,构筑工业炉内衬。由于浇注料的基本组成和施工、硬化过程与土建工程中常用的混凝土相同,因此也常称此材料为耐火混凝土。

耐火浇注料的骨料由各种材质的耐火材料制成,其中以硅酸铝质和刚玉质材料用得最多,粉料是与骨料相同材质的、等级更优良的耐火材料,结合剂是浇注料中不可缺少的重要组分,目前广泛使用的结合剂是铝酸盐水泥、水玻璃和磷酸盐等。为了改善耐火浇注料的理化性能和施工性能,往往还加入适量的外加剂,如增塑剂、分散剂、促凝剂或缓凝剂等,如以水玻璃作结合剂的浇注料常采用氟硅酸钠为促凝剂。

根据结合剂的不同,耐火浇注料可分为铝酸盐水泥耐火混凝土、水玻璃耐火混凝土、磷酸盐耐火混凝土及硅酸盐耐火混凝土等。几种常用耐火混凝土的性能见表2-5。

表2-5 几种耐火混凝土的性能

材 料	铝酸盐水泥耐火混凝土	磷酸盐耐火混凝土	水玻璃耐火混凝土
荷重软化开始温度/℃	1250~1280	1200~1280	1030~1090
耐火度/℃	1690~1710	1710~1750	1610~1690
抗热震性/次	>50	>50	>50
显气孔率/%	18~21	17~19	17
体积密度/g·m^{-3}	2.16	2.26~2.30	2.19
常温耐压强度/kg·cm^{-2}	200~350	180~250	300~400
1250℃烧后强度/kg·cm^{-2}	140~160	210~260	400~500

耐火浇注料是目前生产和使用最为广泛的一种不定形耐火材料,主要用于砌筑各种加热炉内衬等整体构筑物。

耐火混凝土可以直接浇灌在模板内,捣固以后经过一定的养护期即可烘干使用,也可以做成混凝土预制块,如拱顶、吊顶、炉墙、炉门等。

2.3.3.2 耐火可塑料

耐火可塑料是以粒状的耐火骨料和粉状物料与可塑黏土等结合剂和增速剂配合,加入少量水分经充分搅拌后形成的硬泥膏状并在较长时间内保持较高可塑性的耐火材料。可塑料与耐火浇注料的骨料是相同的,只是结合剂不同,耐火可塑料的结合剂是生黏土,而耐火浇注料是用水泥等作结合剂。

根据所用骨料的不同,耐火可塑料分为黏土质、高铝质、镁质、硅石质等。目前国内采用的都是以磷酸-硫酸铝为结合剂的黏土质耐火可塑料。

由于耐火可塑料中含有一定的黏土和水分,在干燥和加热过程中往往产生较大的收缩。如不加防缩剂的可塑料干燥收缩4%左右,在1100~1350℃内产生的总收缩可达7%左右,故体积稳定性是耐火可塑料的一项重要技术指标。耐火可塑料的抗热震性能高于其他同材质的不定形耐火材料。

耐火可塑料的施工不需特别的技术。制作炉衬时,将可塑料铺在吊挂砖或挂钩之间,用木锤或气锤分层(每层厚50~70mm)捣实即可。若用可塑料制作整体炉盖,可先在底模上施工,待干燥后再吊装。

耐火可塑料制成的炉子具有整体性、密封性好,导热系数小,热损失少,抗热震性好,炉体不易剥落,耐高温,有良好的抗蚀性,炉子寿命较长等特点。目前国内耐火可塑料在炉底水管的包扎、加热炉炉顶、烧嘴砖、均热炉炉口和烟道拱顶等部位的使用都取得了满意的效果。

2.3.3.3 耐火泥

耐火泥是由粉状物料和结合剂组成的供调制泥浆用的不定形耐火材料,主要用作砌筑耐火砖砌体的接缝和涂层材料,用以使耐火砖相互连接,保证炉子具有一定强度和气密性。

耐火泥一般由熟料与结合黏土组成,熟料是基本成分,结合黏土(生料)是结合剂,能在水中分散,增加耐火泥的可塑性。结合黏土适宜的数量随熟料的颗粒度而变,熟料粒度大,结合黏土含量则应多,耐火泥中熟料含量多,则耐火泥的机械强度增大,结合黏土的含量增加,耐火泥的透气性则降低。

耐火泥的耐火度取决于原料的耐火度及其配料比,一般耐火泥的耐火度应稍低于所砌筑耐火砌体的耐火度。在工业炉中,耐火泥的选择要考虑砌体的性质、使用环境和施工特点,通常所选耐火泥的化学成分、抗化学侵蚀性、热膨胀率等应该接近于被砌筑的耐火制品的相应性质。

根据耐火泥化学成分的不同,分为黏土质、硅质、高铝质、镁质等,分别用于砌筑黏土砖、硅砖、高铝砖和镁砖。由于镁质耐火材料有水化反应,故镁质耐火泥不能加水调制,只能干砌或加卤水调制。

2.3.3.4 红外高温节能涂料

红外高温节能涂料是喷刷在工业炉窑内壁表面上的一种涂料。该涂料是由耐火粉料、过渡金属氧化物、增黑剂、烧结剂、黏结剂和悬浮剂等组成的黏稠悬浮流体,喷刷在工业炉窑内壁上,形成0.3~0.5mm的涂层。该涂层的作用是:

(1) 表面涂层在高温下具有高而稳定的发射率(黑度),从而增强了炉窑内衬的辐射中介面作用,强化了炉膛内的传热,减少了炉窑的能耗。

(2) 表面涂层的粘结强度高,抗热震性和抗腐蚀性好,可以保护炉衬,延长炉衬的使用寿命。

红外节能涂料的研制始于20世纪60年代起,英国、美国、日本、澳大利亚等国均有经营涂料的公司,我国很多单位开发和生产了红外节能涂料,目前国产涂料有的已达到国际名牌产品的水平,以BJ红外高温节能涂料为例,产品具有如下特点:

(1) 采用混合型基料,在各种温度条件下均能保证涂料具有高而稳定的发射率(黑度),为0.9左右。

(2) 采用复合型黏结剂,使涂料与炉壁的粘结性好,抗热震性和抗腐蚀性好,使用过程中涂层不剥落,不开裂,可保护炉衬,延长炉衬的使用寿命。

(3) 涂料中加入3%以上的悬浮剂,悬浮剂由无机物和阴离子型表面活性剂等复合材料组成,从而形成一种胶体,触变性好,涂料不分层,不结块,存放时间长,从而保证良好的施工性能。

节能涂料在国内工业炉窑上得到广泛的应用,一般火焰炉节能3%~7%,电加热炉节能20%~28%。

2.3.4 轻质耐火材料及其他隔热材料

在炉子的热支出项目中,炉壁的蓄热和通过炉壁的散热损失占有很大比例。为了减少这方面的损失,提高炉子的热效率,需选用热容量小、导热率低的筑炉材料,即保温隔热材料。炉衬的外层一般砌筑保温隔热材料。炉子保温隔热材料的种类很多,常用的有轻质耐火砖、轻质耐火混凝土、耐火纤维和其他绝热材料,如硅藻土、石棉、蛭石、矿渣棉及珍珠岩制品等。

2.3.4.1 轻质耐火砖

轻质耐火砖是在耐火砖中加入某些特殊物质后烧成的,其气孔率比普通耐火砖高一倍,体积密度比同质耐火砖小0.5~7倍。轻质耐火砖的导热系数小,常用来作为炉子的隔热层或内衬。

轻质耐火砖按所用材质不同,主要有轻质黏土砖、轻质高铝砖和轻质硅砖。轻质耐火砖的耐火度与一般相同材质的耐火砖的耐火度相差不大,荷重软化点则略低。由于多数轻质砖在高温下长期使用时，会继续烧结而不断收缩，从而造成裂纹甚至破坏，故多数轻质砖有一个最高使用温度。轻质黏土砖只有1150～1300℃，轻质高铝砖不超过1350℃，轻质硅砖高些，可达1600℃。

轻质耐火砖的抗热震性、高温结构强度和化学稳定性均较差，故不适合用于高速气流冲刷和振动大的部位。

综合来看，轻质耐火砖的优点是主要的。因此，国内外对轻质耐火材料的研究都十分重视，其应用愈来愈广泛，是一种有发展前途的材料。

轻质耐火砖宜用于炉子的侧墙和炉顶，用轻质黏土砖所砌的炉子重量轻、炉体蓄热损失少，因此炉子升温快，热效率高，这对周期性作业的炉子意义尤为重要。

与轻质耐火砖工艺相似，在耐火混凝土配料中，加入适当的起泡剂，可以制成轻质耐火混凝土，体积密度是黏土砖的二分之一，导热系数是黏土砖的三分之一。

2.3.4.2　石棉

石棉是纤维结构的矿物，它的主要成分是蛇纹石（$3MgO \cdot 2SiO_2 \cdot 2H_2O$）。松散的石棉密度为0.05～0.07g/cm^3，压紧的石棉密度为1～1.2g/cm^3。石棉的熔点超过1500℃，但在700℃时就会成为粉末，使强度降低，失去保温性能，故石棉制品的最高使用温度不得超过500℃。

石棉板是将石棉纤维用白黏土胶合而成的，石棉绳则是用石棉纤维和棉线编织而成的。

2.3.4.3　硅藻土

硅藻土是由古代藻类植物形成的一种天然沉积矿物，其主要成分是非晶型的SiO_2，含量为60%～94%。硅藻土制品含有大量气孔，质量很小（500～600kg/m^3），是一种具有良好隔热性能的保温材料，其允许的工作温度一般不大于900℃。松散的硅藻土粉可作填料，也可制成硅藻土砖使用。

2.3.4.4　蛭石

俗称黑云母或金云母。蛭石内含有大量水分，受热时水分蒸发而体积膨胀，加热到800～1000℃时体积胀大数倍，称为膨胀蛭石。去水后的蛭石可直接填充使用，也可用高铝水泥作结合剂制成各种保温制品。蛭石的最高工作温度为1100℃。

2.3.4.5　矿渣棉、珍珠岩及玻璃丝

（1）矿渣棉。煤渣、高炉渣和某些矿石，在1250～1350℃熔化后，用压缩空气或蒸汽直接使其雾化，形成的线状物称为矿渣棉，可以直接使用，也可制成各种制品使用。矿渣棉的最高使用温度不超过750℃。

（2）珍珠岩。这是一种较新型的保温材料，具有体积密度小、保温性能好、耐火度高等特点。其组成以膨胀珍珠岩为主，加磷酸铝、硫酸铝并以纸浆液为结合剂。珍珠岩的最高使用温度为1000℃。

（3）玻璃纤维。玻璃纤维是液态玻璃通过拉线模拉制成的，可作为保温材料填充使用。其最高使用温度为600℃。

2.3.4.6　耐火纤维

耐火纤维又称陶瓷纤维，是一种纤维状的新型耐火材料，它不仅可用作绝热材料，而且可作

炉子内衬。耐火纤维的生产方法有多种，但目前工业规模采用的都是喷吹法，即将配料在电炉内熔化，熔融的液体流出小孔时，用高速高压的空气或蒸汽喷吹，使熔融液滴迅速冷却并被吹散和拉长，就可以得到松散如棉的耐火纤维。耐火纤维以松散棉状用于工业炉只是使用方法之一，更多的是制成纤维毯、纤维纸、纤维绳，或与耐火可塑料制成复合材料，可适应多种用途。耐火纤维的节能效果显著。

陶瓷纤维使用的基本原料是焦宝石，它的成分属于硅酸铝质耐火材料，但因为形态是纤维，因此性能与黏土砖不尽相同，持续使用温度为1300℃，最高使用温度为1500℃。在1600℃以上，陶瓷纤维失去光泽并软化。其优点：质量小、绝热性能好、抗热震性好、化学稳定性好、容易加工。

2.3.5 耐火材料的选用

耐火材料的正确选用对炉子工作具有极重要意义，能够延长炉子的寿命，提高炉子的生产率，降低生产成本等。相反，如果选择不好，会使炉子过早损坏而经常停炉，降低作业时间和产量，增加耐火材料的消耗和生产成本。选择耐火材料时应遵从下述原则：

（1）满足工作条件中的主要要求。耐火材料使用时，必须考虑炉温的高低、变化情况、炉渣的性质、炉料、炉渣、熔融金属等的机械摩擦和冲刷等。但是，任何耐火材料都不可能全部满足炉子热工过程的各种条件，这就需要抓住主要矛盾，满足主要条件。例如，砌筑炉子拱顶时，所选用的材料首先应考虑到有良好的高温结构强度，而就抗渣性来说却是次要的要求。反之，在高温段炉底上层的耐火材料则必须满足抗渣性这个要求。总之，就一个炉子来说，各部位的耐火材料是不相同的。应根据各部位的技术条件要求来选取合适的耐火材料。

（2）经济上的合理性。冶金生产消耗的耐火材料数量很大，在选用耐火材料时除了满足技术条件上的要求外，还必须考虑耐火材料的成本和供应问题，某些高级耐火材料虽然具备比较全面的条件，但因价格昂贵而不能采用。当两种耐火材料都能满足要求的情况下应选择其中价格低廉，来源充足的那一种，即使该材料性能稍差，但能基本符合要求也同样可以选用。对于易耗或使用时间短的耐火制品更应考虑采用价格低，来源广的耐火材料。不必要使用高级耐火材料的地方就应当不用，以节约国家的资源。此外，经济上的合理性，不仅表现在耐火材料的单位价格，同时还应考虑到其使用寿命。

总之，选择耐火材料，不仅技术上应该是合理的，而且经济上也必须是合算的。应本着就地取材，充分合理利用国家资源，能用低一级的材料，就不用高一级的，当地有能满足要求的就不用外地的。

复习思考题

1. 气体燃料的化学组分是什么，其表示方法是什么？
2. 固、液体燃料的化学组分是什么，其表示方法是什么？
3. 什么是燃料的发热量，什么是高发热量和低发热量？
4. 什么是重油的闪点、燃点和着火点，其温度各为多少？
5. 重油的牌号表示的意义是什么？
6. 天然气的主要可燃成分是什么，其含量为多少，发热量为多少，理论燃烧温度为多少？
7. 高炉煤气的主要可燃成分是什么，其含量为多少，发热量为多少？
8. 焦炉煤气的主要可燃成分是什么，其含量为多少，发热量为多少？

9. 发生炉煤气的主要可燃成分是什么？
10. 什么是完全燃烧和不完全燃烧？
11. 什么是空气消耗系数，空气消耗系数太大会带来什么不利因素？
12. 气体燃料的燃烧特点是什么，其燃烧过程分为哪几个阶段？
13. 改善混合的途径有哪些？
14. 产生回火和脱火的原因是什么？
15. 重油燃烧分为哪几个阶段？
16. 影响重油雾化的因素是什么，如何影响？
17. 什么是重油的热解和裂化？
18. 燃烧计算的内容是什么，其根据和目的是什么？
19. 什么是燃烧温度，如何提高燃烧温度？
20. 什么是传导传热，传热的快慢与哪些因素有关？
21. 什么是对流传热，对流传热与传导传热有什么区别，它传热的快慢主要与哪些因素有关？
22. 什么是辐射传热，辐射传热与传导传热、对流传热有什么本质区别？
23. 什么是绝对黑体、绝对白体和透热体，辐射换热量与什么有关？
24. 当温度在800℃以下和800～1000℃之间以及高于1000℃时，热量的传递主要依靠哪种传热方式进行？
25. 从传热原理考虑，减少炉墙热损失的途径有哪些？
26. 概述加热炉内综合热交换过程，并说明怎样利用传热原理来提高加热速度。
27. 什么是耐火材料，通常怎样分类？
28. 耐火材料有哪些物理性能和高温使用性能？
29. 什么是耐火度、高温结构强度、高温体积稳定性和抗渣性？
30. 黏土砖、高铝砖、硅砖和镁砖的高温使用性能如何？
31. 不定型耐火材料通常指哪些材料？
32. 常用的绝热材料有哪些？
33. 如何选用耐火材料？

3 钢的加热工艺

钢坯的加热质量直接影响到成品的产量、质量、能源消耗和轧机寿命。不同的钢种应采用不同的加热工艺。正确的加热工艺可以保证轧钢生产顺利进行，如果加热工艺不合理，则会直接影响轧钢生产。因此，了解钢加热工艺的有关知识，对指导操作是极其重要的。

3.1 钢加热的目的及要求

钢坯在轧前进行加热，是钢在热加工过程中一个必须的环节。对轧钢加热炉而言，加热的主要目的就是提高钢的塑性，降低变形抗力。

钢在常温状态下的可塑性很小，因此在冷状态下轧制十分困难。通过加热提高钢的温度，可以明显提高钢的塑性，使钢变软，改善钢的轧制条件。一般说来，钢的温度愈高，其可塑性就愈大，所需轧制力就愈小。例如，高碳钢在常温下的变形抗力约为600MPa，这样在轧制时就需要很大的轧制力，消耗大量能源，而且制造困难，投资大，磨损快。如果将它加热至1200℃时，变形抗力将会降至30MPa，比常温下的变形抗力低20倍。

钢的加热应满足下列要求：

(1) 加热温度应严格控制在规定的温度范围，防止产生加热缺陷。钢的加热应当保证在轧制全过程都具有足够的可塑性，满足生产要求，但并非说钢的加热温度愈高愈好，而应有一定的限度，过高的加热温度可能会产生废品和浪费能源。

(2) 加热制度必须满足不同钢种、不同断面、不同形状的钢坯在具体条件下合理加热。

(3) 钢坯的加热温度应在长度、宽度和断面上均匀一致。

3.2 钢加热缺陷的预防与处理

钢在加热过程中，往往由于加热操作不好，加热温度控制不当以及加热炉内气氛控制不良等原因，使钢产生各种加热缺陷，严重地影响钢的加热质量，甚至造成大量废品和降低炉子的生产率。因此，必须对加热缺陷及其产生的原因、影响因素以及预防或减少缺陷产生的办法等进行分析和研究，以期改进加热操作，提高加热质量，从而获得加热质量优良的产品。

钢在加热过程中产生的缺陷主要有以下几种：钢的氧化、脱碳、过热、过烧以及加热温度不均匀等。

3.2.1 钢的氧化

钢在高温炉内加热时，由于炉气中含有大量 O_2、CO_2、H_2O，钢表面层要发生氧化。钢坯每加热一次，有0.5%～3%的钢由于氧化而烧损。随着氧化的进行及氧化铁皮的产生造成了大量的金属消耗，增加了生产成本，因此烧损指标是加热炉作业的重要指标之一。

氧化不仅造成钢的直接损失，而且氧化后产生的氧化铁皮堆积在炉底上，特别是炉底部分，不仅使耐火材料受到侵蚀，影响炉体寿命，而且清除这些氧化铁皮是一项很繁重的劳动，严重的时候加热炉会被迫停产。

氧化铁皮还会影响钢的质量,它在轧制过程中压在钢的表面上,就会使表面产生麻点,损害表面质量。如果氧化层过深,会使钢坯的皮下气泡暴露,轧后造成废品。为了清除氧化铁皮,在加工的过程中,不得不增加必要的工序。

氧化铁皮的导热系数比纯金属低,所以钢表面上覆盖了氧化铁皮,又恶化了传热条件,炉子产量降低,燃料消耗增加。

3.2.1.1 钢的氧化过程及氧化铁皮结构

钢在加热过程中,其表层的铁与炉气中氧化性气体 O_2、CO_2、H_2O、SO_2 等接触发生化学反应并生成氧化铁皮,这个反应叫钢的氧化。根据氧化程度的不同,生成几种不同的铁的氧化物——FeO、Fe_3O_4、Fe_2O_3。

氧化铁皮的形成过程也是氧和铁两种元素的扩散过程,氧由表面向铁的内部扩散,而铁则向外部扩散,外层氧的浓度大,铁的浓度小,生成铁的高价氧化物。所以氧化铁皮的结构实际上是分层的,最靠近铁层的是 FeO,依次向外是 Fe_3O_4 和 Fe_2O_3。各层大致的比例是 FeO 占 40%,Fe_3O_4 占 50%,Fe_2O_3 占 10%。这样的氧化铁皮其熔点为 1300 ~ 1350℃。

3.2.1.2 影响氧化的因素

影响氧化的因素有:加热温度、加热时间、炉气成分、钢的成分,这些因素中炉气成分、加热温度、钢的成分对氧化速度有较大的影响,而加热时间主要影响钢的烧损量。

(1) 加热温度的影响。因为氧化是一种扩散过程,所以温度的影响非常显著,温度愈高,扩散愈快,氧化速度愈大。常温下钢的氧化速度非常缓慢,600℃以上时开始有显著变化,钢温达到 900℃以上时,氧化速度急剧增长。这时氧化铁皮生成量与温度之间有如下关系:

钢温/℃	900	1000	1100	1300
烧损量比值	1	2	3.5	7

(2) 加热时间的影响。在同样的条件下,加热时间越长,钢的氧化烧损量就越多。所以加热时应尽可能缩短加热时间。例如提高炉温可能会使氧化增加,但如果能实现快速加热,反而可能使烧损由于加热时间缩短而减少。又如钢的相对表面越大,烧损也越大,但如果由于受热面积增大而使加热时间缩短,也可能反而使氧化铁皮减少。

(3) 炉气成分的影响。火焰炉炉气成分对氧化的影响是很大的,炉气成分决定于燃料成分、空气消耗系数 n、完全燃烧程度等。

按照对钢氧化的程度分:氧化性气氛、中性气氛、还原性气氛,炉气中属于氧化性的气体有 O_2、CO_2、H_2O 及 SO_2,属于还原性的气体有 CO、H_2 及 CH_4,属于中性的气体有 N_2。

加热炉中燃料燃烧生成物常是氧化性气氛,在燃烧生成物中保持 2% ~3% CO 对减少氧化作用不大,因为燃料燃烧不完全,炉温降低,将使加热时间延长而使氧化量增加。由于钢与炉气的氧化还原反应是可逆的,因此,炉内气氛的影响主要取决于氧化性气体与还原性气体之比。如果在炉内设法控制炉气成分,使反应逆向进行,就可以使钢在加热过程中不被氧化或少氧化。

当燃料中含 S 或 H_2S 时,燃烧后 SO_2 气体或极少量 H_2S 气体,它们对 FeO 作用后生成低熔点的 FeS,熔点为 1190℃,这会使钢的氧化速度急剧增大,同时生成的氧化铁皮更加容易熔化,这都大大加剧了氧化的进行。

(4) 钢的成分。对于碳素钢随其 C 含量的增加,钢的烧损量有所下降,这很可能是由于钢中的 C 氧化后,部分生成 CO 而阻止了氧化性气体向钢内扩散的结果。

合金元素如 Cr、Ni 等它们极易被氧化成为相应的氧化物,但是由于它们生成的氧化物薄层组织结构十分致密又很稳定,因而这一薄层的氧化膜就起到了防止钢的内部基体免遭再氧化的作用。耐热钢之所以能够抵抗高温下的氧化,就是利用了它们能生成致密而且机械强度很好又不易脱落的这层氧化薄膜,比如铬钢、铬镍钢、铬硅钢等都具有很好的抗高温氧化的性能。

3.2.1.3 减少钢氧化的方法

操作上可以采取以下方法减少氧化铁皮:

(1) 保证钢的加热温度不超过规程的规定温度。

(2) 采取高温短烧的方法,提高炉温,并使炉子高温区前移并变短,缩短钢在高温中的加热时间。

(3) 保证煤气燃烧的情况下,使过剩空气量达最小值,尽量减少燃料中的水分与硫含量。

(4) 保证炉子微正压操作,防止吸入冷风贴附在钢坯表面,增加氧化。

(5) 待轧时要及时调整热负荷和炉压,降炉温,关闭闸门,并使炉内气氛为弱还原性气氛,以免进一步氧化。

3.2.2 钢的脱碳

3.2.2.1 脱碳的发生及其危害

钢在加热时,在生成氧化铁皮的基础上,由于高温炉气的存在和扩散的作用,未氧化的钢表面层中的碳原子向外扩散,炉气中的氧原子也透过氧化铁皮向里扩散,当两种扩散会合时,碳原子被烧掉,导致未氧化的钢表面层中化学成分贫碳的现象叫脱碳。

碳是决定钢性质的主要元素之一,脱碳使钢的硬度、耐磨性、疲劳强度、冲击韧性、使用寿命等机械性能显著降低。对工具钢、滚珠轴承钢、弹簧钢、高碳钢等质量有很大的危害,甚至因脱碳超出规定而成为废品。所以脱碳问题是优质钢材生产中的关键问题之一。

3.2.2.2 影响脱碳的因素及防止脱碳的方法

和氧化一样,影响脱碳的主要因素是温度、时间、炉内气氛,此外钢的化学成分对脱碳也有一定的影响。下面说明这些因素对脱碳的影响以及减少脱碳的措施。

A 影响脱碳的因素

(1) 加热温度对脱碳的影响。加热温度对钢坯可见脱碳层厚度的影响对不同金属其影响也有所不同,一些钢种随加热温度的升高,可见脱碳层厚度显著增加;另有一些钢种随着温度的升高,脱碳层厚度增加,待加热温度到一定值后,随着温度的升高,可见脱碳层厚度不仅不增加,反而减小。

(2) 加热时间对脱碳的影响。加热时间愈长,可见脱碳层厚度愈大。所以,缩短加热时间,特别是缩短钢坯表面已达到较高温度后在炉内的停留时间,以达到快速加热,是减少钢坯脱碳的有效措施。

(3) 炉内气氛对脱碳的影响。气氛对脱碳的影响是根本性的,炉内气氛中 H_2O、CO_2、O_2 和 H_2 均能引起脱碳,而 CO 和 CH_4 却能使钢增碳。实践证明,为了减少可见脱碳层厚度,在强氧化气氛中加热是有利的,这是因为铁的氧化将超过碳的氧化,因而可减少可见脱碳层厚度。

(4) 钢的化学成分对脱碳的影响。钢中的含碳量越高,加热时越容易脱碳,若钢中含有铝(Al)、钨(W)等元素时,则脱碳增加;若钢中含有铬(Cr)、锰(Mn)等元素时,则脱碳减少。

B　防止脱碳的主要方法

（1）对于脱碳速度始终大于氧化速度的钢种，应尽量采取较低的加热温度；对于在高温时氧化速度大于脱碳速度的钢，既可以低温加热又可以高温加热，因为这时氧化速度大，脱碳层反而变薄。

（2）应尽可能采用快速加热的方法，特别是易脱碳的钢应避免在高温下长时间加热。

（3）由于一般情况下火焰炉炉气都有较强的脱碳能力，即使是空气消耗系数为0.5的还原性气氛，也不免产生脱碳。因此，最好的方法只能根据钢的成分要求、气体来源、经济性及要求等，选用合适的保护性气体加热。在无此条件的情况下，炉子最好控制在中性或氧化性气氛，可得到较小的脱碳层。

3.2.3　钢的过热与过烧

如果钢加热温度过高，而且在高温下停留时间过长，钢内部的晶粒增长过大，晶粒之间的结合能力减弱，钢的机械性能显著降低，这种现象称为钢的过热。过热的钢在轧制时极易产生裂纹，特别是坯料的棱角、端头尤为显著。

产生过热的直接原因，一般为加热温度偏高和待轧保温时间过长引起的。因此，为了避免产生过热的缺陷，必须按钢种对加热温度和加热时间，尤其是高温下的加热时间，加以严格控制，并且应适当减少炉内的过剩空气量，当轧机发生故障长时间待轧时，必须将炉温降低。

过热的钢可以采用正火或退火的办法来补救，使其恢复到原来的状态再重新加热进行轧制，但是，这样会增加成本和影响产量，所以，应尽量避免产生钢的过热。

如果钢加热温度过高，时间又长，使钢的晶粒之间的边界上开始熔化，有氧渗入，并在晶粒间氧化，这样就失去了晶粒间的结合力，失去其本身的强度和可塑性，在钢轧制时或出炉受震动时，就会断为数段或裂成小块脱落，或者表面形成粗大的裂纹，这种现象称为钢的过烧。

过烧的钢无法挽救，只好报废，回炉重炼。生产中有局部过烧，这时可切掉过烧部分，其余部分可重新加热轧制。

过热、过烧事故的发生往往集中在以下几种情况下：

（1）急火追产量时，由于生产中事故较多，班内轧钢产量较低，为了追产量，强化加热，加热段内炉温过高，造成事故。

（2）停机待轧时间较长，炉子保温压火时间较长，炉温掌握不好就会发生过热、过烧、粘钢事故。

（3）加热特殊钢种时，没按该钢种的加热工艺要求去做，如有关段的炉温掌握得高或加热时间过长等，均能造成过热、过烧或粘钢现象发生。

（4）由于加热工操作懒惰，责任心不强或由于热检测元件损坏，没有发现，致使仪表显示失真，又没有注意“三勤”操作时，就有可能发生过热、过烧和粘钢等事故。

过热、过烧和粘钢事故的预防，应注意以下几点：

（1）注意均衡生产，不急火追产量。

（2）注意根据待轧时间处理炉子的保温和压火，即应严格执行停机待轧时的炉子热工制度。

（3）加热特殊钢种时，首先熟悉其加热工艺要求，并在生产中严格掌握。

（4）注意“三勤”操作，克服懒惰，增强责任心，随时检查，随时联系，随时调整以免事故发生。

3.2.4　钢的表面烧化和粘钢

由于操作不慎，可能出现表面烧化现象，表面温度已经很高，使氧化铁皮熔化，如果时间过长，便容易发生过热或过烧。

表面烧化了的钢容易烧结，粘结严重的钢出炉后分不开，不能轧制，将报废。因此，表面烧化的钢出炉时要格外小心，表面烧化过多，容易使皮下气孔暴露，从而使气孔内壁氧化，轧制后不能密合，因此产生裂纹。

一般情况下，产生粘钢的原因有三个：

（1）加热温度过高使钢表面熔化，而后温度又降低。

（2）在一定的推钢压力条件下，高温长时间加热。

（3）氧化铁皮熔化后粘结。

当加热温度达到或超过氧化铁皮的熔化温度（1300～1350℃）时，氧化铁皮开始熔化，并流入钢料与钢料之间的缝隙中，当钢料从加热段进入均热段时，由于温度降低，氧化铁皮凝固，便产生了粘钢。此外，粘钢还与钢种及钢坯的表面状态有关。一般酸洗钢容易发生粘钢，易切钢不易发生粘钢。钢坯的剪口处容易发生粘钢。

发生粘钢后，如果粘得不多，应当采用快拉的方法把粘住的钢尽快拉开，但切不可用关闭烧嘴或减少风量的方法降温，因为降低温度使氧化铁皮凝固，反而使粘钢更为严重。一般情况下应当在处理完粘住的钢之后，再调整炉温。如果粘钢严重，尤其是两个以上的钢坯之间发生粘钢，需用一定重量的撬棍在粘钢处进行多次冲击，方能撬开。

防止表面烧化的措施，主要是控制加热温度不能过高，在高温下的时间不能过长，火焰不直接烧到钢上。

3.2.5　钢的加热温度不均匀性

3.2.5.1　钢温不均的表现及原因

如果钢坯的各部分都同样地加热到规程规定的温度，那么钢的温度就均匀了。这时轧制所耗电力小，并且轧制过程容易进行。但要达到钢温完全一致是不可能的，只要钢坯表面温度和最低部分温度差不超过50℃，就可以认为是加热均匀了。

钢温不均通常表现为以下几种。

A　内外温度不均匀

内外温度不均匀表现为坯料表面已达到或超过了加热温度，而中心还远远没有达到加热温度，即表面温度高，中心温度低，这主要是高温段加热速度太快和均热时间太短造成的。内外温度不均匀的坯料，在轧制时其延伸系数也不一样，有时在轧制初期还看不出来，但经过轧制几个道次之后，钢温就明显降低，甚至颜色变黑和钢性变硬，如果继续轧制，就有可能轧裂或者发生断辊现象。

B　上下面温度不均匀

上下面温度不均匀，经常都是下面温度较低，这是由于炉底管的吸热及遮蔽作用，钢坯下表面加热条件较差所致。同时由于操作不当及下加热能力不足时，也会造成上下加热面钢温不均。

上加热面的温度高于下加热面的钢坯，在轧制时，由于上表面延伸好，轧件将向下弯曲，极易缠辊或穿入辊道间隙，甚至造成重大事故；上加热面温度低于下加热面温度时，轧件向上弯曲，轧件不易咬入给轧制带来很大困难。

C　钢坯长度方向温度不均

钢坯沿长度方向温度不均，常表现为：

（1）坯料两端温度高，中间温度低，尤其对较宽的炉子更易出现这种现象。这主要是由于炉型结构的原因，坯料两端头在炉中的受热条件最好。

（2）两端温度低，中间温度高。这主要是炉子封闭不严，炉内负压吸入冷风使坯料端头冷却所致。

（3）一端温度高，一端温度低。一般长短料偏装，或沿宽度方向上炉温不均时易出现。

（4）在有水冷滑道管的连续式炉内，在钢坯与滑道相接触的部位一般温度都较低，而且有明显的水冷黑印。水冷黑印常造成板带钢厚度不均，影响产品质量。

3.2.5.2 避免钢坯加热温度不均的措施

对于中心与表面温差大的硬心钢，应适当降低加热速度或相应延长均热时间，以减小温差。

钢的上下表面温差太大时，应及时提高上或下加热炉炉膛温度，或延长均热时间，以改变钢温的均匀性。但应注意并非所有的炉子都是这样，应根据具体情况采取相应措施。

避免钢在长度方向上加热温度不均匀的措施，是适当调整烧嘴的开启度，特别是采用轴向烧嘴的炉子，以保证在炉子宽度方向炉温分布均匀；同时还要注意调整炉膛压力，保证微正压操作，做好炉体密封，防止炉内吸入冷空气。

钢的加热温度不均不仅给轧制带来困难，而且对产品质量影响极大，因此生产中必须尽可能地减少加热的温度不均匀性。

3.2.6 钢的加热裂纹

加热裂纹分为表面裂纹和内部裂纹两种，钢加热中的表面裂纹往往是由于原料表面缺陷（如皮下气泡、夹杂、裂纹等）消除不彻底造成的。原料的表面缺陷在加热时受温度应力的作用发展成为可见的表面裂纹，在轧制时则扩大成为产品表面的缺陷，此外过热也会产生表面裂纹。

加热中的内部裂纹则是由于加热速度过快以及装炉温度过高造成的。尤其是高碳钢和合金钢的加热，因为这些钢的导热性都较差，在装炉温度过高加热过快的条件下，由于内外温差悬殊造成温度应力过大，致使被加热的钢坯内部不均匀膨胀而产生内部裂纹，因此在加热高碳钢及合金钢时，应严格控制加热速度及炉尾温度，以防止内部裂纹的产生。

3.3 钢的加热工艺

加热工艺制度包括加热温度、加热速度、加热时间、加热制度等。

3.3.1 钢的加热温度

钢的加热温度是指钢料在炉内加热完毕出炉时的表面温度。确定钢的加热温度不仅要根据钢种的性质，而且还要考虑到加工的要求，以获得最佳的塑性，最小的变形抗力，从而有利于提高轧制的产量、质量，降低能耗和设备磨损。实际生产中加热温度主要由以下几方面来确定。

A 加热温度的上限和下限

碳钢和低合金钢加热温度的选择主要是借助于铁碳平衡相图（图3-1）。当钢处于奥氏体区其塑性最好，加热温度的理论上限应当是固相线 AE（1400～1530℃），实际上由于钢中偏析及非金属夹杂物的存在，加热还不到固相线温度就可能在晶界出现熔化而后氧化，晶粒间失去塑性，形成过烧。所以钢的加热温度上限一般低于固相线温度100～150℃。碳钢的最高加热温度和理论过烧温度见表3-1。加热温度的下限应高于 A_{c3} 线30～50℃。根据终轧温度再考虑到钢在出炉和加工过程中的热损失，便可确定钢的最低加热温度。终轧温度对钢的组织和性能影响很大，终轧温度越高，晶粒集聚长大的倾向越大，奥氏体的晶粒越粗大，钢的机械性能越低。所以终轧温度也不能太高，最好在850℃左右，不要超过900℃，也不要低于700℃。

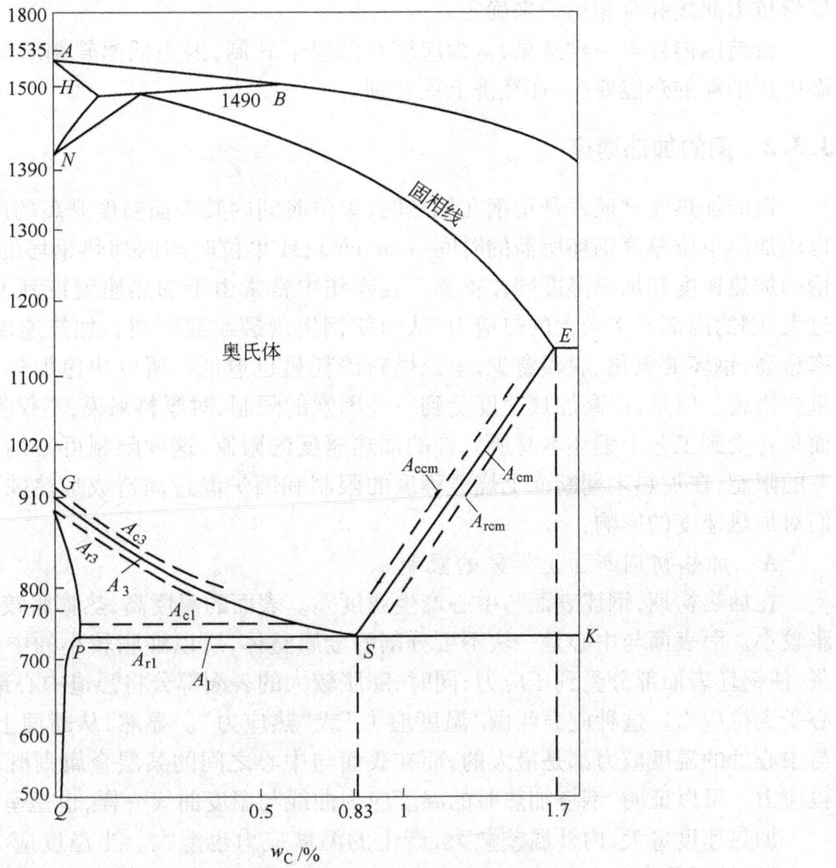

图3-1 Fe-C合金状态图(其中指出了加热温度界限)

表3-1 碳钢的最高加热温度和理论过烧温度

含碳量/%	最高加热温度/℃	理论过烧温度/℃
0.1	1350	1490
0.2	1320	1470
0.5	1250	1350
0.7	1180	1280
0.9	1120	1220
1.1	1080	1180
1.5	1050	1140

B 加热温度与轧制工艺的关系

上面讨论的仅是确定加热温度的一般原则。实际生产中，钢的加热温度还需结合压力加工工艺的要求。如轧制薄钢带时为满足产品厚度均匀的要求，比轧制厚钢带时的加热温度要高一些；坯料大加工道次多要求加热温度高些，反之小坯料加工道次少则要求加热温度低些等。这些都是压力加工工艺特点决定的。

高合金钢的加热温度则必须考虑合金元素及生成碳化物的影响,要参考相图,根据塑性图、变形抗力曲线和金相组织来确定。

目前国内外有一种意见,认为应该在低温下轧制,因为低温轧制所消耗的电能,比提高加热温度所消耗的热能要少,在经济上更合理。

3.3.2 钢的加热速度

钢的加热速度通常是指钢在加热时,单位时间内其表面温度升高的度数,单位为℃/h。有时也用加热单位厚度钢坯所需的时间(min/cm);或单位时间内加热钢坯的厚度(cm/min)来表示。钢的加热速度和加热温度同样重要。在操作中常常由于加热速度控制不当,造成钢的内外温差过大,钢的内部产生较大的热应力,从而使钢出现裂纹或断裂。加热速度愈大,炉子的单位生产率愈高,钢坯的氧化、脱碳愈少,单位燃料消耗量也愈低。所以快速加热是提高炉子各项指标的重要措施。但是,提高加热速度受到一些因素的限制,对厚料来说,不仅受炉子给热能力的限制,而且还受到工艺上钢坯本身所允许的加热速度的限制,这种限制可归纳为在加热初期断面上温差的限制,在加热末期断面上烧透程度的限制和因炉温过高造成加热缺陷的限制。下面分述它们对加热速度的影响:

A 加热初期断面上温差的限制

在加热初期,钢坯表面与中心产生温度差。表面的温度高,热膨胀较大,中心的温度低,热膨胀较小。而表面与中心是一块不可分割的金属整体,所以膨胀较小的中心部分将限制表面的膨胀,使钢坯表面部分受到压应力;同时,膨胀较大的表面部分将强迫中心部分和它一起膨胀,使中心受到拉应力。这种应力叫做“温度应力”或“热应力”。显然,从断面上的应力分布来看,表面与中心处的温度应力都是最大的,而在表面与中心之间的某层金属则既不受到压应力也不受到拉应力。可以证明,钢坯加热时的温度应力曲线与温度曲线一样,也是呈抛物线分布。

加热速度愈大,内外温差愈大,产生的温度应力也愈大。当温度应力在钢的弹性极限以内时,对钢的质量没有影响,因为随着温度差的减小和消除,应力会自然消失。当温度应力超过钢的弹性极限时,则钢坯将发生塑性变形,在温度差消除后所产生的应力将不能完全消失,即生成所谓残存应力。如果温度应力再大,超过了钢的强度极限时,则在加热过程中就会破裂。这时温度应力对于钢坯中心的危害性更大,因为中心受的是拉应力,一般钢的抗拉强度远低于其抗压强度,所以中心的温度应力易造成内裂。

如果钢的塑性很好,即使在加热过程中形成很大的内外温差,也只能引起塑性变形,以任意速度加热,都不会因温度应力而引起钢坯断裂。如果钢的导热性好(或导热系数高),则在加热过程中形成的内外温差就小(因 $\Delta t = qS/2\lambda$),因而加热时温度应力所引起的塑性变形或断裂的可能性较小。低碳钢的导热系数大,高碳钢和合金钢的导热系数小,因而高碳钢和合金钢在加热时容易形成较大的内外温差,而且这些钢在低温时塑性差、硬而脆,所以它们在刚入炉加热时,容易发生因温度应力而引起的断裂。

如果被加热坯料的断面尺寸较小,则加热时形成的内外温差也较小;断面尺寸大的钢坯,因加热时形成较大的内外温差,容易因温度应力而导致钢坯变形或断裂。

根据上述分析,可概括下列结论:

(1) 在加热初期,限制加热速度的实质是减少温度应力。加热速度愈快,表面与中心的温度差愈大,温度应力愈大,这种应力可能超过钢的强度极限,而造成钢坯的破裂。

(2) 对于塑性好的金属,温度应力只能引起塑性变形,危害不大。因此,对于低碳钢温度在

500～600℃以上时,可以不考虑温度应力的影响。

(3) 允许的加热速度还与金属的物理性质(特别是导热性)、几何形状和尺寸有关,因此,对大的高碳钢和合金钢加热要特别小心,而对薄材则可以任意速度加热而不致发生断裂的危险。

B　加热末期断面上烧透程度的限制

在加热末期,钢坯断面同样具有温度差。加热速度愈大,则形成的内外温度差愈大。这种温度差愈大,可能超过所要求的烧透程度,而造成压力加工上的困难。因此,所要求的烧透程度往往限制了钢坯加热末期的加热速度。

但是,实际和理论都说明,为了保证所要求的最终温度差而降低整个加热过程的加热速度是不合算的。因此,往往是在比较快的速度加热以后,为了减少这一温差而降低它的加热速度或执行均热,以求得内外温度均匀。这个过程叫作“均热过程”。

C　因炉温过高造成加热缺陷的限制

钢坯表面的温度是和炉温相联系的。炉温过高给准确地控制钢坯表面温度带来困难。特别是当发生待轧时,将因炉温过高而造成严重氧化、脱碳、粘钢、过烧等。这在连续加热炉上常是限制快速加热的主要因素。

上述的两个温度差(加热初期为避免裂纹和断裂所允许的内外温差和加热末期因烧透程度要求的内外温差)都对加热速度有所限制,以及准确地控制钢坯达到所要求的加热温度所需要的加热时间,这三个要素构成了制订加热制度的主要基础。

一般低碳钢大都可以进行快速加热而不会给产品质量带来什么影响。但是,加热高碳钢和合金钢时,其加热速度就要受到一些限制,高碳钢和合金钢坯在500～600℃以下时易产生裂纹,所以加热速度的限制是很重要的。

3.3.3　钢的加热时间

钢的加热时间是指钢坯在炉内加热至达到轧制所要求的温度时所必须的最少时间,通常,总加热时间为钢坯预热、加热和均热三个阶段时间的总和。

要精确地确定钢的加热时间是比较困难的。因为它受很多因素影响,目前大都根据现有炉子的实践大致估计,亦可根据推荐的经验公式计算。

钢的加热时间采用理论计算很复杂,并且准确性也不大,所以在生产实践中,一般连续式加热炉加热钢坯常采用经验公式:

$$\tau = CS$$

式中　τ——加热时间,h;

S——钢料厚度,cm;

C——每1cm厚的钢料加热所需的时间,h/cm:

对低碳钢	$C=0.1\sim0.15$
对中碳钢和低中合金钢	$C=0.15\sim0.2$
对高碳钢和高合金钢	$C=0.2\sim0.3$
对高级工具钢	$C=0.3\sim0.4$

在实际生产中,钢坯的加热时间往往是变化的。这是因为加热炉必须很好地与轧机配合。在生产某些产品的过程中,炉子生产率小于轧机的产量时,常常为了赶上轧机的产量而造成加热不均,内外温差大,甚至有时为了提高出炉温度而将钢表面烧化,而其中间温度尚很低,造成加热质量很差。若炉子生产率大于轧机的产量时,则钢在炉内的停留时间大于所需要的加热时间,造成较大的氧化烧损量,这些情况均不符合加热要求。如遇到上述情况,应对炉子结构及操作方式

作合理的改造或调整,使炉子产量和轧机产量相适应。

3.3.4 钢的加热制度

所谓加热制度是指在保证实现加热条件的要求下所采取的加热方法。具体说来,加热制度包括温度制度和供热制度两个方面。

对连续式加热炉来说,温度制度是指炉内各段的温度分布。所谓供热制度,对连续加热炉是指炉内各段的供热分配。

从加热工艺的角度来看,温度制度是基本的,供热制度是保证实现温度制度的条件,一般加热炉操作规程上规定的都是温度制度。

具体的温度制度不仅决定于钢种、钢坯的形状尺寸、装炉条件,而且依炉型而异。加热炉的温度制度大体分为:一段式加热制度、两段式加热制度、三段式及多段式加热制度。这里重点介绍三段式加热制度。

三段式加热制度是把钢坯放在三个温度条件不同的区域(或时期)内加热,依次是预热段、加热段、均热段(或称应力期、快速加热期、均热期)。

这种加热制度是比较完善的加热制度,钢料首先在低温区域进行预热,这时加热速度比较慢,温度应力小,不会造成危险。当钢温度超过500~600℃以后,进入塑性范围,这时就可以快速加热,直到表面温度迅速升高到出炉所要求的温度。加热期结束时,钢坯断面上还有较大的温度差,需要进入均热期进行均热,此时钢的表面温度不再升高,而使中心温度逐渐上升,缩小断面上的温度差。

三段式加热制度既考虑了加热初期温度应力的危险,又考虑了中期快速加热和最后温度的均匀性,兼顾了产量和质量两方面。在连续式加热炉上采用这种加热制度时,由于有预热段,出炉废气温度较低,热能的利用较好,单位燃料消耗低。加热段可以强化供热,快速加热减少了氧化和脱碳,并保证炉子有较高的生产率,所以对许多钢坯的加热来说,这种加热制度是比较完善与合理的。

这种加热制度适用于大断面坯料、高合金钢、高碳钢和中碳钢冷坯加热。

复习思考题

1. 钢加热的目的与要求有哪些?
2. 钢的加热缺陷有哪些,其产生原因和影响因素是什么,如何预防和消除?
3. 氧化铁皮成分由里向外依次是什么?所占的比例各为多少?
4. 什么是加热温度,钢的加热温度是如何确定的?
5. 炉温和钢表面的概念有什么区别?
6. 什么是钢的加热速度,钢的加热速度受什么条件限制?
7. 钢加热中温度应力是怎样产生的,有什么危害?
8. 影响加热时间的因素有哪些,如何影响?
9. 什么是加热制度?
10. 什么是预热段、加热段和均热段?
11. 加热段加热速度快,均热时间就要延长,为什么?
12. 为什么三段式温度制度是比较完善和合理的?
13. 在炉子操作中,为什么要在强化下加热?

4 连续式加热炉

4.1 连续式加热炉的基本组成

加热炉是一个复杂的热工设备，它由以下几个基本部分构成：炉膛与炉衬、燃料系统、供风系统、排烟系统、冷却系统、余热利用装置、装出料设备、检测及调节装置、电子计算机控制系统等。

4.1.1 炉膛与炉衬

炉膛是由炉墙、炉顶和炉底围成的空间，是对钢坯进行加热的地方。炉墙、炉顶和炉底通称为炉衬，炉衬是加热炉的一个关键技术条件。在加热炉的运行过程中，不仅要求炉衬能够在高温和荷载条件下保持足够的强度和稳定性，要求炉衬能够耐受炉气的冲刷和炉渣的侵蚀，而且要求有足够的绝热保温和气密性能。为此，炉衬通常由耐火层、保温层、防护层和钢结构几部分组成。其中耐火层直接承受炉膛内的高温气流冲刷和炉渣侵蚀，通常采用各种耐火材料经砌筑、捣打或浇注而成；保温层通常采用各种多孔的保温材料经砌筑、敷设、充填或粘贴形成，其功能在于最大限度地减少炉衬的散热损失，改善现场操作条件；防护层通常采用建筑砖或钢板，其功能在于保持炉衬的气密性，保护多孔保温材料形成的保温层免于损坏。钢结构是位于炉衬最外层的由各种钢材拼焊、装配成的承载框架，其功能在于承担炉衬、燃烧设施、检测仪器、炉门、炉前管道以及检修、操作人员所形成的载荷，提供有关设施的安装框架。

4.1.1.1 炉墙

炉墙分为侧墙和端墙，沿炉子长度方向上的炉墙称为侧墙，炉子两端的炉墙称为端墙。炉墙通常用标准直型砖平砌而成，炉门的拱顶和炉顶拱脚处用异型砖砌筑。侧墙的厚度通常为1.5~2倍砖长。端墙的厚度根据烧嘴、孔道的尺寸而定，一般为2~3倍砖长。整体捣打、浇注的炉墙尺寸则可以根据需要随意确定。大多数加热炉的炉墙由耐火砖的内衬和绝热砖层组成。为了使炉子具有一定的强度和良好的气密性，炉墙外面还包有4~10mm厚的钢板外壳或者砌有建筑砖层作炉墙的防护层。

炉墙上设有炉门、窥视孔、烧嘴孔、测温孔等孔洞。为了防止砌砖受损，炉墙应尽可能避免直接承受附加载荷。所以，炉门、冷却水管等构件通常都直接安装在钢结构上。

承受高温的炉墙当高度或长度较大时，要保证有足够的稳定性。增加稳定性的办法是增加炉墙的厚度或用金属锚固件固定。当炉墙不太高时，一般用232~464mm黏土砖和232~116mm绝热砖的双层结构。炉墙较高时，炉底水管以下的增加厚度116mm。

4.1.1.2 炉顶

加热炉的炉顶按其结构分为两种：即拱顶和吊顶。

拱顶用楔形砖砌成，结构简单，砌筑方便，不需要复杂的金属结构。如果采用预制好的拱顶，更换时就更方便。拱顶的缺点是由于拱顶本身的重量产生侧压力，当加热膨胀后侧压力就更大。因此，当炉子的跨度和拱顶质量太大时，容易造成炉子的变形，甚至会使拱顶坍塌。所以，拱顶一般用于跨度小于3.5～4m的中小型炉子上，炉子的拱顶中心角一般为60°。拱顶结构如图4-1所示。拱顶的主要参数是：内弧半径(R)，拱顶跨度即炉子宽度(B)，拱顶中心角(a)，弓形高度(h)。

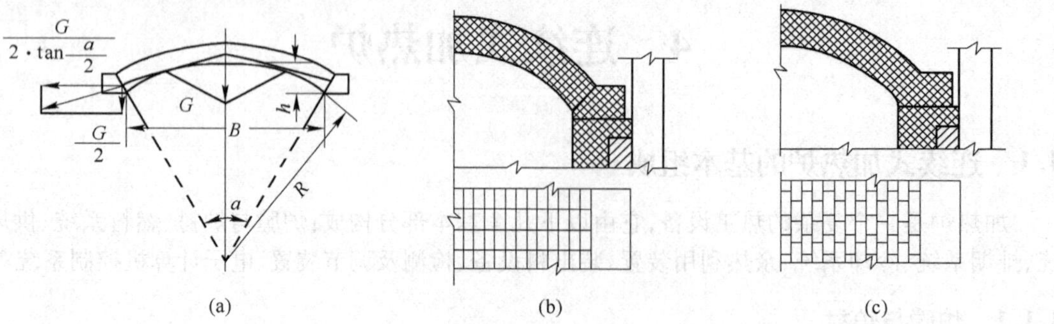

图4-1　拱顶结构
(a) 拱顶受力情况；(b) 环砌拱顶；(c) 错砌拱顶

拱顶的厚度与炉子的跨度有关，为了保证拱顶具有足够的强度，炉子的跨度较大时，炉顶的厚度则应相应适当加大。当拱顶跨度在3.5m以下时，拱顶的耐火砖层为230～250mm，绝热层为65～150mm。当拱顶跨度在3.5m以上时，耐火砖层为230～300mm，绝热层为120～200mm。

拱的两端支撑在特制的拱脚砖上，拱的其他部位用楔形砖砌筑。拱顶可以用耐火砖砌筑，也可用耐火混凝土预制块。炉温为1250～1300℃以上的高温炉的拱顶采用硅砖或高铝砖，但硅砖仅适合于连续运行的炉子。耐火砖上面可用硅藻土砖绝热，也可用矿渣棉等散料做绝热层。拱顶砌砖在炉长方向上应设置弓形的膨胀缝，若用黏土砖砌筑则每米应设膨胀缝5～6mm，用硅砖砌筑则每米应设膨胀缝10～12mm，用镁砖砌筑则每米应设膨胀缝8～10mm。

当炉子跨度大于4m时，由于拱顶所承受的侧压力很大，一般耐火材料的高温结构强度已很难满足，因而大多采用吊顶结构，图4-2是常用的几种吊顶结构。吊顶是由一些专门设计的异型砖和吊挂金属构件组成。按吊挂形式分可以是单独的或成组的吊挂砖吊在金属吊挂梁上。吊顶砖的材料可用黏土砖、高铝砖和镁铝砖，吊顶外面再砌硅藻土砖或其他隔热材料，但砌筑切勿埋住吊杆，以免烧坏失去机械强度，吊架被砖的重量拉长。连续式加热炉多采用吊挂钢结构、锚固砖和浇注料整体浇注炉顶，还有提前预制烘烤成型的炉梁或带锚固砖的炉顶预制块组装的复合顶。

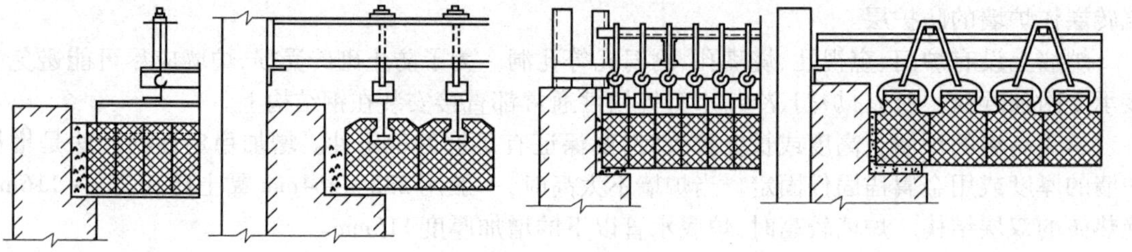

图4-2　吊顶结构

吊挂结构复杂，造价高，但它不受炉子跨度的影响且便于局部修理及更换。

4.1.1.3　炉底

炉底是炉膛底部的砌砖部分，炉底要求承受被加热钢坯的重量，高温区炉底还要承受炉渣、氧化铁皮的化学侵蚀。此外,炉底还要经常与钢坯发生碰撞和摩擦。

炉底有两种形式,一种是固定炉底,另一种是活动炉底。固定炉底的炉子,坯料在炉底的滑轨上移动,除加热圆坯料的斜底炉外,其他加热炉的固定炉底一般都是水平的。活动炉底的坯料是靠炉底机械的运动而移动的。图4-3是连续式加热炉的炉底结构。

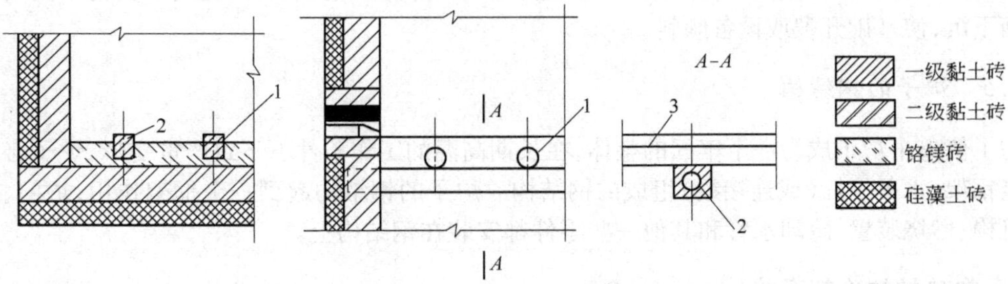

图4-3 加热炉的炉底

(a) 带滑轨的连续加热炉炉底:1、2—滑轨;(b) 两面加热的连续加热炉炉底:1—水冷管;2—水冷管支撑;3—滑轨

单面加热的炉子,其炉底都是实心炉底,两面加热的炉子,炉内的炉底通常分实底段(均热段)和架空段两部分,但也有的炉子的炉底全部是架空的。

炉底的厚度取决于炉子的尺寸和温度,在200~700mm之内变动。炉底的下部用隔热材料隔热。由于镁砖具有良好的抗渣性,所以,在轧钢加热炉的炉底上用镁砖砌筑。并且,为了便于氧化铁皮的清除,在镁砖上还要再铺上一层40~50mm厚的镁砂或焦屑。

推钢式加热炉为避免坯料与炉底耐火材料直接接触和减少推料的阻力,在单面加热的连续式加热炉或双面加热的连续式加热炉的实底部分安装有金属滑轨,而双面加热的连续式加热炉安装的则是水冷滑轨。

实炉底一般并非直接砌筑在炉子的基础上,而是架空通风的,即在支承炉底的钢板下面用槽钢或工字钢架空,避免因炉底温度过高,使混凝土基础受损,这是因为普通混凝土温度超过300℃时,其机械强度显著下降而遭到破坏。实炉底高温区炉底结构如图4-4所示。

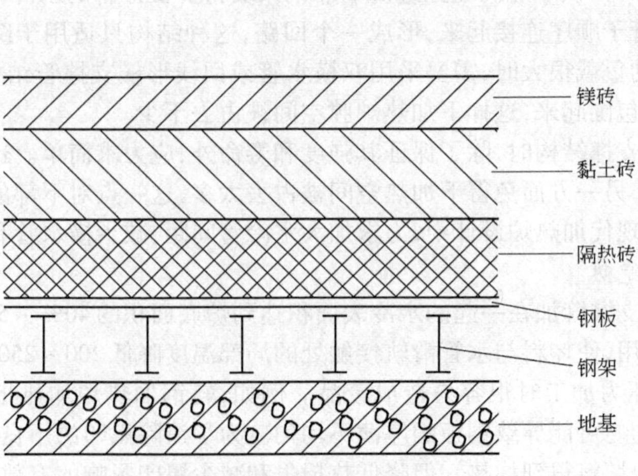

图4-4 高温区炉底结构

4.1.1.4 基础

基础是炉子支座，它将炉膛、钢结构和被加热钢坯的重量所构成的全部载荷传到地面上。

大中型炉子基础的材料都是混凝土基础，只有小型加热炉才用砖砌基础。

砌筑基础时，应避免将炉子部件和其他设备放在同一整块基础上，以免由于负荷不同而引起不均衡下沉，使基础开裂或设备倾斜。

4.1.1.5 炉子的钢结构

为了使整个炉子成为一个牢固的整体，在长期高温的工作条件下不致严重变形，炉子必须设置由竖钢架、水平拉杆（或连接梁）组成的钢结构。炉子的钢结构起到一个框架作用，炉门、炉门提升机构、燃烧装置、冷却水管和其他一些零件都安装在钢结构上。

4.1.2 加热炉的冷却系统

加热炉的冷却系统是由加热炉炉底的冷却水管和其他冷却构件构成。冷却方式分为水冷却和汽化冷却两种。

4.1.2.1 炉底水冷结构

A 炉底水管的布置

在两面加热的连续加热炉内，坯料在沿炉长敷设的炉底水管上向前滑动。炉底水管由厚壁无缝钢管组成，内径50～80mm，壁厚10～20mm。为了避免坯料在水冷管上直接滑动时将钢管壁磨损，在与坯料直接接触的纵水管上焊有圆钢或方钢，称为滑轨，磨损以后可以更换，而不必更换水管。

两根纵向水管间距不能太大以免坯料在高温下弯曲，最大不超过2m。但也不宜太小，否则下面遮蔽太多，削弱了下加热，最小不少于0.6m。为了使坯料不掉道，坯料两端应比水管宽出100～150mm。

炉底水管承受坯料的全部重量（静负荷），并经受坯料推移时所产生的动载荷。因此，纵水管下需要有支撑结构。炉底水管的支撑结构形式很多，一般在高温段用横水管支撑，横水管彼此间隔1～3.5m（图4-5a），横水管两端穿过炉墙靠钢架支持。支撑管的水冷却不与炉底纵水管的冷却连通，二十几个管子顺序连接起来，形成一个回路，这种结构只适用于跨度不大的炉子。当炉子很宽，上面坯料的负载很大时，需要采用双横水管或回线形横支撑管结构（图4-5b）。管的垂直部分用耐火砖柱包围起来，这样下加热炉膛空间被占去不少。

在选择炉底水管支撑结构时，除了保证其强度和寿命外，应力求简单。这样一方面为了减少水管可以减少热损失，另一方面免得下加热空间被占去太多，这一点对下部的热交换和炉子生产率的影响很大。所以现代加热炉设计中，力求加大水冷管间距，减少横水管和支柱水管的根数。

B 炉底水管的绝热

炉底水冷滑管和支撑管加在一起的水冷表面积达到炉底面积的40%～50%，带走大量热量。又由于水管的冷却作用，使坯料与水管滑轨接触处的局部温度降低200～250℃，使坯料下面出现两条水冷“黑印”，在压力加工时很容易造成废品。例如，轧钢加热炉加热板坯时出现的黑印影响会更大，温度的不均匀可能导致钢板的厚薄不均匀。为了清除黑印的不良影响，通常在炉子的均热段砌筑实炉底，使坯料得到均热。但降低热损失和减少黑印影响的有效措施，就是对炉底水管实行绝热包扎，如图4-6所示。

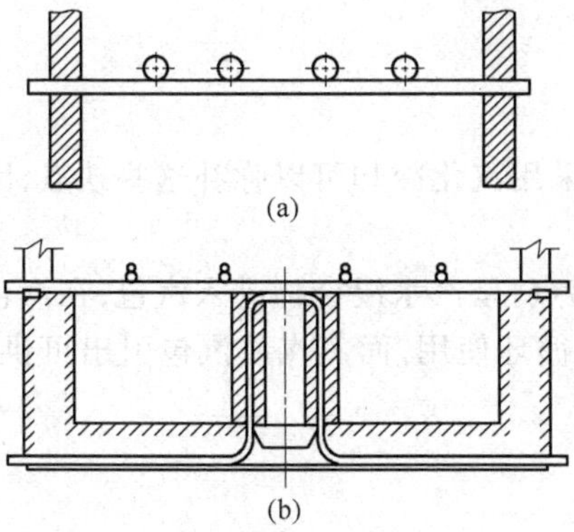

图 4－5　炉底水管的支撑结构

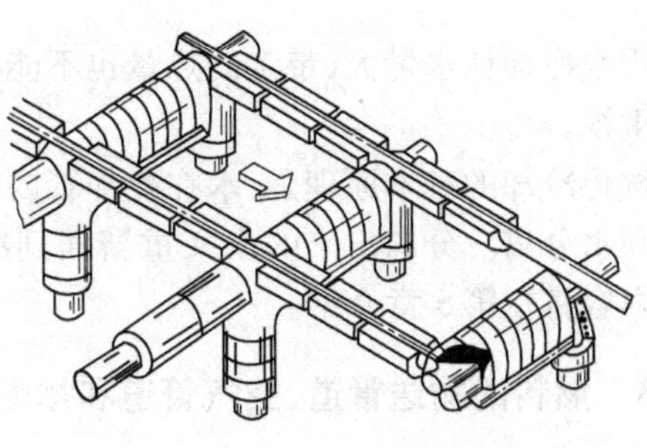

图 4－6　炉底水管绝热的结构图

连续加热炉节能的一个重要方面就是减少炉底水管冷却水带走的热量，为此应在所有水管外面加绝热层。实践证明，当炉温为 1300℃时，绝热层外表面温度可达 1230℃，可见，炉底滑管对钢坯的冷却影响不大。同时还可看出，水管绝热时，其热损失仅为未绝热水管的 1/4～1/5。

过去水冷绝热使用异型砖挂在水管上，由于耐火材料要受坯料的摩擦和振动、氧化铁皮的侵蚀、温度的急冷急热、高温气体的冲刷等，使挂砖的寿命不长，容易破裂剥落。现已普遍采用可塑料包扎炉底水管。包扎时，在管壁上焊上锚固钉，能将可塑料牢固地抓附在水管上。它的抗热震性好，耐高温气体冲刷、耐振动、抗剥落性能好，能抵抗氧化铁皮的侵蚀，即使结渣也易于清除，施工比挂砖简单得多，使用寿命至少可达一年。这样包扎的炉底水管，可以降低燃料消耗15%～20%，降低水耗约 50%，炉子产量提高 15%～20%，减少了坯料黑印的影响，提高了加热质量。并且投资费用不大，但增产收益很高，经济效益显著。

水冷管最好的包扎方式是复合（双层）绝热包扎，如图 4－7 所示。采用一层 10～12mm 的陶瓷纤维，外面再加 40～50mm厚的耐火可塑料（10mm 厚的陶瓷纤维相当于 50～60mm厚可塑料的绝热效果）。这样的双层包扎绝热比单层绝热可减少热损失 20%～30%。我国目前复合包扎采用直接捣固法及预制块法，前者要求施工质量高，使用寿命因施工质量好坏而异，后者值得推广。预制块法是用渗铝钢板作锚固体，里层用陶瓷纤维，外层用可塑料机压成型，然后烘烤到 300℃，再运到现场进行安装，施工时，将金属底板焊压在水管上即可。

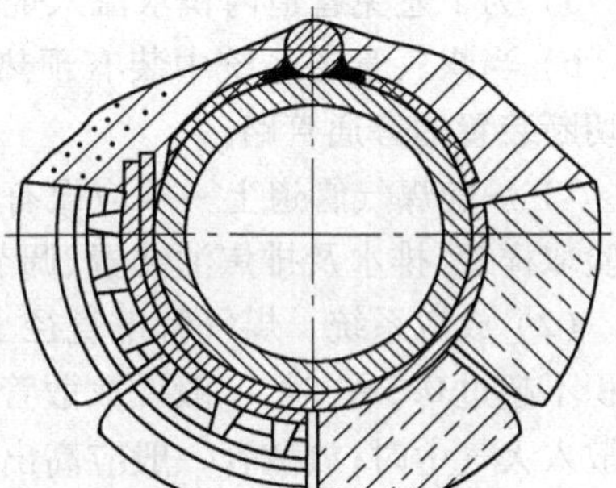

图 4－7　水管的双层绝热

为了进一步消除黑印的影响，长期以来人们都在研究无水冷滑轨。无水冷滑轨所用材质必须能承受坯料的压力和摩擦，又能抵抗氧化铁皮的侵蚀和温度急变的影响。国外一般采用电熔刚玉砖或电熔莫来石砖，在低温段则采用耐热铸钢金属滑轨，但价格很高，而且高温下容易氧化起皮，不耐磨。国内试验成功了棕刚玉-碳化硅滑轨砖，座砖用高铝碳化硅制成，效果较好。棕刚玉（即电熔刚玉）熔点高，硬度大，抗渣性能也好，但抗热震性较差。以 85% 的棕刚玉加入 15% 碳化硅，再加 5% 磷酸铝作高温胶结剂，可以满足滑轨要求。碳化硅的加入提高了制品的导热性，改善了抗热震性。通常800℃以上的高温区用棕刚玉-碳化硅滑轨砖及高铝碳化硅座砖,800℃以下可采用金属滑轨和黏土座砖,金属滑轨材料可用ZGMn13或1Cr18Ni9Ti。

4.1.2.2 汽化冷却

用水冷却耗水量大,带走的热量也不能很好利用,采用汽化冷却可以弥补这些缺点,因而受到了重视。

汽化冷却的基本原理是:水在冷却管内被加热到沸点,呈汽水混合物进入汽包,在汽包中使蒸汽和水分离。分离出来的水又重新回到冷却系统中循环使用,而蒸汽从汽包引出可供使用。具体内容将在第5章介绍。

4.1.3 燃料的输送管道、空气管道和排烟系统

4.1.3.1 燃料输送管道

A 炉前煤气管道

(1) 管道布局。对管道布局的要求:

1) 煤气管道一般都架空敷设;特殊情况需要布置在地下时,应设置地沟并保证通风良好,检修方便。

2) 炉前煤气管道一般不考虑排水坡度。但应在水平管段上的流量孔板和主开闭器的前后、分段管的末端和容易积灰的部位设置排水管或水封。当用水封排水时,水封深度要与煤气压力相适应。

3) 积聚冷凝水后,冬天可能会冻结的煤气管道及附件内,要采取保温措施,防止管内水汽结冰。

4) 冷发生炉煤气及其混合煤气的管道要有排焦油装置和不小于0.2%的排油坡度。

5) 为了避免管道内积水流入烧嘴,煤气支管最好从总管的侧面或上面引出。

6) 当煤气管道系统中装有预热器,并考虑预热器损坏检修时炉子要继续工作时,应装设附有切断装置的旁通管路。

7) 炉前煤气管道上一般应设有:两个主开闭器或一个开闭器、一个眼镜阀、放散系统、爆发试验取样管、排水及排焦油装置、调节阀门、自动控制装置和安全装置相适应的附件。

(2) 放散系统。煤气管道直径小于50mm时一般可不设放散管,管径100mm以下,管道内的体积不超过0.3m^{3}时,一般设放散管但可不用蒸汽吹刷,直接用煤气进行置换放散。将煤气直接放散入大气中时,放散管一般应高出附近10m内建筑物通气口4m,距地面高度不低于10m,放散一般与煤气同一流向进行。放散管应置于两个主闸阀之间,各段煤气管的末端及管道最高点引出,并须考虑各主要管段均能受到吹刷。吹刷用蒸汽接点设在炉前煤气总管第二个主闸阀和各段闸阀之后并靠近闸阀,吹刷时用软管与供气点连接。吹刷放散时间,大型炉子约需30min到1h,小炉子约需15min。

(3) 管道绝热。为了减少管道的散热损失,热煤气管道必须敷设绝热层,管道绝热方式有管外包扎和管内砌衬两种工艺,根据管道内介质温度和管径大小确定。金属钢管壁的工作温度不宜超过300℃,当管内气体温度低于350℃,管径小于700mm时,可用管外包扎绝热。管内气体温度高于400℃或管径较大时,可用管内砌衬绝热,但衬砖后内径不应小于500mm,且每隔15~20m要留设人孔。

B 燃油输送管道

(1) 重油管道。敷设重油管道的要求：

1）炉前油管可固定在钢结构上。支管一般由下向上与喷嘴相接，敷设管道时向油罐方向留一定的坡度，最低点设排油口，最高点设放气阀。

2）重油管路要有蒸汽吹扫系统，以便停炉时清扫管路内的残油。

3）每个喷嘴前或分段支管上要装设工作可靠的油过滤器和油压稳定装置，以保证喷嘴前油质清洁、油压稳定。调节油流量要采用具有较好调节性能的调节阀，重油含硫较高时不能采用铜质或带铜质密封圈阀门。

4）油管弯头除局部范围内可采用带丝扣的管件弯头外，一般都用冷弯或热弯制作，以免积渣堵塞。

(2) 油管的保温。为了使经过加热器后的重油在输送过程中不致降温，炉前重油管道要用蒸汽进行保温，常用的保温方式有伴管和套管两种。

4.1.3.2 空气管道

空气管道一般都架空敷设，需敷设在地下时，直径较小的可以直接埋入地下，但表面应涂防腐漆，热空气管道应放在地沟内。

空气管道一般应采用蝶阀调节，亦可采用焊接的闸板阀。

为了减少管道的散热损失，热空气管道也要敷设绝热层。

4.1.3.3 排烟系统

为了使加热炉能正常工作，需要不断供给燃料所用的空气，同时又要不断地把燃烧后产生的废烟气排出炉外，因此，炉子设有排烟系统。

A 烟道

(1) 烟道布置。对烟道布置的要求：

1）地下烟道不会妨碍交通和地面上的操作，因此一般烟道都尽量布置在地下。

2）要求烟道路程短，局部阻力损失小。

3）烟道较长时，其底部要有排水坡度，以便集中排出烟道积水。

4）当烟道中有余热回收装置时，一般要设置旁通烟道和相应的闸板、人孔等，以便在余热回收装置检修时可不影响炉子的生产操作。

5）烟道要与厂房柱基、设备基础和电缆保持一定距离，以免受烟道温度影响。

(2) 烟道断面。烟道一般采用拱顶角为60°或180°的烟道断面，当烟气温度较高、地面载荷较大、烟道断面较大或受振动影响大的烟道，一般用180°拱顶。烟道断面积相同时，60°拱顶的烟道高度可小些，但应注意防止因拱顶推力而使拱脚产生位移。

烟道内衬黏土砖的厚度与烟气温度有关。当烟气温度为500～800℃，烟道内宽小于1m，一般用113mm厚的黏土砖，大于1m，用230mm厚黏土砖；烟气温度低于500℃时可用100号机制红砖内衬。当烟道没有混凝土外框时，外层用红砖砌筑，其厚度应能保证烟道结构稳定。

B 烟道闸板和烟道人孔

(1) 烟道闸板。为了调节炉膛压力或切断烟气，每座炉子一般都要设置烟道闸板。

(2) 烟道人孔。烟道上一般都要开设人孔，以便于清灰、检修和开炉时烘烤。

C 烟囱

加热炉的排烟一般都用烟囱，因为它不需要消耗动力，维护简单，只有当烟囱抽力不足时，才采用引风机或喷射管来帮助排烟。

烟囱是最常用的排烟装置,它不仅起排烟作用,而且也有保护环境的作用。烟囱有砖砌、混凝土以及金属三种。

金属烟囱寿命低,易受腐蚀,但它建造快,造价低。当烟温高于350℃时,金属烟囱要砌内衬,衬砖厚度一般为半块砖。烟温达到350~500℃时用红砖砌筑,高度为烟囱的1/3,烟温为500~700℃时烟囱全高衬砌红砖,700℃以上时烟囱全高衬砌耐火砖。

工业炉用烟囱在投入使用前一般要进行烘烤。烘烤方法一般是在烟道或烟囱底部烧木柴或煤炭,随着抽力的形成,气流逐渐与炉子接通。烟囱烘干后如出现裂纹,应及时进行修补。烘烤烟囱的最高温度为:

有耐火砖内衬的红砖烟囱——300℃;

无耐火砖内衬的红砖烟囱——250℃;

有耐火砖内衬的钢筋混凝土烟囱——200℃;

有耐火砖内衬的金属烟囱——200℃。

4.1.4 燃烧装置

燃料燃烧的完全与否、燃烧温度的高低、火焰的长短、炉内温度分布等均与燃烧装置的结构有关。由于气体与液体的燃烧方式不同,故燃烧装置的结构也截然不同。

4.1.4.1 气体燃料的燃烧装置——烧嘴

煤气的燃烧方法分为有焰燃烧和无焰燃烧两种,因此烧嘴也有有焰烧嘴和无焰烧嘴之分。

A 有焰烧嘴

有焰烧嘴的结构特征在于:燃料和空气在入炉以前是不混合的(高速烧嘴例外)。有焰烧嘴种类很多,结构型式各不相同,它主要根据煤气的种类、火焰长度、燃烧强度来决定。加热炉常用的有焰烧嘴有套管式烧嘴、低压涡流式烧嘴、扁缝涡流式烧嘴、环缝涡流式烧嘴、平焰烧嘴、火焰长度可调烧嘴、高速烧嘴等。

(1) 套管式烧嘴。套管式烧嘴的结构如图4-8所示。

烧嘴的结构是两个同心的套管,煤气一般由内套管流出,空气自外套管流出。煤气与空气平行流动,所以混合较慢,是一种长火焰烧嘴。

它的优点是结构简单,气体流动的阻力小,因此所要求的煤气与空气的压力比其他烧嘴都低,一般只要784~1470Pa。

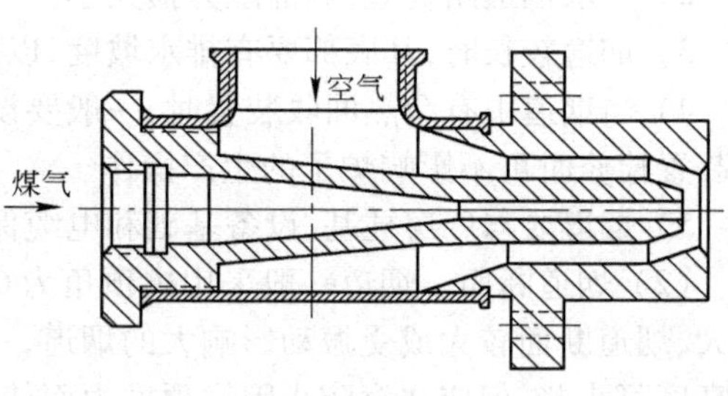

图4-8　套管式烧嘴

(2) 低压涡流式烧嘴(DW-Ⅰ型)。低压涡流式烧嘴的结构如图4-9所示。这种烧嘴的结构也比较简单,它的特点是煤气与空气在烧嘴内部就开始混合,并在空气和燃气通道内均可安装有涡流叶片,所以混合条件较好,火焰较短。要求煤气的压力不高,但因为空气通道的涡流叶片增加了阻力,因此所需空气压力比套管式烧嘴大一些,约为1960Pa。

这种烧嘴用途比较广泛,可以烧净发生炉煤气、混合煤气、焦炉煤气,也可以烧天然气。烧天然气时只需在煤气喷口中加一涡流片或将喷口直径缩小,使煤气量与空气量相适应,并改善燃料与空气的混合。

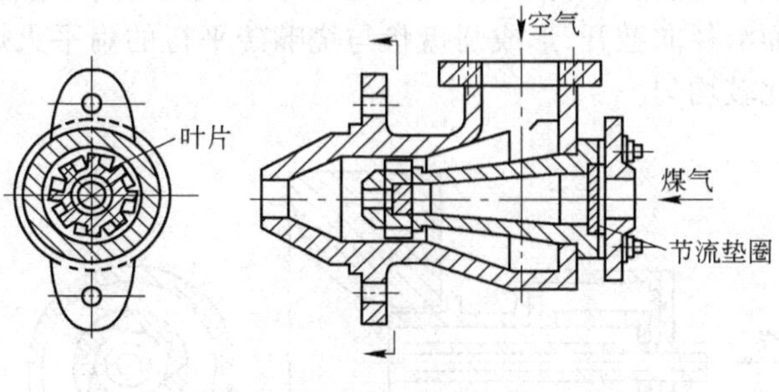

图 4-9 低压涡流式(DW-Ⅰ型)烧嘴

(3) 扁缝涡流式烧嘴(DW-Ⅱ型)。扁缝涡流式烧嘴的结构如图 4-10 所示。这种烧嘴的特点是在煤气通道内安装一个锥形的煤气分流短管,空气则自煤气管壁上的若干扁缝沿切线方向进入混合管。空气与煤气在混合管内就开始混合,混合条件较好,火焰较短。它是有焰燃烧烧嘴中混合条件最好、火焰最短的一种。适用于发生炉煤气和混合煤气,扩大缝隙后,也可用于高炉煤气,这种烧嘴要求煤气与空气压力为 1470 ~ 1960Pa。

由于火焰较短,这种烧嘴主要用在要求短火焰的场合。

(4) 环缝涡流式烧嘴。环缝涡流式烧嘴的结构如图 4-11 所示。环缝涡流式烧嘴也是一种混合条件较好的有焰烧嘴,火焰也较短。但是煤气要干净,否则容易堵塞喷口。这种烧嘴主要用来烧混合煤气和净发生炉煤气。当煤气喷口缩小后,也可以烧焦炉煤气和天然气。

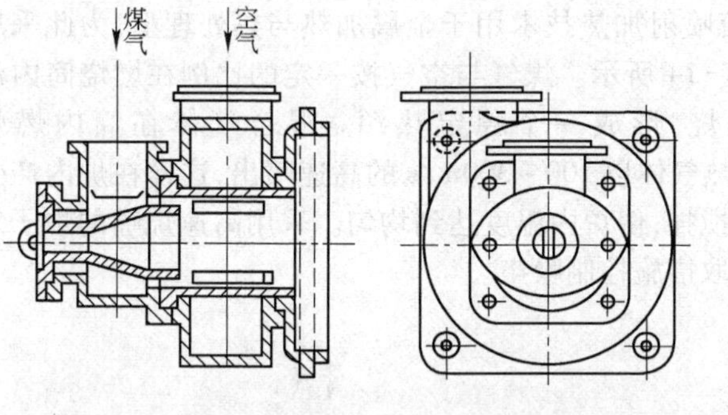

图 4-10 扁缝涡流式(DW-Ⅱ型)烧嘴

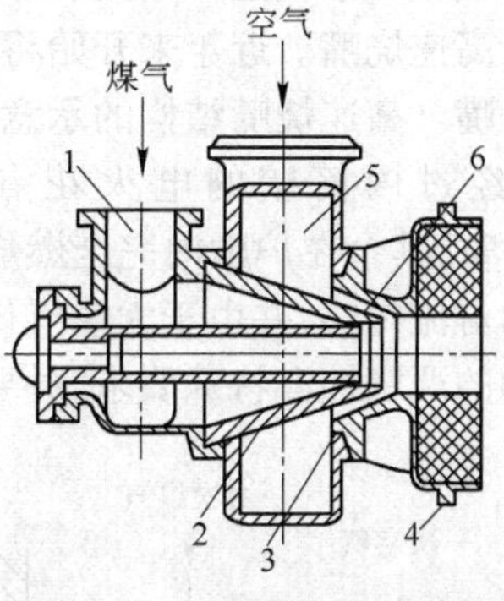

图 4-11 环缝涡流式烧嘴

1—煤气入口;2—煤气喷口;3—环缝;
4—烧嘴头;5—空气室;6—空气环缝

这种烧嘴有一个圆柱形煤气分流短管,煤气经过喷口的环状缝隙进入烧嘴头,空气从切线方向进入空气室,经过环缝出来在烧嘴头与煤气相遇而混合。由于气流阻力较大,这种烧嘴要求的煤气及空气压力比一般有焰烧嘴稍高,约为 1960 ~ 3920Pa。

(5) 平焰烧嘴。以上介绍的几种烧嘴都是长的直流火焰,这对多数炉子都是适应的。但有时希望烧嘴出口距加热物较近而火焰不要直接冲向被加热物,一般烧嘴就难以满足要求,此时可采用平焰烧嘴。平焰烧嘴气流的轴向速度很小,得到的是径向放射的扁平火焰,这样火焰就不直接冲击被加热物,而是靠烧嘴砖内壁和扁平火焰辐射加热。

平焰烧嘴的示意图见图 4-12。煤气由直通管流入,煤气压力约为 980 ~ 1960Pa,也属于低压煤气烧嘴。空气从切向进入,造成旋转气流,空气与煤气在进入烧嘴砖以前有一小段混合区,进入烧嘴砖后可以迅速燃烧。烧嘴砖的张角呈90°~120°扩张的圆锥形,这样沿烧嘴砖表面形成负压区,将火焰引向砖面而沿径向散开,形成圆盘状与烧嘴砖平行的扁平火焰,提高了火焰的辐射面积,径向的温度分布比较均匀。

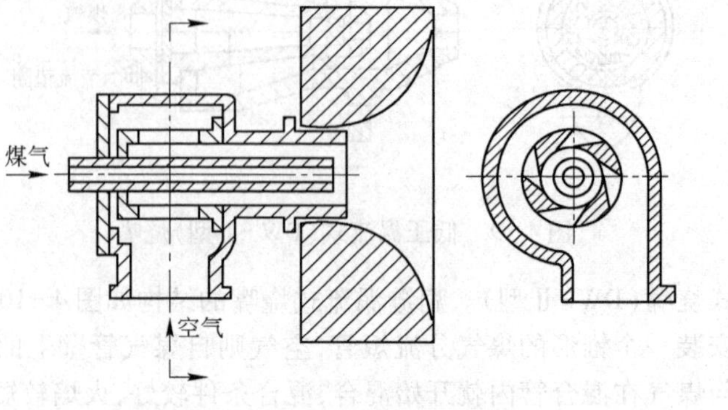

图4-12　平焰烧嘴示意图

平焰烧嘴近年发展比较迅速,用作连续加热炉均热段或炉顶烧嘴,也用于罩式退火炉和台车式炉上。国外还出现烧油或油气混烧的平焰烧嘴。

(6) 火焰长度可调烧嘴。生产实践中有时需要通过调节火焰长度来改变炉内的温度分布,火焰长度可调烧嘴就可以满足这一需要。为了达到改变火焰长度的目的,可以采取不同的措施。图4-13是一种可调焰烧嘴的示意图,一次煤气是轴向煤气,二次煤气是径向煤气,通过调节一次及二次煤气量和空气量,可以改变火焰的长度。

(7) 高速烧嘴。近年来开始将高速气流喷射加热技术用于金属加热与热处理上,为此采用了高速烧嘴。高速烧嘴结构的示意图如图4-14所示。煤气与空气按一定的比例在燃烧筒内流动混合,经过内筒壁的电火花点火而燃烧,形成一个稳定热源。混合气体在筒内燃烧80%~95%,其余在炉膛内完全燃烧。大量热气体以100~300m/s的高速喷出,这样在炉内产生了强烈的对流传热,并由于大量气体的强烈搅拌,使炉内温度达到均匀。采用高速烧嘴的炉子对炉体结构的严密性有特殊要求,并要注意采取措施控制噪声。

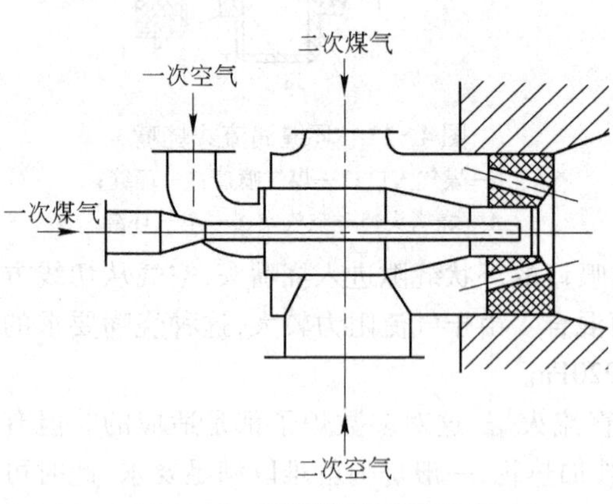

图4-13　可调焰烧嘴示意图

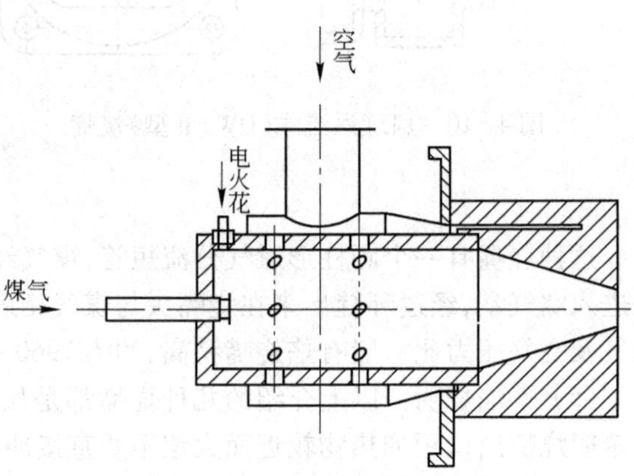

图4-14　高速烧嘴示意图

B　无焰燃烧器

无焰燃烧器是气体燃料与空气先混合然后再燃烧的燃烧装置。这类燃烧器由于预先混合,故燃烧火焰短,但要有压力较高的煤气(>10kPa),且助燃空气不能预热到高温。工业上常用喷射式无焰燃烧器，由于其结构简单，不用鼓风机，所以在加热炉上亦常被使用。无焰燃烧器的原理如图4-15所示。

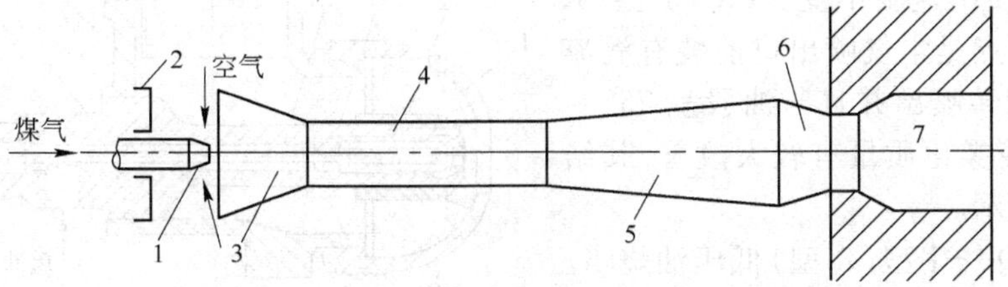

图4-15 无焰燃烧烧嘴示意图

1—煤气喷口；2—空气调节阀；3—空气吸入口；4—混合管；5—扩张管；6—喷头；7—燃烧坑道

煤气以高速由喷口1喷出，空气由吸入口3被煤气流吸入，因为煤气喷口的尺寸已定，煤气量加大时，煤气流速增大，吸入的空气量也按比例自动增加。空气调节阀2可以沿烧嘴轴线方向移动，用来改变空气吸入量，以便根据需要调节过剩空气量。煤气与空气在混合管4内进行混合，然后进入一段扩张管5，它的作用是使混合气体的静压加大，以便提高喷射效率。混合气体由扩张管出来进入喷头6，喷头是收缩形，以保持较大的喷出速度，防止回火现象。最后混合气体被喷入燃烧坑道7，坑道的耐火材料壁面保持很高的温度，混合气体在这里迅速被加热到着火温度而燃烧。

这类烧嘴视空气预热与否分为冷风和热风喷射式烧嘴两种。又可根据煤气发热量的高低分为低发热量及高发热量两种烧嘴。

喷射式无焰燃烧器在我国已标准化、系列化了，使用时只需根据燃烧能力选用即可。

最后应明确一点，任何型式的烧嘴都不是万能的，在选用时，必须根据炉子结构的特点、加热工艺的要求、燃料条件等综合考虑。

4.1.4.2 液体燃料的燃烧装置——烧嘴

加热炉用液体燃料主要是重油。从资源利用角度考虑，将重油烧掉是很大的浪费。我国目前烧重油的炉子不多，此处只简单介绍几种最常用的重油烧嘴。

重油的燃烧过程分为雾化、混合、加热着火、燃烧四个过程，其中雾化是关键。按雾化方法分为机械雾化及雾化剂雾化烧嘴。前者靠高速喷出的油与烧嘴的摩擦冲击等作用来雾化；后者用雾化剂与油的相对速度来雾化，它可分为蒸汽雾化及空气雾化两种，又可按雾化剂的压力分为低压油烧嘴及高压油烧嘴两类。

A 低压油烧嘴

这类烧嘴用空气做雾化剂，此处空气又是助燃气体，因此要求油量变化时，空气也要自动地按比例变化。由于空气量变化，空气喷出速度改变从而影响雾化质量，所以还要求空气喷出口的断面积是可以调节的，以保持空气喷出速度在较小范围内变化而不致恶化雾化质量。

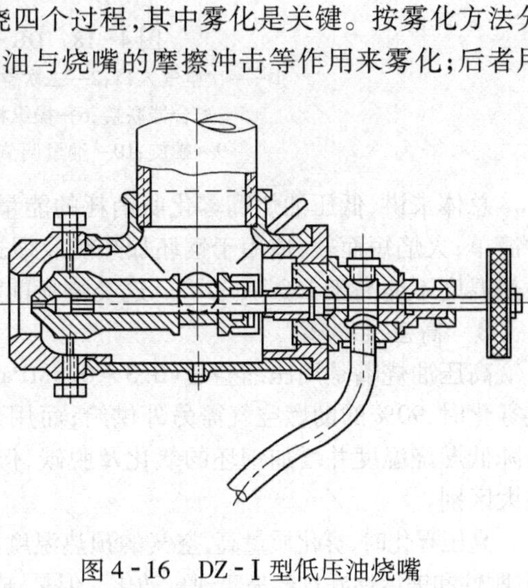

图4-16 DZ-Ⅰ型低压油烧嘴

图4-16所示为DZ-Ⅰ型(C型)低压油烧嘴。它的空气与油都以直流形式喷出而不旋

转。用针阀调节油量时，借助于偏心轮的作用使油管外套管前后移动改变空气喷出口截面以保持空气喷出速度不变。DX－Ⅰ型（K型）油烧嘴的特点是空气喷出口前装有涡流叶片，使空气旋转喷出并且与油股呈 75°～90°交角，这就使雾化质量有较大改善，其结构如图 4－17 所示。

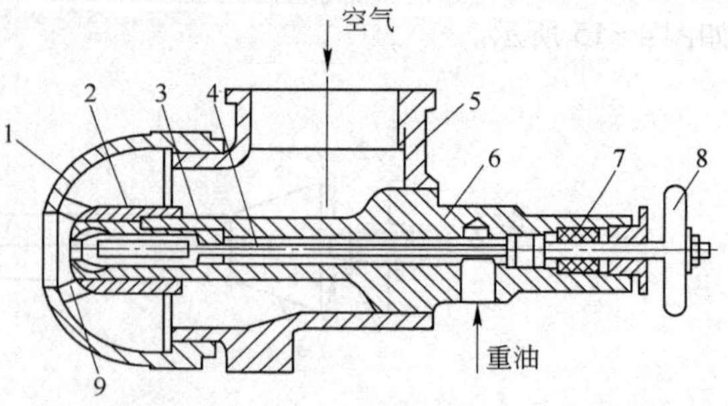

图 4－17　DX－Ⅰ低压油烧嘴

1—喷嘴帽；2—空气喷头；3—油分配器；4—针阀；5—外壳；6—喷油管；7—密封填料；8—针阀调节手轮；9—涡流叶片

还有一种 DB－Ⅰ型（R 型）低压油烧嘴。其结构如图 4－18 所示。它是一种能够自动保持油量与空气量比例的三级雾化重油烧嘴。空气分三级与重油流股相遇以加强雾化与混合。空气量的改变是靠改变二级及三级空气喷出口断面积来实现的。当转动操纵杆 6 时，可以使风嘴 1、2 前后移动。向后移动时，内层与外层风嘴之间和风嘴与油嘴旋塞 3 之间的出口截面积增加，这样增加二次空气与三次空气之间的流量，油量调节盘 10 与空气调节盘 11 是用螺旋 9 连接的，当转动手柄 8 时，旋塞 3 上油槽的可通面积改变，油量也随之改变，与此同时风嘴也前后移动，达到改变风量之目的。

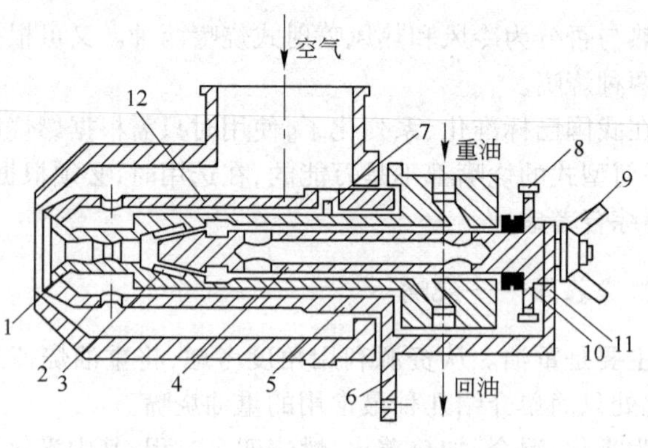

图 4－18　DB－Ⅰ型比例调节油烧嘴

1—一次空气入口；2—二次空气入口；3—油嘴旋塞；4—回油通路；5—离合器联接；6—操纵杆；7—导向销；8—油量调节手柄；9—螺旋；10—油量调节盘；11—空气调节盘；12—风嘴

总体来讲，低压油烧嘴雾化所消耗的能量小、费用低；燃烧易调节，雾化效果较好；噪声小；维护简单；火焰短而软，适用于钢坯加热炉及锻造炉。但是其外形尺寸较大、燃烧能力比较低，空气预热温度不能高于 250～300℃。这类烧嘴前油压约为 0.05～0.1MPa；空气压力为 3～7kPa。

B　高压油烧嘴

高压油烧嘴是用压缩空气（0.3～0.8MPa）和高压蒸汽（0.2～1.2MPa）作雾化剂。用压缩空气雾化时，90% 的助燃空气需另外供给；而用蒸汽雾化时，则全部空气由鼓风机供给。蒸汽雾化会降低燃烧温度并增加钢坯的氧化及脱碳，但成本比压缩空气雾化低些。从结构上讲两者没有多大区别。

高压雾化时，雾化质量高，空气的预热温度不受限制，设备结构紧凑，燃烧能力强，火焰的方向性强，刚性和铺展性好且容易实现自动化。但是，成本高，噪声大，目前不如低压油烧嘴使用普遍。

高压油烧嘴有GZP型、GW-Ⅰ型及带拉瓦尔管的两级雾化高压油烧嘴等型式。GW-Ⅰ型外混式高压油烧嘴如图4-19所示，高压雾化剂通过出口通道的导向涡流叶片，产生强烈的旋转气流，再利用雾化剂和油的压力差引起的速度差进行雾化，雾化质量较好。外混式油烧嘴的雾化剂与重油是在离开烧嘴后才开始接触，混合的条件较差，为此可使用内混式高压油烧嘴。

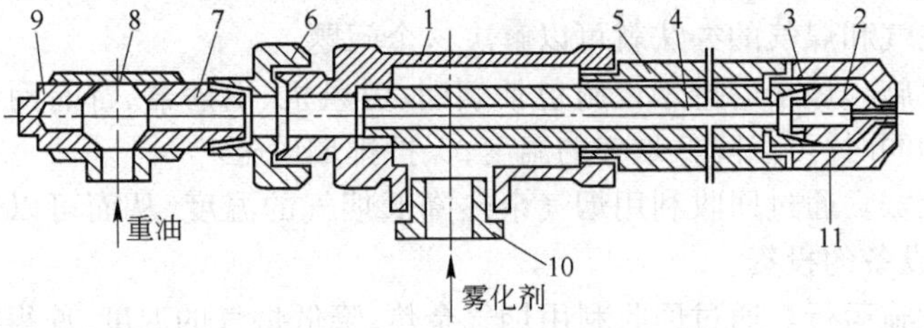

图4-19 GW-Ⅰ型高压雾化油烧嘴

1—喷嘴体；2—喷油嘴；3—喷嘴盖；4—喷嘴内管；5—喷嘴外管；6—管接头；7—螺纹接套；8—三通；9—塞头；10—衬套；11—导向涡流叶片

GN-Ⅰ型内混式高压油烧嘴如图4-20所示。内混式油烧嘴的特点是油喷口位于雾化剂管内部，并有一段混合管。雾化剂提前并在一段距离内和重油流股相遇，改善了雾化质量，油颗粒在气流中的分布更均匀，所以火焰比外混式烧嘴的火焰短。此外，由于油管喷口处在雾化剂管的里面，可以防止由于炉膛辐射热的影响，使重油在喷口处裂化而结焦堵塞。

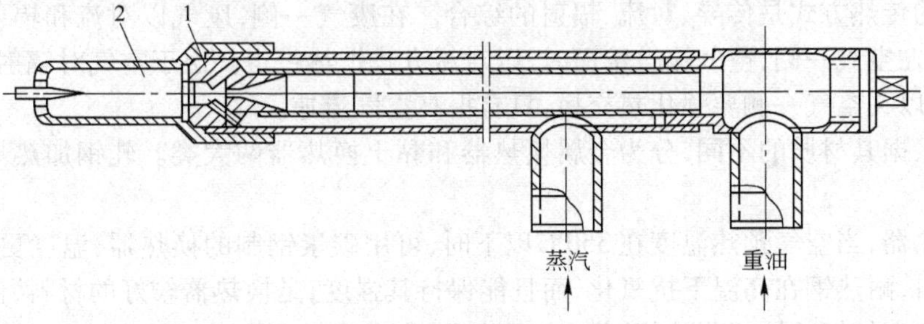

图4-20 GN-Ⅰ型高压油烧嘴

1—喷头；2—混合管

C 机械雾化油烧嘴

机械雾化油烧嘴的特点是不用雾化剂。有一种是利用高压的重油通过小孔喷出，因为油的喷出速度很高，并产生高速旋转，由于离心力的作用而雾化。这种油烧嘴因为流速决定于油压，也叫油压式油烧嘴。还有一种是靠高速旋转的杯把重油甩出去，也是由于离心力的作用而雾化，叫转杯式油烧嘴。

机械雾化油烧嘴的优点是：不需要雾化剂，动力消耗少；设备简单；操作方便；预热温度不受限制；没有噪声。其缺点是：雾化颗粒直径比高压或低压油烧嘴都大；燃烧能力小的烧嘴由于出口孔径小，容易堵塞，在加热炉上应用不及低压或高压油烧嘴广泛。

4.1.5 余热利用设备

由加热炉排出的废气温度很高，带走了大量余热，使炉子的热效率降低，为了提高热效率，节约能源，应最大限度地利用废气余热。余热利用的意义是：

（1）节约燃料。排出废气的能量如果用来预热空气（煤气），由空气（煤气）再将这部分热量带回炉膛，这样就达到了节约燃料的目的。

（2）提高理论燃烧温度。对于轧钢加热炉来说，高温段炉温一般在1250～1350℃左右，如果使用的燃料发热量低，那就不可能达到那样高的温度，或者需要很长的时间才能使炉子的温度升起来。而采取预热空气和煤气的办法就可以解决这个问题。

（3）保护排烟设施。炉子的排烟设施包括烟囱、引风机、引射器，都有耐受温度的极限。在回收利用烟气余热的同时，可以降低烟气的温度，保护排烟设施。

（4）减少设备投资。通过回收利用烟气余热降低烟气的温度，从而可以采用耐高温等级较低的排烟设施，减少设备的投资。

（5）保障环保设施运行。通过回收利用烟气余热，降低烟气的温度，使得净化烟气的环保设施可以运行。

目前余热利用主要有两个途径：

（1）利用废气余热来预热空气或煤气，采用的设备是换热器或蓄热室。

（2）利用废气余热产生蒸汽，采用的设备是余热锅炉。

换热器加热空气或煤气，能直接影响炉子的热效率和节能工作，当预热空气或煤气温度达300～500℃时，一般可节约燃料10%～20%，提高理论燃烧温度达200～300℃。

4.1.5.1 换热器

换热器的传热方式是传导、对流、辐射的综合。在废气一侧，废气以对流和辐射两种方式把热传给器壁；在空气一侧，空气流过壁面时，以对流方式把热带走。由于空气对辐射热是透热体，不能吸收，所以在空气一侧要强化热交换，只有提高空气流速。

换热器根据其材质的不同，分为金属换热器和黏土换热器两大类。轧钢加热炉一般都采用金属换热器。

金属换热器，当空气预热温度在350℃以下时，可用碳素钢制的换热器，温度更高时，要用铸铁和其他材料，耐热钢在高温下抗氧化，而且能保持其强度，是换热器较好的材料，但耐热钢价格高。渗铝钢也有较好的抗氧化性能，价格比耐热钢低。

金属换热器根据其结构分为：管状换热器、针状和片状换热器、辐射换热器等。

A 管状换热器

管状换热器的形式也很多，图4－21是其中一种。

换热器由若干根管子组成，管径变化范围由10～15mm至120～150mm。一般安装在烟道内，可以垂直安放，也可以水平安放。空气（或煤气）在管内流动，废气在管外流动，偶尔也有相反的情况。空气经过冷风箱均匀进入换热器的管子，经过几次往复的行程被加热，最后经热风箱送出。为避免管子受热弯曲，每根管子不要太长。当废气温度在700～750℃以下时，可将空气预热到300℃以下，如温度太高，管子容易变形，焊缝开裂。

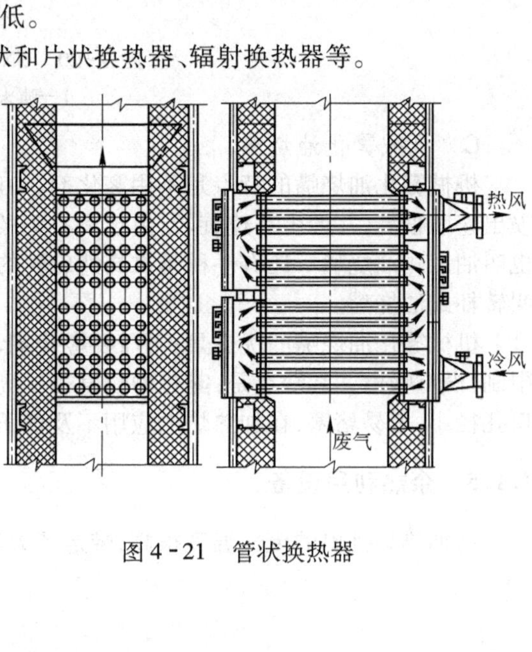

图4－21 管状换热器

这种换热器优点是构造简单，气密性较好，不仅可预热空气，也可用来预热煤气。缺点是预热温度较低，用普通钢管时容易变形漏气，寿命较短。

B　针状换热器和片状换热器

这两种换热器十分相似，都是管状换热器的一种发展。即在扁形的铸管外面和内面铸有许多凸起的针或翅片，这样在体积基本不增加的情况下，热交换面积增大，因此传热效率提高。其单管的构造分别见图4-22和图4-23所示。

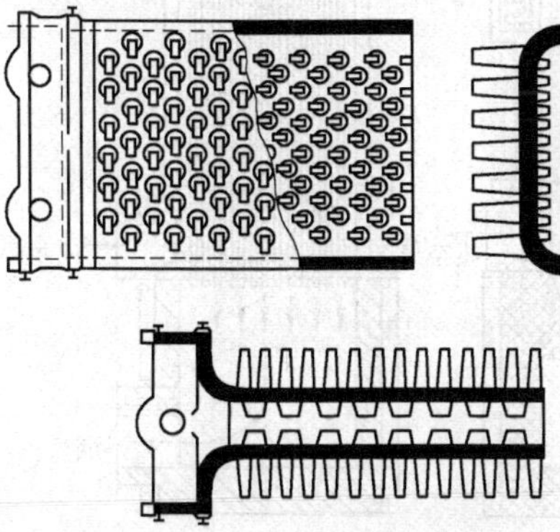

图4-22　针状换热器

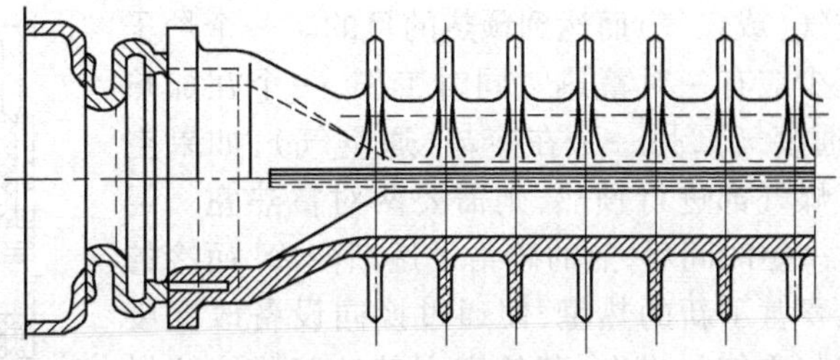

图4-23　片状换热器

换热器元件是一些铸铁或耐热铸铁的管子，空气由管内通过，废气从管外穿过，如烟气含尘量很大，管外侧没有针与翅片。整个换热器是用若干单管并联或串联起来，用法兰连接，所以气密性不好，故不能用来预热煤气。

不采用针或翅片来提高传热效率，而采取在管状换热器中插入不同形状的插入件，也是利用同一原理强化对流传热过程。常见的插入件有一字形板片、十字形板片、螺旋板片、麻花形薄带等。由于管内增加了插入件，增加了气体流速，产生的紊流有助于破坏管壁的层流底层，从而使对流给热系数增大，综合给热系数比光滑管提高约25%～50%。这种办法的缺点是阻力加大，材质要使用薄壁耐热钢管，价格较高。

C　辐射换热器

当烟气温度超过900～1000℃时，辐射能力增强。由于辐射给热和射线行程有关，所以辐射换热器烟气通道直径很大。其管壁向空气传热，仍靠对流方式，流速起决定性作用，所以空气通道较窄，使空气有较大流速（20～30m/s），而烟气流速只有0.5～2m/s。

辐射换热器构造比较简单（图4-24）。它装在垂直或水平的烟道内，因为烟气的通道大，阻力小，所以适合于含尘量大的高温烟气。烟气温度在1300℃，可把空气预热到600～800℃。适用于含尘量较大，出炉烟气温度较高的炉子。

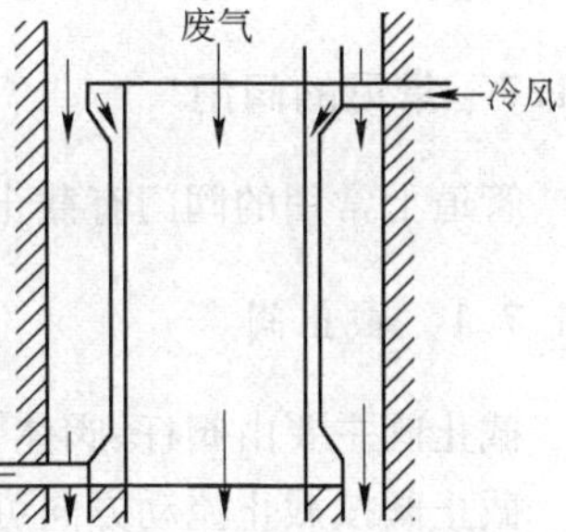

图4-24　辐射换热器示意图

辐射换热器适用于高温烟气，经过它出来的烟气温度往往还很高，因此可以进一步利用，方法之一是烟气再进入对流式换热器，组成辐射对流换热器，如图4-25所示。

为了保证金属换热器不致因温度过高或停风而烧坏，一般安装换热器时都设有支烟道，以便调节废气量。废气温度过高时，还可以采用吸入冷风，降低废气温度的办法，或放散换热器热风等措施，以免换热器壁温度过高。

4.1.5.2　蓄热室

蓄热室的主要部分是用异型耐火砖砌成的砖格子，根据需要砖格子有各种砌法，炉内排出的废气先自上而下通过砖格子把砖加热（蓄热），经过一段时间后，利用换向设备关闭废气通路，使冷空气（或煤气）由相反的方向自下而上通过砖格子，砖把积蓄的热传给冷空气（或煤气）而达到预热的目的。一个炉子至少应有一对蓄热室同时工作，一个在加热（通废气），另一个在冷却（通空气），如果空气煤气都进行预热，则需要两对蓄热室。经过一定时间后，热的砖格子逐渐变冷，而冷的已积蓄了新的热量，便通过换向设备改变废气与空气的走向，蓄热室交替地工作。这样一个循环称为一个周期。蓄热室的加热与冷却过程都属于不稳定态传导传热。

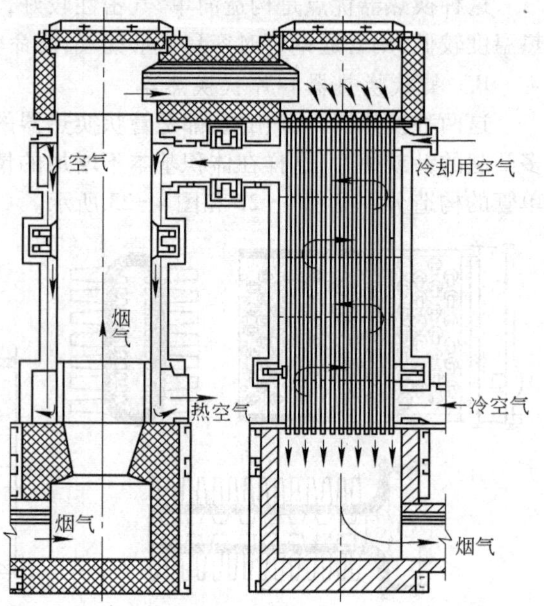

图 4-25　辐射对流换热器

近几年来，国际最新燃烧技术——蓄热式燃烧技术就是应用了蓄热室的工作原理，不过蓄热体不是耐火砖砌成的砖格子，而是陶瓷小球或蜂窝状陶瓷蓄热体。

4.1.6　炉门、出渣门和观察孔

为了满足工艺上的需要，在炉墙上常留有若干观察孔和炉门以及出渣门。它们的大小以及形状取决于操作上是否便利。但从热效率这一点来讲，炉门和观察孔以及出渣门应尽量地减少。这是因为高温炉气很容易通过此类炉门逸出而造成热损失。另外，炉子外部的空气也很容易通过此类炉门被吸入而影响炉温。总之，在保证生产正常进行的前提下应尽可能减少炉门开启次数。

4.1.7　常见的阀门

管道上常用的阀门有截止阀、闸阀、止回阀、球阀、旋塞阀、蝶阀、盲板阀等。

4.1.7.1　截止阀

截止阀主要由阀杆、阀体、阀心和阀座等零件组成。如图 4-26 所示。

截止阀按截止流动方向可分为标准式、流线式、直流式和角式等数种，如图 4-27 所示。

截止阀阀心与阀座之间的密封面形式通常有平形和锥形两种。平形密封面启闭时擦伤少，容易研磨，但起闭力大，多用在大口径阀门中；锥型密封面结构紧密，启闭力小，但启闭时容易擦伤。研磨需要专门工具，多用在小口径阀门中。

安装截止阀时，必须使介质由下向上流过阀心与阀座之间的间隙，如图 4-26 所示，以减少阻力，便于开启。并且要在阀门开闭后，填料和阀杆不与介质接触，不受压力和温度的影响，防止汽、水侵蚀而损坏。

截止阀的优点是：结构简单，密封性能好，制造和维护方便，广泛用于截断流体和调节流量的

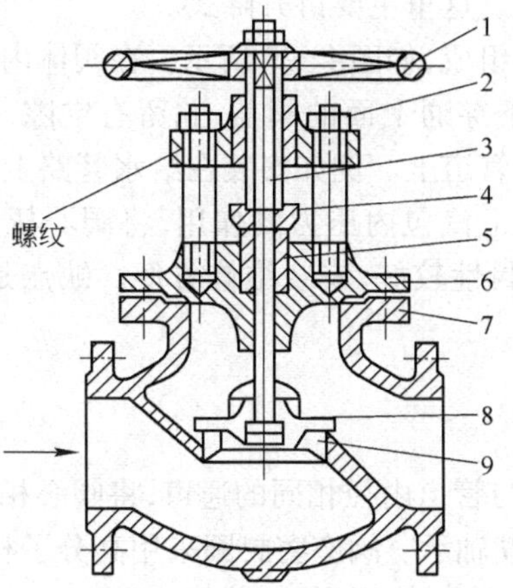

图 4-26　截止阀

1—手轮;2—阀杆螺母;3—阀杆;4—填料压盖;
5—填料;6—阀盖;7—阀体;8—阀心;9—阀座

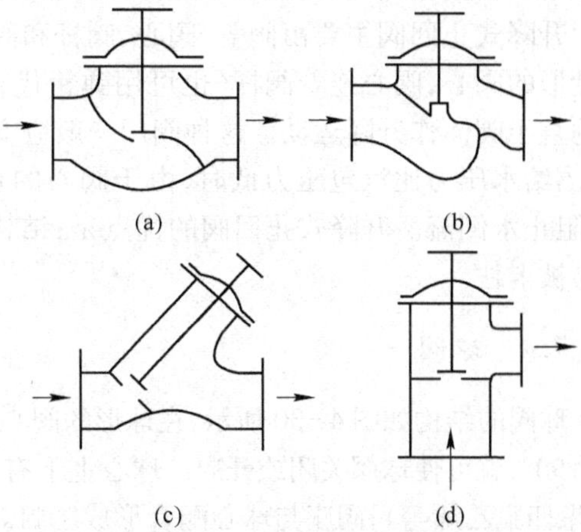

图 4-27　截止阀通道形式

(a) 标准式;(b) 流线式;(c) 直流式;(d) 角式

场合。缺点是:流体阻力大,阀体较长,占地较大。

4.1.7.2　闸阀

闸阀主要由手轮、压盖、阀杆、闸板、阀体等零件组成。

闸阀按闸板形式可分为楔式和平行式两类。楔式大多制成单闸板,两侧密封面成楔形。平行式大多制成双闸板,两侧密封面是平行的。如图 4-28 所示为楔式单闸板闸阀,闸板在阀体内的位置与介质流动方向垂直,闸板升降即是阀门启闭。

闸阀多用在供汽和排污管道上。但它仅可用于截断汽、水通路(阀门全开或全闭),而不宜用作调节流量(阀门部分开闭)。否则容易使闸板下半部(未提起部分)长期受介质磨损与腐蚀,以致在关闭后接触面不严密而泄漏。

闸阀的优点是:介质通过阀门为直线运动,阻力小,流势平稳,阀体较短,安装紧凑。缺点是:在阀门关闭后,闸板一面受力较大容易磨损,而另一面不受力,故开启和关闭需用较大的力量。为此,常在高压或大型闸阀的一侧加装旁通管路和旁通阀,在开启主阀门前,先开启旁通阀,既起预热作用,又可减少主阀门闸板两侧的压力差,使开启阀门省力。

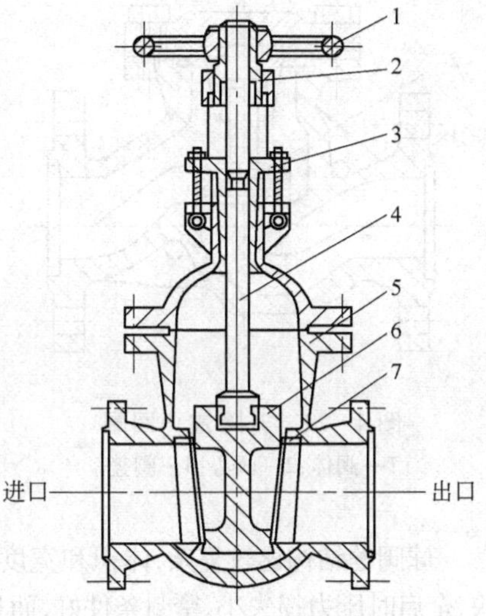

图 4-28　楔式单闸板闸阀

1—手轮;2—阀杆螺母;3—压盖;4—阀杆;
5—阀体;6—阀板;7—密封面

4.1.7.3　止回阀

止回阀又称逆止阀或单向阀,是依靠阀前、阀后流体的压力差而自动启闭,以防介质倒流的一种阀门。止回阀阀体上标有箭头,安装时必须使箭头的指示方向与介质流动方向一致。

给水止回阀按阀心的动作分为升降式和摆动式两种。这里主要讲升降式。

升降式止回阀主要由阀盖、阀心、阀杆和阀体等零件组成,如图 4-29 所示。在阀体内有一个圆盘形的阀心,阀心连着阀杆(也可用弹簧代替),阀杆不穿通上面的阀盖,并留有空隙,使阀心能垂直于阀体作升降运动。这种阀门一般应安装在水平管道上。例如安装在给水管路上的止回阀,当给水压力比汽包压力低时,由于阀心的自重,再加上汽包内压力的作用,将阀心压在阀座上,阻止水倒流。升降式止回阀的优点是:结构简单,密封性较好,安装维修方便。缺点是:阀心容易被卡住。

4.1.7.4 球阀

球阀的结构如图 4-30 所示,在球形的阀心上有一个与管道内径相同的通道,将阀心相对阀体转动 90°,就可使球阀关闭或开启。球心上下有阀杆和滑动轴承。阀座密封圈采用高分子材料(尼龙、聚四氟乙烯等),阀座与球心配合形成密封。阀体与球心为铸铁结构。球阀按阀心的安装方式分为浮动式与固定式,浮动结构的密封座固定在阀体上,球心可自由向左右两侧移动,这种结构一般用于小口径球阀。关闭时,在介质压力作用下,球心向低压侧移动,并与这一侧的阀座形成密封。这种结构属于单面自动密封,开启力矩大。固定结构与浮动结构相反,它把阀心通过上下阀杆和径向轴承固定在阀体上,而令阀座和密封圈在管道和阀体腔的压差作用下(或采用外加压力的方式),紧压在球体密封面上。它可以实现球体两侧的强制密封。固定结构动作时,球体上的介质压力由上下轴承承受,外加密封压力还可暂时卸去,因此启动力矩小,适用于高压大口径球阀。

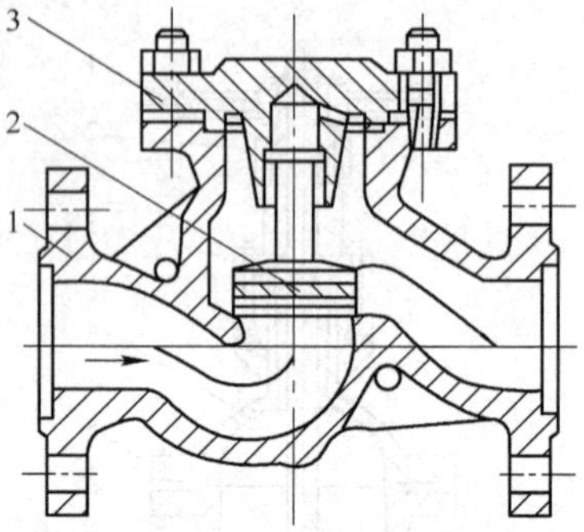

图 4-29　升降式止回阀

1—阀体;2—阀心;3—阀盖

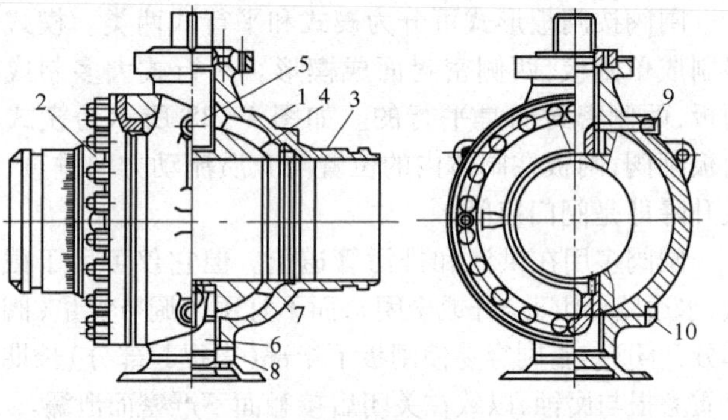

图 4-30　球阀结构示意图

1—阀体;2—阀体盖;3—短节;4—阀心;5—上阀杆;6—下阀杆;7—阀座与密封圈;8—轴承;9、10—密封油注入口

球阀的结构比较复杂,体积和宽度较大,但高度较低;球阀的动作力矩大,动作时间短,开关速度快,全启时压力损失小,密封条件好,而且近年来结构上有很大发展,已经适于制成高压大口径产品。

球阀的驱动方式有电动、气动、电液联动和气液联动等类型,这些驱动装置上往往同时配有手动机构,以备基本驱动机构失灵时使用。

4.1.7.5 旋塞阀

旋塞阀广泛用于小管径的燃气管道,动作灵活,阀杆旋转 90°即可达到完全启闭的要求,可用于关断管道,也可以调节燃气量。无填料旋塞是利用阀心尾部螺栓的作用,使阀心与阀体紧密接触,不致漏气。这种旋塞只允许用于低压管道上。

填料旋塞阀是利用填料填塞阀体与阀心之间的间隙而避免漏气。这种旋塞可以用在中压管道上。

油密封旋塞阀的结构如图4-31所示,油密封保证阀心的严密性,提高抗腐蚀能力,减小密封面的磨损,并使阀心转动灵活。润滑油充满在阀心尾部的小沟内,当拧紧螺母时,润滑油压入阀心上特制的小槽内,并均匀地润滑全部密封表面。这种旋塞阀可以使用在压力较高的燃气管道上,并且有启闭灵活、密封可靠的特点。

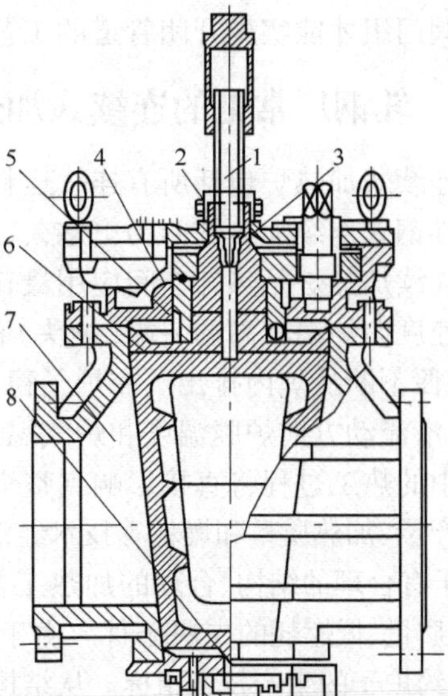

图4-31　油封旋塞阀结构图

1—送油装置;2—指针;3—单向阀;4—O形密封;5—轴承;6—阀塞;7—阀体;8—阀塞调整

4.1.7.6　蝶阀

蝶阀的操作元件是一个垂直于管道中心线的、能够旋转的圆板,通过调整该圆板与管道中心线的夹角,就能控制阀门的开度。蝶阀按驱动方式可以分为手动蝶阀、电动蝶阀与气动蝶阀三种,其中气动蝶阀的结构如图4-32所示。蝶阀可以单独操作,也可以集中控制,有体积小、质量小、结构简单、容易拆装和维护、开关迅速、操作扭矩小的优点。对于干净的气体,蝶阀基本上也可以做到完全密封,但密封性能不如球阀、平板阀和旋塞阀,因而大多数蝶阀用于流体流量的调节。

4.1.7.7　盲板阀

盲板阀也称为眼镜阀,主要用于大直径燃气管道的切断操作,用来实现燃气管道的切断、隔离、调配等功能。盲板阀的阀板与管道中心线垂直,并且垂直于管道中心线动作。盲板阀的阀板通常做成扇形,其上有一个盲孔和一个通孔。当阀板围绕扇形中心旋转时,盲孔置于管道内就将管道切断,通孔置于管道内就将管道接通。

盲板阀按驱动方式可以分为手动、电动、液压和气动几种方式,按安装方式可以分为正装和倒装两种方式。图4-33示出了正装的液压盲板阀的结构图。

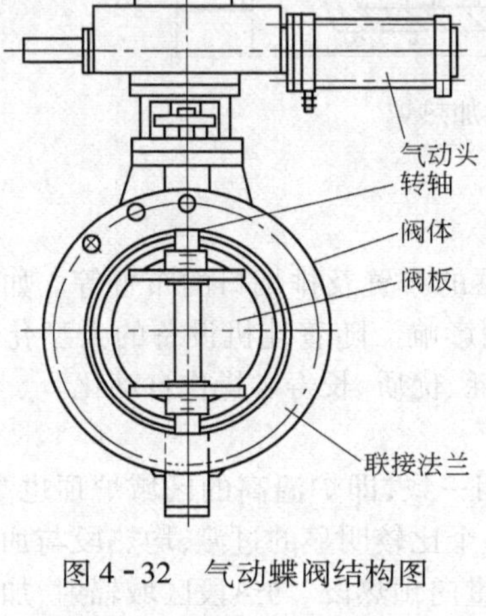

图4-32　气动蝶阀结构图

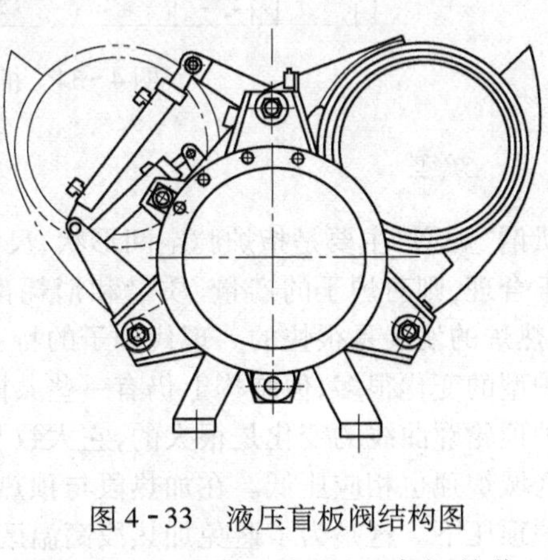

图4-33　液压盲板阀结构图

值得指出的是,盲板阀的开闭必须有三个动作才能完成,即:夹持环松开—盲板就位—夹持环夹紧。在大口径管道上使用的盲板阀,通常还需要与其他阀门、放散装置等相配合使用,共同组成阀门组才能实现开闭管道的工艺目的。

4.2　轧钢厂常见的连续式加热炉

连续式加热炉包括所有连续运料的加热炉,如推钢式炉、步进式炉、链带式、辊底炉、环形炉等。推钢式连续加热炉的历史悠久,应用广泛,也是最典型的连续炉。

连续加热炉是热轧车间应用最普遍的炉子。钢坯不断由炉温较低的一端(炉尾)装入,以一定的速度向炉温较高的一端(炉头)移动,在炉内与炉气反向而行,当被加热钢坯达到所要求温度时,便不断从炉内排出。在炉子稳定工作的条件下,一般炉气沿着炉膛长度方向由炉头向炉尾流动,沿流动方向炉膛温度和炉气温度逐渐降低,但炉内各点的温度基本上不随时间而变化。加热炉中的热工过程将直接影响到整个热加工生产过程,直至影响到产品的质量,所以对连续加热炉的产量、加热质量和燃耗等技术经济指标都有一定的要求,为了实现炉子的技术经济指标,就要求炉子有合理的结构、合理的加热工艺和合理的操作制度。尤其是炉子结构,它是保证炉子高产量、优质量、低燃耗的先决条件。由于炉子结构缺陷,造成炉子先天不足,会直接影响炉子热工过程、制约炉子的生产技术指标。从结构、热工制度等方面看,连续加热炉可按下列特征进行分类。

按温度制度可分为:两段式、三段式和强化加热式。

按所用燃料种类可分为:使用固体燃料的、使用重油的、使用气体燃料的、使用混合燃料的。

按空气和煤气的预热方式可分为:换热式的、蓄热式的、不预热的。

按出料方式可分为:端出料的和侧出料的。

按钢料在炉内运动的方式可分为:推钢式连续加热炉、步进式炉和辊底炉等。

除此之外,还可以按其他特征进行分类,总体说来,加热制度是确定炉子结构、供热方式及布置的主要依据。

4.2.1　推钢式连续加热炉

如图4-34所示为一座推钢式三段连续加热炉。

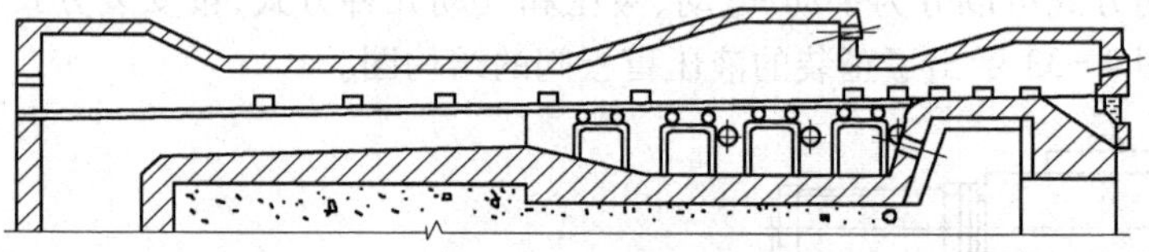

图4-34　推钢式三段连续加热炉

4.2.1.1　炉型

所谓"炉型"主要是指炉膛空间形状、尺寸以及燃烧器的布置及排烟口的布置等。如果炉型结构不合理,则对炉子的产量、质量和消耗都会造成不利影响。随着轧机设备的大型化和自动化,加热炉的发展是很快的。现代炉子的特点是高产、低耗、优质、长寿和操作自动化。

炉型的变化很多,但结构上仍有一些共同的基本点。

炉顶轮廓曲线的变化是很大的,它大致与炉温曲线相一致,即炉温高的区域炉顶也高,炉温低的区域炉顶也相应压低。在加热段与预热段之间,有一个比较明显的过渡,均热段与加热段之间将炉顶压下。这是为了避免加热段高温区域有许多热量向预热段、均热段区域辐射,加热段是主要燃烧区间,空间较大,有利于辐射换热,预热段是余热利用的区域,压低炉顶缩小炉膛空间,有利于强化对流给热。

在加热高合金钢和易脱碳钢时,预热段温度不允许太高,加热段不能太长,而预热段比一般情况下要长一些,才不致在钢内产生危险的温度应力。为了降低预热段的温度并延长预热段的长度,采用了在炉子中间加中间烟道的办法,如图4-35所示,以便从加热段后面引出一部分高温炉气。有的炉子还采用加中间扼流隔墙的措施,也是为了达到同样的目的。

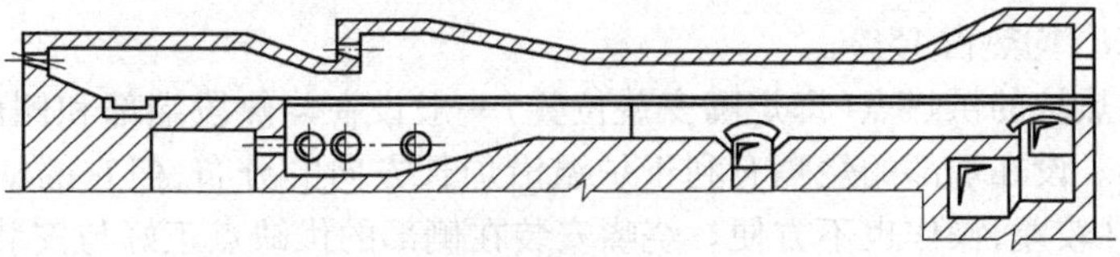

图4-35 带中间烟道的三段式连续加热炉

在炉子的均热段和加热段之间将炉顶压下,是为了使端墙具有一定高度,以便于安装烧嘴。因此如果全部采用炉顶烧嘴及侧烧嘴,也可以使炉子结构更加简化,即炉顶完全是平的,上下加热都用安装在平顶和侧墙上的平焰烧嘴。炉温制度可以调节烧嘴的供热来实现,根据供热的多寡可以相当严格地控制各段的温度分布。例如产量低时,可以关闭部分烧嘴,缩短加热段的长度。这种炉型如图4-36所示。

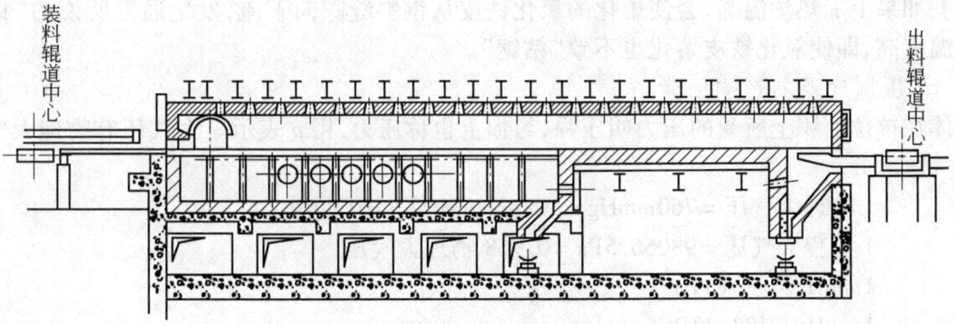

图4-36 平顶式连续加热炉

多数推钢式连续加热炉炉尾烟道是垂直向下的,这是为了让烟气在预热段能紧贴钢坯的表面流过,有利于对流给热。由于烟气的惯性作用,经常会从装料门喷出炉外,出现冒黑烟或冒火现象,造成炉尾操作环境恶劣,污染车间环境,并容易使炉后设备受热变形。为了改变这种状况,采取炉尾部的炉顶上翘并展宽该处炉墙的办法,其目的是使气流速度降低,部分动压头转变为静压头,也使垂直烟道的截面加大,便于烟气向下流动,从而减少了烟气的外逸。

4.2.1.2 炉子热工制度

连续加热炉的热工制度,包括炉子的温度制度、供热制度和炉压制度。它们之间互相联系又互相制约。其中,主要是温度制度,它是实现加热工艺要求的保证;是制订供热制度与炉压制度的依据;也是炉子进行操作与控制最直观的参数。炉型或炉膛形状曲线是实现既定热工制度的重要条件。

A 温度制度

三段式温度制度分为预热段、加热段和均热段。

坯料由炉尾推入后,先进入预热段缓慢升温,出炉废气温度一般保持在850~950℃,然后坯料被推入加热段强化加热,表面迅速升温到出炉所要求的温度,并允许坯料内外有较大的温差,最后,坯料进入温度较低的均热段进行均热,其表面温度不再升高,而是使断面上的温度逐渐趋于均匀。均热段的温度一般比坯料的出炉温度约高50℃。

B　供热制度

供热制度指在加热炉中的热量的分配制度。热量的分配既是设计中也是操作中的一个重要问题,目前三段式加热炉一般采用的是三点供热,即均热段、加热段的上下加热;或四点供热,即均热段上下加热,加热段的上下加热。合理的供热制度应该是强化下加热,下加热应占总热量的50%,上加热占35%,均热占15%。

三段式连续加热炉的供热点(即烧嘴安装位置)一般设在均热段端部和侧部,加热段上方和下方的端部和侧部。设在端部的烧嘴有利于炉温沿炉长方向的分布,但它的缺点是烧嘴安装比较复杂,且劳动条件较差,操作也不方便。烧嘴安装在侧部的优缺点正好与安装在端部相反。在连续式加热炉上设上、下烧嘴加热,有利于提高生产率,这是因为坯料受两面加热,其受热面积约增加一倍,这相当于减薄了近一半的坯料厚度,这样就缩短了对坯料的加热时间。另外两面加热还可消除坯料沿厚度方向的温度差,这对提高产品的质量无疑将是有利的,一般情况下,下加热烧嘴布置的数量应多于上加热烧嘴。这是因为:

(1) 燃料燃烧后的高温气体会自动上浮,这样可以使上、下加热温度均匀。

(2) 炉子下部有冷却水管,它要吸收一部分热量,这部分热量主要来自下加热。

(3) 坯料放在冷却水管上容易造成其断面的温度差即平时看到的黑印,这样会影响产品的质量。

(4) 如果上加热炉温高,会使熔化的氧化铁皮从钢料缝隙向下流,发生通常所说的"粘钢",若下部温度高,即使氧化铁皮熔化也不致"粘钢"。

C　炉压制度及其影响因素

气体在单位面积上所受的压力叫压强,习惯上也称压力,用 p 表示。大气压有物理大气压和工程大气压之分。

$$1\ 物理大气压 = 760\text{mmHg} = 10332\text{mmH}_2\text{O} = 101326\text{Pa}$$

$$1\ 工程大气压 = 98066.5\text{Pa} = 0.968\ 物理大气压$$

$$1\text{mmH}_2\text{O} = 9.81\text{Pa}$$

$$1\text{mmHg} = 133.32\text{Pa}$$

连续加热炉内炉压大小及其分布是组织火焰形状、调整温度场及控制炉内气氛的重要手段之一。它影响钢坯的加热速度和加热质量,也影响着燃料利用的好坏,特别是炉子出料处的炉膛压力尤为重要。

炉压沿炉长方向上的分布,随炉型、燃料方式及操作制度不同而异。一般连续式加热炉炉压沿炉长的分布是由前向后递增,总压差一般为20~40Pa,如图4-37所示。造成这种压力递增的原因,是由于烧嘴射入炉膛内流股的动压头转变为静压头所致。由于热气体的位差作用,炉内还存在着垂直方向的压差。如果炉膛内保持正压,炉气又充满炉膛,对传热有利,但炉气将由装料门和出料口等处逸出,不仅污染环境,并且造成热量的损失。反之,如果炉膛内为负压,冷空气将由炉门被吸入炉内,降低炉温,对传热不利,并增加了炉气中的氧含量,加剧了坯料的烧损。所以对炉

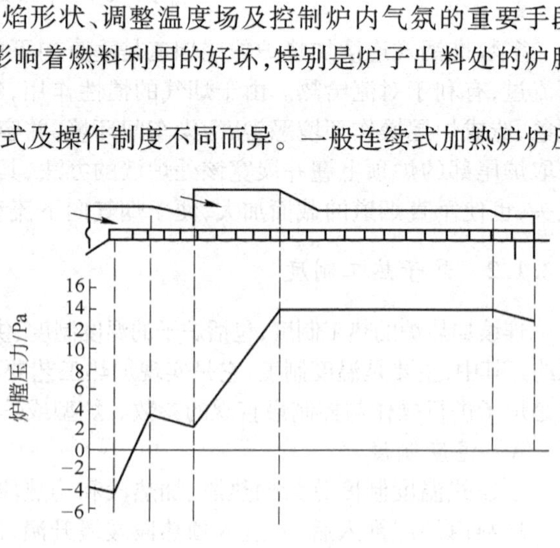

图4-37　连续加热炉炉膛压力曲线

压制度的基本要求是保持炉子出料端钢坯表面上的压力为零或微正压(这样炉气外逸和冷风吸入的危害可减到最低限度),同时炉内气流通畅,并力求炉尾处不冒火。一般在出料端炉顶处装设测压管,并以此处炉压为控制参数,调节烟道闸门。

炉压主要反映燃料和助燃空气输入与废气排出之间的关系。燃料和空气由烧嘴喷入,而废气由烟囱排出,若排出少于输入时炉压就要增加,反之炉压就要减小。影响炉压的因素如下:

一是烟囱的抽力,烟囱的抽力是由于冷热气体的密度不同而产生的。抽力的计量单位用 Pa 表示,烟囱抽力的大小与烟囱的高度以及烟囱内废气与烟囱外空气密度差有直接关系。烟囱高度确定后,其抽力大小主要取决于烟囱内废气温度的高低,废气温度高则抽力大,反之则抽力小。要使烟囱抽力增加,在操作上应该减少或消除烟道的漏气部分,保持烟道的严密性,如果不严密,外部冷空气吸入,不仅会使废气温度降低,而且会增加废气的体积,从而影响抽力。

烟道应具有较好的防水层,烟道内应保持无水,水漏入不但直接影响废气温度,而且烟道积水会使废气的流通断面减小,使烟囱的抽力减小。

二是烟道阻力,它与吸力方向相反。在加热炉中废气流动受到两种阻力,摩擦阻力和局部阻力,摩擦阻力是废气在流动时受到砌体内壁的摩擦而产生的一种阻力,该阻力的大小与砌体内壁的光滑程度、砌体断面积大小、砌体的长度和气体的流动速度等有关。局部阻力是废气在流动时因断面突然扩大或缩小等而受到的一种阻碍流动的力。

炉膛内压力的调节手段,一是靠烧嘴的射流,射流的动量越大,炉压越大。炉顶烧嘴轴向的动量很小,向下递增的压力分布又恰好抵消了热气体造成的垂直方向的压差,这种炉子沿炉长的压力分布很均匀。炉压调节的另一手段是依靠烟道闸板,降低闸板时增加烟气在烟道内的阻力,炉内压力将升高,提起闸板时烟道阻力减小,抽力增大,炉内负压增加。由于炉子热负荷在不断变动,废气量也在相应地变化。要保持炉内压力稳定,就要及时调整烟道闸板。但在没有实现炉膛压力自动调节的炉子上,不能及时以压力为控制参数调整烟道闸门。炉压的波动也影响火焰的组织,抽力增大时,火焰被拉向炉尾,使加热段无异于增长;反之,炉尾温度则较低。所以炉压的波动造成炉内温度分布的波动,不能保证炉温制度的稳定。

4.2.1.3 装出料方式

连续加热炉装料与出料方式有:端进端出、端进侧出和侧进侧出几种,其中主要是前两种,侧进侧出的炉子较少见。

一般加热炉都是端进料,坯料的入炉和推移都是靠推送机构进行的。炉内坯料有单排放置的,也有双排放置的,要根据坯料的长度、生产能力和炉子长度来确定。

推钢式加热炉的长度受到推钢比的限制。所谓推钢比,是指坯料推移长度与坯料厚度之比。推钢比太大,会发生拱钢事故,如图 4-38 所示。其次,炉子太长,推钢的压力大,高温下容易发生粘连现象。所以炉子的有效长度要根据允许推钢比来确定,一般原料条件时方坯的允许推钢比可取 200 ~ 250,板坯取 250 ~ 300。如果超过这个比值,就采用双排料或两座炉子。但如果坯料平直,圆角不大,摆放整齐,炉底清理及时,推钢比也可以突破这个数值。

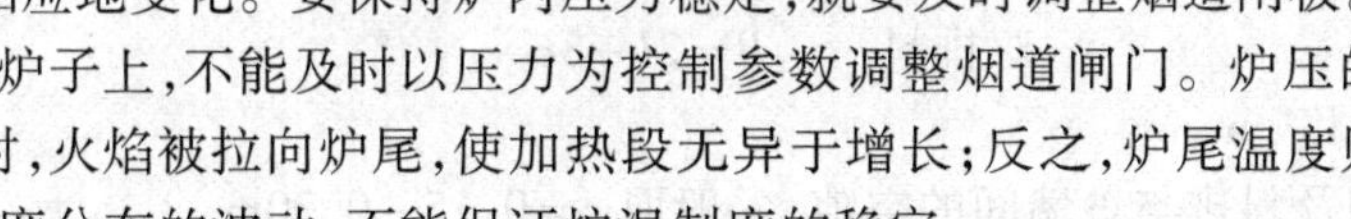

图 4-38 拱钢事故

出料的方式分侧出料与端出料两种,两者各有利弊。端出料的优点是:(1)由炉尾推钢机直接推送出料,不需要单独设出钢机,侧出料需要有出钢机;(2)双排料只能用端出料;(3)轧制车间往往有几座加热炉,采用端出料方式,几个炉子可以共用一个辊道,占用车间面积小,操作也比较方便。但端出料的缺点是出料门位置很低,一般均在炉子零压面以下,出料门宽度几乎等于炉宽,从这里吸到炉内大量冷空气。冷空气密度大,贴近钢坯表面对温度的影响大,并且增加钢坯的烧损,烧损量的增加又使实炉底上氧化铁皮增多,给操作带来困难。

为了克服端出料门吸入冷空气这一缺点,在出料口采取了一些封闭措施。常见的有:(1)在出料口安装自动控制的炉门,开闭由机械传动,不出料时炉门是封闭的,出料时自动随推钢机一同联动而开启;(2)在均热段安装反向烧嘴,即在加热段与均热段间的端墙或侧墙上,安装向炉前倾斜的烧嘴,喷入煤气或重油形成不完全燃烧的火幕,一方面增加出料口附近的压力,另一方面漏入的冷空气可以参加燃烧;(3)加大炉头端烧嘴向下的倾角,同时压低均热段与加热段的炉顶,利用烧嘴的射流驱散坯料表面低温的气体,均热段气体进入加热段时阻力加大,均热段内的炉压增加,对减少冷风吸入有一定作用;(4)在出料口挂满可以自由摆动的窄钢带或钢链,可以减少冷空气的吸入,并对向外的辐射散热起屏蔽作用。

4.2.1.4 炉型尺寸的确定

连续加热炉的基本尺寸包括炉子的长度、宽度和高度。它们是根据炉子的生产能力、钢坯尺寸、加热时间和加热制度等确定的。加热炉的尺寸没有严格的计算方法与公式,一般是计算并参照经验数据来确定。

A 炉宽

炉宽根据钢坯长度确定　　单排料　　$B = l + 2c$

　　　　　　　　　　　　双排料　　$B = 2l + 3c$

式中 l——钢坯长度,m;

c——料排间及料排与炉墙间的空隙,一般取 $c = 0.15 \sim 0.30$m。

B 炉长

炉子的长度分为全长和有效长度两个概念,如图4-39所示。有效长度是钢坯在炉膛内所占的长度,而全长还包括了从出钢口到端墙的一段距离。炉子有效长度是根据总加热能力计算出来的,公式为

$$L_{效} = Gb\tau / ng$$

式中 G——炉子的生产能力,kg/h;

b——每根钢坯的宽度,m;

τ——加热时间,h;

n——坯料的排数;

g——每根钢坯的重量,kg。

炉子全长等于有效长度加上出料口到端墙的距离 A,侧出料的炉子只要考虑能设置出料口即可,A 值大约在 1 ~ 3m。

炉子有效长度确定后,还必须用炉子允许的最大推钢长度予以校核。炉子推钢长度等于有效长度加上炉尾至推钢机推头退到最后位置之间的距离。最大推钢长度与钢坯的厚度、外形、圆角、长度、平直度、推力大小、推钢速度以及炉底状况等因素有关。目前,多采用允许推钢长度与钢坯最小厚度之比,即允许推钢比来确定或校核。

除了推钢长度过大容易发生拱钢的限制外,还要考虑料排过长时,由于钢坯之间的压力增加

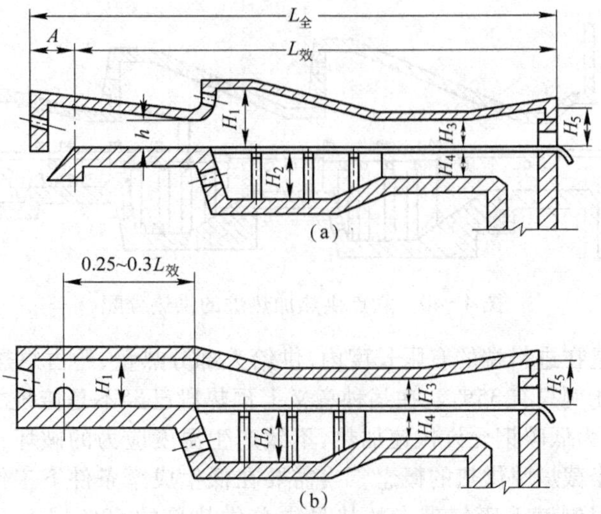

图 4-39 加热炉的基本尺寸

而发生粘钢现象。

预热段、加热段和均热段各段长度的比例,可根据坯料加热计算中所得各段加热时间的比例,以及类似炉子的实际情况决定。

三段式连续加热炉各段长度的比例分配大致如下:

均热段 15% ~25% $L_效$

预热段 25% ~40% $L_效$

加热段 25% ~40% $L_效$

多点供热的炉子,其加热段较长,约占整个有效长的 50% ~70%,预热段很短。

C 炉高

炉膛的高度各段差别很大,炉高现在不可能从理论上进行计算,各段的高度都是根据经验数据确定的。决定炉膛高度要考虑两个因素:热工因素和结构因素。

4.2.1.5 多点供热的连续加热炉

由于轧机产量不断增加,要求炉子产量相应增加,原有三段式炉感到供热不足,于是出现了多点供热的连续加热炉。这种炉子的炉温制度仍属于三段式温度制度的特点。如五点供热式的供热点为:均热段、第一上加热、第二上加热、第一下加热、第二下加热。六点供热又多了一个下均热供热点。炉顶平焰烧嘴的使用,使供热点的布置与分配很方便,可以根据坯料品种不同,灵活调整各段的供热分配。

图 4-40 所示为一六点供热的连续式加热炉。表 4-1 是一个八点供热炉子各段热量分配。

表 4-1 多点供热加热炉的供热分配

	上加热占比例/%	下加热占比例/%	合 计/%
均 热 段	6.18	10.2	16.38
第一加热段	7.00	11.3	18.3
第二加热段	12.7	16.96	29.66
预 热 段	15.26	20.4	35.66
合 计	41.14	58.86	100.00

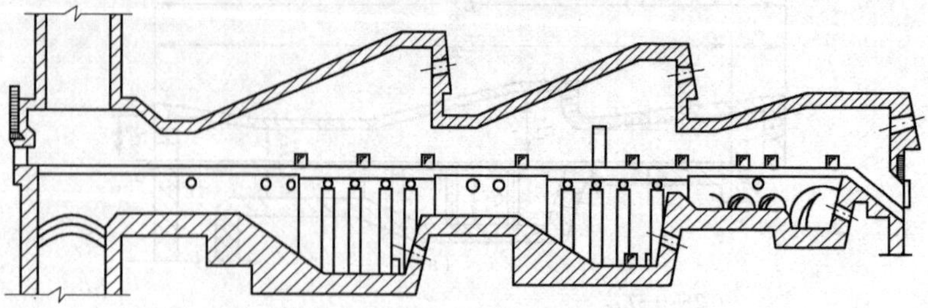

图 4-40　六点供热加热炉的供热分配

这类炉子的特点是在进料端的有限长度内，供给大部分热量，约占总热量的65%，而第一加热段和均热段供给的比例只有35%。在某种意义上预热段已经不是传统的概念，坯料一入炉就以大的热流量供热，因为低碳钢允许快速加热，不致产生温度应力的破坏，加强预热段的给热就改变了传统炉子只有半截炉膛供热的概念。当需要在低生成率条件下工作时，可以减少预热段的供热量。在这种炉温制度下废气带走的热量占总供热量的60%以上，必须有可靠的换热装置，才是合理的。目前这种大型炉子主要发展使用金属换热器，可以安置在炉子上方，即炉子采取上排烟的轻型结构。

多点供热连续加热炉由于炉温分布更加均匀，坯料所接受的热量大部分是得自后半段，此时坯料表面的温度还不致造成大量氧化，而在前半段高温区停留的时间相应缩短，烧损也因而下降，还减少了粘连现象，所以多点供热的炉子加热质量也较好。

4.2.2　步进式加热炉

步进式加热炉是各种机械化炉底炉中使用最广、发展最快的炉型，是取代推钢式加热炉的主要炉型。20世纪70年代以来，国内外新建的热轧车间，很多采用了步进式炉。

4.2.2.1　步进式加热炉钢料的运动

步进式加热炉与推钢式加热炉相比，其基本的特征是钢坯在炉底上的移动靠炉底可动的步进梁作矩形轨迹的往复运动，把放置在固定梁上的钢坯一步一步地由进料端送到出料端。图4-41是步进式炉内钢坯运动轨迹的示意图。

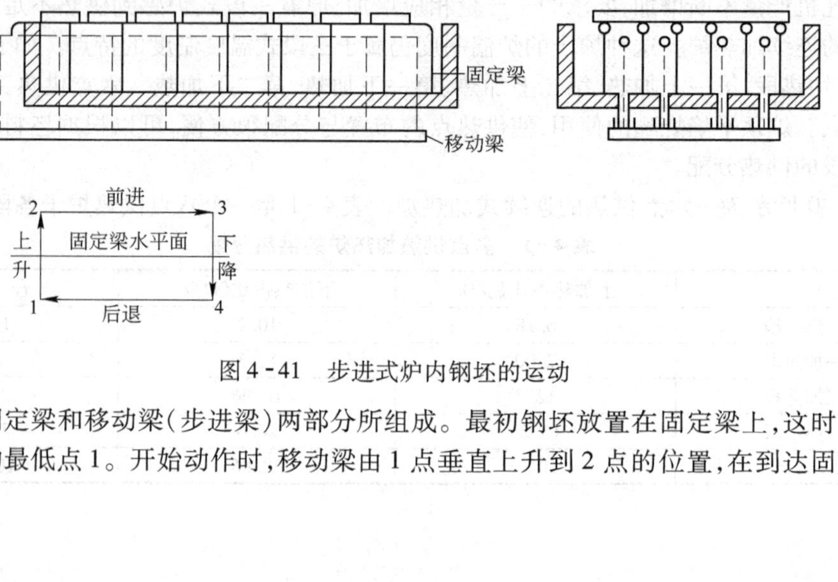

图 4-41　步进式炉内钢坯的运动

炉底由固定梁和移动梁（步进梁）两部分所组成。最初钢坯放置在固定梁上，这时移动梁位于钢坯下面的最低点1。开始动作时，移动梁由1点垂直上升到2点的位置，在到达固定梁水平面时把钢坯托起，接着移动梁载着钢坯沿水平方向移动一段距离从2点到3点；然后移动梁再垂直下降到4点的位置，当经过固定梁水平面时又把钢坯放到固定梁上。这时钢坯实际已经前进到一个新的位置，相当于在固定梁上移动了从2点到3点这样一段距离；最后移动梁再由4点退回到1点的位置。这样移动梁经过上升—前进—下降—后退四个动作，完成了一个周期，钢坯便前进（也可以后退）一步。然后又开始第二个周期，不断循环使钢料一步步前进。移动梁往复一个周期所需要的时间和升降进退的距离，是按设计或操作规程的要求确定的。可以根据不同钢种和断面尺寸确定钢材在炉内的加热时间，并按加热时间的需要，调整步进周期的时间和进退的行程。

移动梁的运动是可逆的，当轧机故障要停炉检修，或因其他情况需要将钢坯退出炉子时，移动梁可以逆向工作，把钢坯由装料端退出炉外。移动梁还可以只作升降运动而没有前进或后退的动作，即在原地踏步，以此来延长钢坯的加热时间。

4.2.2.2 步进式加热炉的结构

A 炉底结构

从炉子的结构看，步进式加热炉分为上加热步进式炉、上下加热步进式炉、双步进梁步进式炉等。

上加热步进式炉顾名思义只有上部有加热装置，固定梁和移动梁是耐热金属制作的，固定炉底是耐火材料砌筑的。这种炉子基本上没有水冷构件，所以热耗较低。这种炉子只能单面加热，一般用于较薄钢坯的加热。

与推钢式加热炉一样，为了满足加热大钢坯的需要，步进式炉也逐步发展了下加热的方式，出现了上下加热的步进式加热炉。这种炉子相当于把推钢式炉的炉底水管改成了固定梁和移动梁。结构如图4-42所示，固定梁和移动梁都是用水冷立管支承的。梁也由水冷管构成，外面用耐火可塑料包扎，上面有耐热合金的鞍座式滑轨，类似推钢式加热炉的炉底纵水管。炉底是架空的，可以实现双面加热（步进式炉钢坯与钢坯不是紧靠在一起，中间有空隙，可认为是四面受热）。下加热一般只能用侧烧嘴，因为立柱挡住了端烧嘴火焰的方向，如果要采用端烧嘴，需要改变立柱的结构型式。上加热可以用轴向端烧嘴，也可以用侧烧嘴或炉顶烧嘴供热。考虑到轴向烧嘴火焰沿长度方向的温度分布和各段温度的控制，某些大型步进式炉在上加热各段之间的边界上有明显的炉顶压下，而下加热各段间设有端墙，以免各段之间温度的干扰。因此，这样的步进式炉沿炉子长度温度调节有更大的灵活性。如果炉子宽度较大，火焰长度又较短时，可以在炉顶上安装平焰烧嘴。

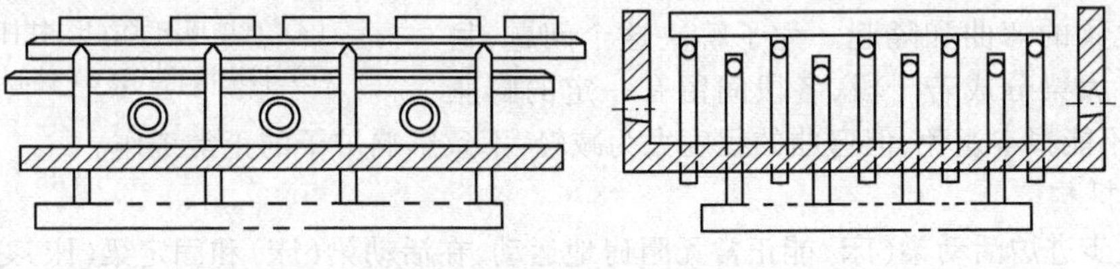

图4-42 步进式炉底结构

图4-43是上下加热用于钢坯加热的步进式炉。这种炉型主要用于大型热连轧机钢坯的加热。

B 传动机构

步进式炉的关键设备是移动梁的传动机构，传动方式分机械传动和液压传动两种，目前广泛

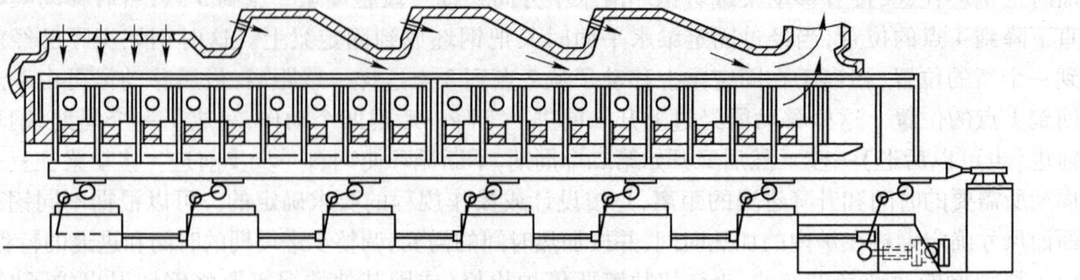

图 4-43　上下加热的步进式加热炉

采用液压传动的方式。现代大型加热炉的移动梁及上面的钢坯重达数百吨，使用液压传动机构运行稳定，结构简单，运行速度的控制比较准确，占地面积小，设备质量小，比机械传动有明显的优点。液压传动机构如图 4-44 所示。图4-44b、图 4-44c、图 4-44d 三种结构型式目前是比较常见的。我国应用较普遍的为图 4-44c 所示的斜块滑轮式。以斜块滑轮式为例说明其动作的原理：步进梁（移动梁）由升降用的下步进梁和进退用的上步进梁两部分组成。上步进梁通过辊轮作用在下步进梁上，下步进梁通过倾斜滑块支承在辊子上。上下步进梁分别由两个液压油缸驱动，开始时上步进梁固定不动，上升液压缸驱动下步进梁沿滑块斜面抬高，完成上升运动。然后上升液压缸使下步进梁固定不动，水平液压缸牵动上步进梁沿水平方向前进，前进行程完成后，以同样方式完成下降和后退的动作，结束一个运动周期。

为了避免升降过程中的振动和冲击，在上升和下降及接受钢坯时，步进梁应该中间减速。水平进退时开始与停止也应该考虑缓冲减速，以保证梁的运动平稳，避免钢坯在梁上擦动。办法是用变速油泵改变供油量来调整步进梁的运行速度。

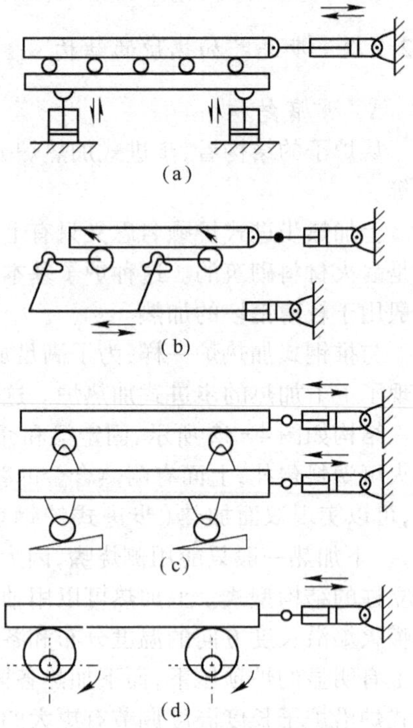

图 4-44　步进机构型式

(a) 直接顶起式；(b) 杠杆式；(c) 斜块滑轮式；(d) 偏心轮式

由于步进式炉很长，上下两面温度差过大，线膨胀的不同会造成大梁的弯曲和隆起。为了解决这个问题，目前一些炉子将大梁分成若干段，各段间留有一定的膨胀间隙，变形虽不能根本避免，但弯曲的程度大为减轻，不致影响炉子的正常工作。

C　密封机构

为了保证步进炉活动梁（床）能正常无阻碍地运动，在活动梁（床）和固定梁（床）之间要有足够的缝隙，缝隙一般为 25mm 或 30mm，对步进梁来说则在梁支撑（或水管）穿过炉底部分有保证它运动的足够大的开孔。这些缝隙或开孔的存在虽然是必要的，但也容易吸入冷风，影响加热质量和降低燃料利用率，也可能造成炉气外逸，危害炉底下部设备，对轧钢用步进炉则必须考虑密封问题，目前有两种密封结构，一是滑板式密封，一是水封，前者密封较差，尤其当滑板受热变形后更不能起到密封作用，水封是用得最多的结构，密封效果比较好，水封由水封槽和水封刀两部分组成，分开式和闭式两种结构，开式结构有动床和定床二重水封刀（图 4-45），便于清渣；闭式结构(图 4-46)仅有动床水封刀,优点是占用空间小,紧凑。动床端头水封槽的宽度要保证大于动床水平行程的长度,水槽下部开有集渣斗,由炉底缝隙中掉落的氧化铁皮随水流定期放出。

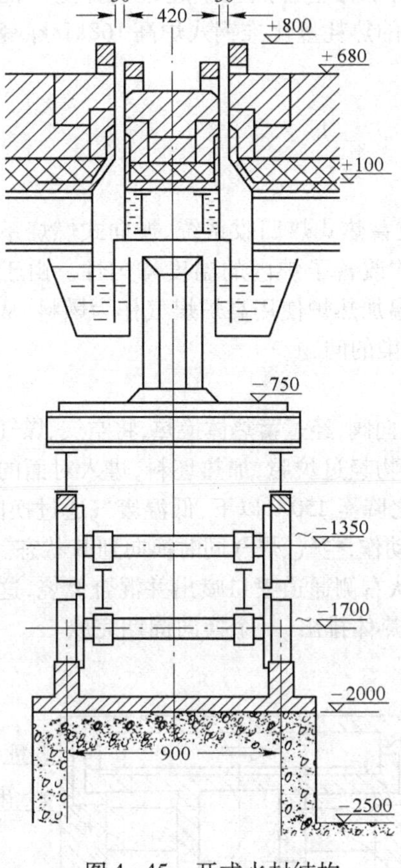

图 4-45 开式水封结构

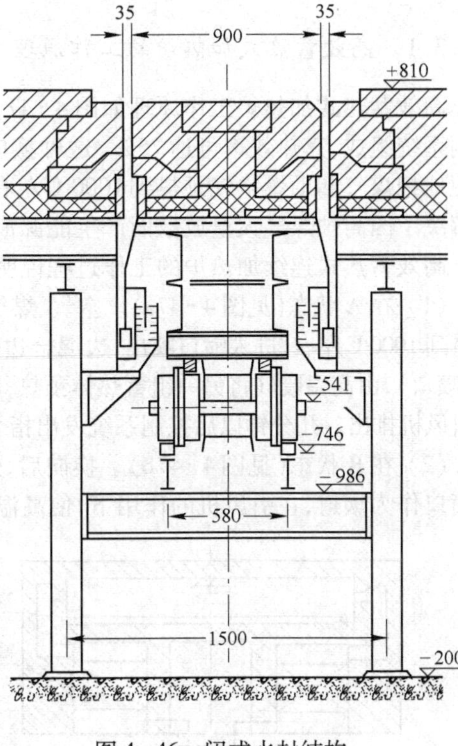

图 4-46 闭式水封结构

4.2.2.3 步进式加热炉的优缺点

和推钢式连续加热炉相比,步进式炉具有以下优点:

(1) 加热灵活。在炉长一定的情况下,炉内坯料数目是可变的,而在连续加热炉中则是不可变的,那样加热时间就受到限制。例如炉子产量降低一半时,则炉内坯料加热时间就会延长一倍,对有些钢种来说这是不利的,而步进炉在炉子小时产量变化的情况下可以通过改变坯料间距离来达到改变或保持加热时间不变的目的。

(2) 加热质量好。因为在步进炉内可以使坯料间保留一定的间隙,这样扩大了坯料受热面,加热温度比较均匀,钢坯表面一般没有划伤的情况,两面加热时坯料下表面水管黑印的影响比一般推钢式连续加热炉的要小些。

(3) 炉长不受限制。对推钢式连续加热炉来说炉长受到推钢长度的限制,而步进炉则不受限制。而且对于不利于推钢的细长坯料、圆棒、弯曲坯料等均可在步进炉内加热。

(4) 操作方便。改善了劳动条件,在必要时可以将炉内坯料全部或部分退出炉外,开炉时间可缩短;由于不容易粘钢,因此可减轻繁重的体力劳动;和轧机配合比较方便、灵活。

(5) 可以准确地控制炉内坯料的位置,便于实现自动化操作。

步进式炉存在的缺点主要是造价比较高，设备制造和安装技术要求较高，基建施工量大，要求机电设备维护水平高，在操作中要对炉底勤维护及时清渣，经常保持动床和定床平直以防坯料跑偏。其次，步进式炉（两面加热的）炉底支撑水管较多，水耗量和热耗量超过同样生产能力的推钢式炉。经验数据表明，在同样小时产量下，步进式炉的热耗量比推钢式炉高168kJ/kg钢。

4.2.3 高效蓄热式加热炉

4.2.3.1 高效蓄热式加热炉的工作原理

高效蓄热式加热炉工作原理如图4-47所示，由高效蓄热式热回收系统、换向式燃烧系统和控制系统组成，其热效率可达75%，这种换向式燃烧方式改善了炉内的温度均匀性。由于能很方便地把煤气和助燃空气预热到1000℃左右，可以在高温加热炉使用高炉煤气作为燃料，从根本上解决了因高炉煤气大量放散而产生能源浪费及环境污染的问题。

高效蓄热式连续加热炉的工作过程说明如下：

（1）在A状态（见图4-47a）。空气、煤气分别通过换向阀，经过蓄热体换热，将空气、煤气分别预热到1000℃左右，进入喷口喷出，边混合边燃烧，燃烧产物经过炉膛，加热坯料，进入对面的排烟口（喷口），由高温废气将另一组蓄热体预热，废气温度随之降至150℃以下，低温废气通过换向阀，经引风机排出。几分钟以后控制系统发出指令，换向机构动作，空气、煤气同时换向到B状态。

（2）在B状态（见图4-47b）。换向后，煤气和空气从右侧通道喷口喷出并混合燃烧，这时左侧喷口作为烟道，在引风机的作用下，使高温烟气通过蓄热体排出，一个换向周期完成。

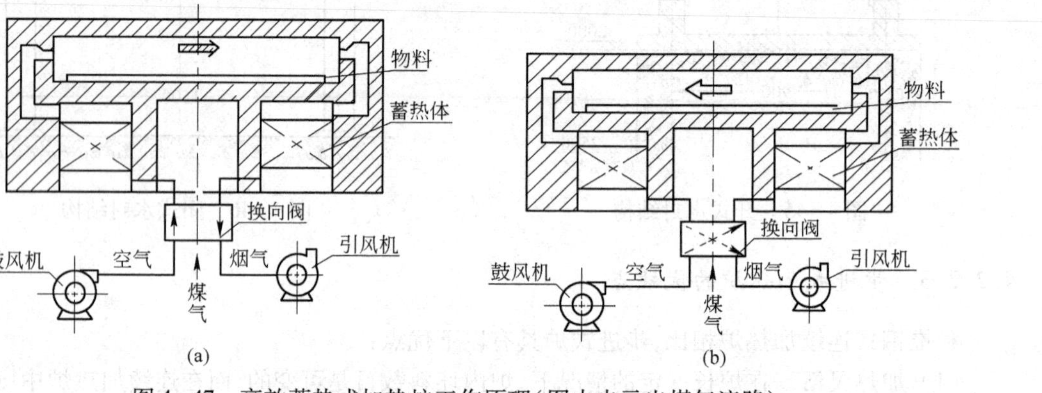

图4-47 高效蓄热式加热炉工作原理（图中未示出煤气流路）

（a）A状态 ；（b）B状态

蓄热式连续加热炉，就这样通过A、B状态的不断交替，实现对坯料的加热。

高效蓄热式加热炉取消了常规加热炉上的烧嘴、换热器、高温管道、地下烟道及高大的烟囱。操作及维护简单，无烟尘污染，换向设备灵活，控制系统功能完备。采用低氧扩散燃烧技术，形成与传统火焰迥然不同的新型火焰类型，空、煤气双预热温度均超过1000℃，创造出炉内优良的均匀温度分布，节能30%～50%，钢坯氧化烧损可减少1%。

4.2.3.2 蓄热式高风温燃烧技术

A 高风温燃烧技术

高风温燃烧技术（High temperature air combustion - HTAC 或 Highly preheated air combustion -

HPAC)亦称无焰燃烧技术(Flameless combustion)是20世纪90年代开始在发达国家研究推广的一种全新型燃烧技术。它具有高效烟气余热回收,排烟温度低于150℃,高预热空气温度,空气温度在1000℃左右,低NO_x排放等多重优越性。国外大量的实验研究表明,这种新的燃烧技术将在近期对世界各国以燃烧为基础的能源转换技术带来变革性的发展,给各种与燃烧有关的环境保护技术提供一个有效的手段,燃烧学本身也将获得一次空前完善的机会。该技术被国际公认为是21世纪核心工业技术之一。

B 国内外高风温燃烧技术的发展应用情况

1981年英国Hotwork公司和British Gas公司合作研制成功了最早的蓄热式烧嘴,体现了在烧嘴上进行热交换分散式余热回收的思路。两公司合作改造了不锈带钢退火生产线,在其加热段设置了9对蓄热式烧嘴,取得了良好的效果。之后该技术在欧洲、美国推广应用。

日本考察了该技术的应用情况之后,决定引进优化,降低NO_x的排放量,以达到日本国标,一个"高性能工业炉"项目于1993年启动。1993~1999年日本政府投资150亿日元用于该技术研究,其目的要达到节能30%,CO_2排放量降低30%,NO_x、SO_x排放量降低30%。目前日本政府确定2000~2004年为"高效工业炉工业规模示范年",仅日本工业炉株式会社(Nippon Furnace Kogyo kaisha Ltd - NFK)在1992~1998年的六年间,已在近150台工业炉上应用高风温燃烧器近900台(套)。

我国在蓄热式高风温燃烧技术的研究应用方面尚处于起步阶段,但该技术独特的优越性已经引起我国冶金企业界和热工学术界的极大兴趣。20世纪80年代末,我国开始研究开发适合中国国情的蓄热式燃烧器,以液体、气体为燃料,蓄热体为片状、微小方格砖、球体等系列的新型蓄热燃烧器,适用于冶金、石化、建材、机械等行业中的各种工业炉窑。

4.2.3.3 蓄热式高风温燃烧器的主要组成部分及特点

蓄热式高风温燃烧系统主要组成部分有蓄热体和换向阀等(见图4-48蓄热式加热炉组织结构图)。

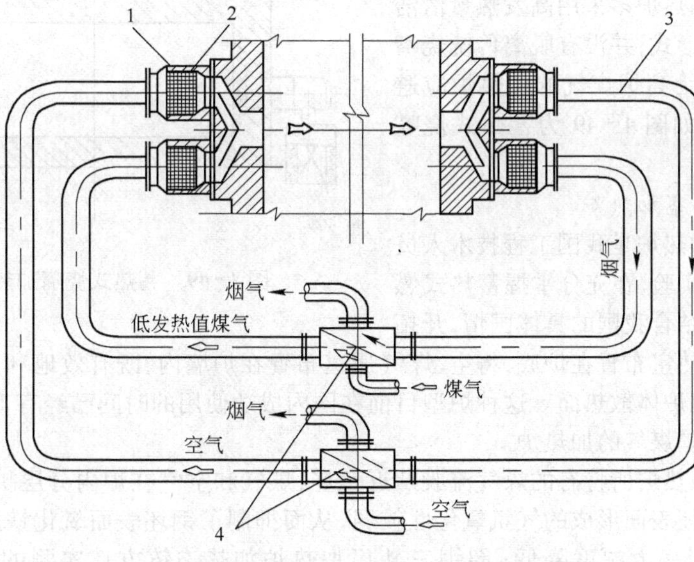

图4-48 蓄热加热炉组织结构图

1—蓄热式烧嘴壳;2—蓄热体;3—管道;4—集成换向阀

传统的蓄热室采用格子砖作蓄热体,传热效率低,蓄热室体积庞大,换向周期长,限制了它在其他工业炉上的应用。新型蓄热室采用陶瓷小球或蜂窝体作为蓄热体,其比表面积高达200~1000m^2/m^3,比老式的格子砖大几十倍至几百倍,因此极大地提高了传热系数,使蓄热室的体积可以大为缩小。由于蓄热体是用耐火材料制成,所以耐腐蚀、耐高温、使用寿命长。

换向装置集空气、燃料换向于一体,结构独特。空气换向、燃料换向同步且平稳,空气、燃料、烟气绝无混合的可能,彻底解决了以往换向阀在换向过程中气路暂时相通的弊病。由于换向装置和控制技术的提高,使换向时间大为缩短,传统蓄热室的换向时间一般为20~30min,而新型蓄热室的换向时间仅为0.5~3min。新型蓄热室传热效率高和换向时间短,带来的效果是排烟温度低(150℃以下),被预热介质的预热温度高(只比炉温低80~150℃)。因此,废气余热得到接近极限的回收,蓄热室的热效率可达到85%以上,热回收率达70%以上。

蓄热式燃烧技术的主要特点是:(1)采用蓄热式烟气余热回收装置,交替切换空气与烟气,使之流经蓄热体,能够最大限度地回收高温烟气的物理热,从而达到大幅度节约能源(一般节能10%~70%)、提高热工设备的热效率,同时减少了对大气的温室气体排放(CO_2减少10%~70%);(2)通过组织贫氧燃烧,扩展了火焰燃烧区域,火焰边界几乎扩展到炉膛边界,使得炉内温度分布均匀;(3)通过组织贫氧燃烧,大大降低了烟气中NO_x的排放(NO_x排放减少40%以上);(4)炉内平均温度增加,加强了炉内的传热,导致相同尺寸的热工设备,其产量可以提高20%以上,大大降低了设备的造价;(5)低发热量的燃料(如高炉煤气、发生炉煤气、低发热量的固体燃料、低发热量的液体燃料等)借助高温预热的空气或高温预热的燃气可获得较高的炉温,扩展了低发热量燃料的应用范围。

4.2.3.4 高效蓄热式燃烧技术的种类

高效蓄热式燃烧技术在解决了蓄热体及换向系统的技术问题后,发展速度加快了,目前从技术风格上主要有三种,即烧嘴式、内置式、外置式。以下简述这三种蓄热式加热炉的区别。

A 蓄热式烧嘴加热炉

蓄热式烧嘴加热炉多采用高发热量清洁燃料,空气单预热形式,并没有脱离传统烧嘴的形式,对于燃料为高炉煤气的加热炉应避免使用蓄热烧嘴,如图4-49为蓄热式烧嘴加热炉图。

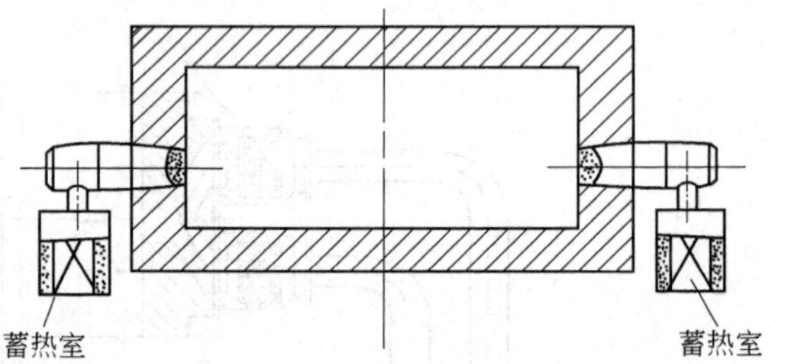

图4-49 蓄热式烧嘴加热炉简图

B 内置蓄热室加热炉

内置蓄热室加热炉是我国工程技术人员经过10年的研究实验,在充分掌握蓄热式燃烧机理的前提下,结合我国的具体国情,开拓性地将空、煤气蓄热室布置在炉底,将空、煤气通道布置在炉墙内,既有效地利用了炉底和炉墙,同时没有增加任何炉体散热面。这种炉型目前在国内成功使用的时间已经有10年,技术非常成熟,尤其适用于高炉煤气的加热炉。

内置蓄热室加热炉所特有的煤气流股贴近钢坯,煤气和空气在炉内分层扩散燃烧的混合燃烧方式,由于在钢坯表面形成的气氛氧化性较弱,从而抑制了钢坯表面氧化铁皮的生成趋势,使得钢坯的氧化烧损率大幅度降低(韶钢三轧厂加热炉加热连铸方坯实测的氧化烧损率仅为0.7%;苏州钢厂650车间加热钢锭的加热炉停炉清渣间隔周期超过一年半)。对于加热坯料较长和产量较大的加热炉,由于对加热钢坯宽度方向上即沿炉长方向的温差要求较高,常规加热炉由于结构和设备成本的限制，烧嘴间距一般均在1160mm以上，造成炉长方向上温度不均而影响加热质量，而内置式蓄热式加热炉所特有的多点分散供热方式，喷口间距最小处达400mm，并且布置上随心所欲，不受钢结构柱距的限制，炉长方向上温度曲线几近平直，使得加热坯料的温度均匀性大大提高。

内置蓄热室加热炉对设计和施工要求较高，施工周期相对较长，对现有的加热炉的改造几乎无法实现，但对新建加热炉非常适合，并且适用于任何发热量的燃料。

C　外置蓄热室加热炉

外置蓄热室加热炉（如图4-50所示）是介于内置蓄热室加热炉与蓄热式烧嘴（RCB）加热炉之间的一种形式，将蓄热室全部放到炉墙外，体积庞大，占用车间面积大，检修维护非常不便。炉体散热量成倍增加，蓄热室与炉体连通的高温通道受钢结构柱距的限制，空、煤气混合不好，燃烧不完全，燃料消耗高，更无法实现低氧化加热。它既没有蓄热式烧嘴（RCB）的灵活性，又没有内置蓄热室加热炉的合理性，但适用于任何发热量燃料的老炉型改造。

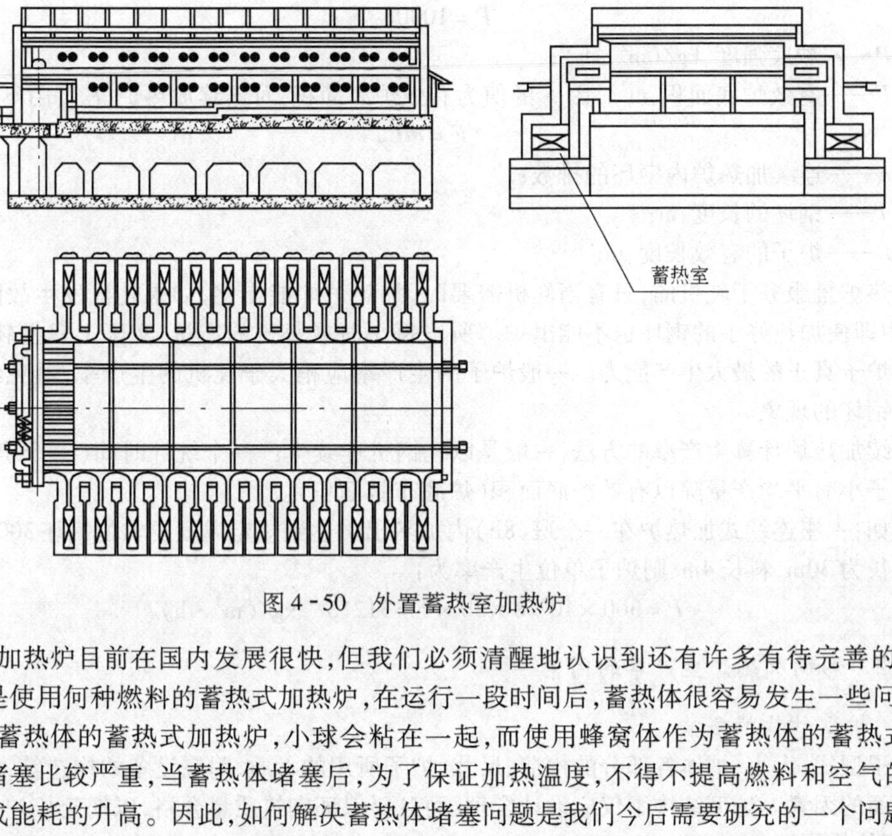

图4-50　外置蓄热室加热炉

蓄热式加热炉目前在国内发展很快，但我们必须清醒地认识到还有许多有待完善的地方。例如，无论是使用何种燃料的蓄热式加热炉，在运行一段时间后，蓄热体很容易发生一些问题，采用小球作为蓄热体的蓄热式加热炉，小球会粘在一起，而使用蜂窝体作为蓄热体的蓄热式加热炉，蜂窝体堵塞比较严重，当蓄热体堵塞后，为了保证加热温度，不得不提高燃料和空气的供给量，从而造成能耗的升高。因此，如何解决蓄热体堵塞问题是我们今后需要研究的一个问题。

另外，在检修时发现，蓄热体不仅发生堵塞现象，而且在拆换过程中特别容易破碎，特别是接近炉内的两层蓄热体，每次拆开就破裂，不能重复使用。这样每次检修更换大量蓄热体，造成了检修成本的大幅上升。如何解决这个问题，也是我们今后面临的问题。

4.3　加热炉技术经济性能指标

加热炉技术经济性能指标包括以下几个方面：炉底尺寸、炉子的生产率、炉子的热耗及热效率等。

4.3.1 炉底尺寸

炉底尺寸一般是指炉底的有效长与有效宽，炉底尺寸决定着炉子的能力大小。有效长与有效宽的乘积是炉子的有效炉底面积。

4.3.2 炉子的生产率

4.3.2.1 概念

单位时间内所加热出来的温度达到规定要求的钢坯的产量叫炉子的生产率。生产率有多种表示方法，如 t/h、t/d 等。一般最常用的是小时产量(t/h)。

对于加热炉来说，为了比较不同炉子的热工作情况，采用单位生产率，即每平方米炉底布料面积上每小时的产量，单位是 kg/(m^2·h)或 kg/(m^2·d)。加热炉的单位生产率也称炉底强度，或钢压炉底强度，它是炉子最重要的一个生产指标。

$$P = 1000G/F$$

式中 P——炉底强度，kg/(m^2·h)；

F——有效炉底面积，m^2。因 F 的值为有效炉底面积，对连续加热炉，F 可用下式计算：

$$F = nlL_{效}$$

式中 n——连续加热炉内钢坯的排数；

l——钢坯的长度，m；

L——炉子的有效长度，m。

加热炉是服务于轧机的，只有当轧机需要时，加热炉才能出钢，如果轧机发生故障停轧或待轧，炉内即使加热好了的钢坯也不能出炉。所以每小时或每班的产量，实际上只是轧机的产量，而不是炉子真正的最大生产能力。一般炉子的生产率应稍大于轧机的生产率，避免经常出现不能供给钢坯的现象。

连续加热炉计算生产率的方法，一般是以轧钢机连续生产一个统计时间(一个班或一昼夜)内的炉子小时平均产量除以有效炉底面积(炉底布料面积)。

例如：一座连续式加热炉在一个班(8h)内加热出炉达到规定温度要求的钢坯 300×10^3kg，炉子有效长为 30m，料长 4m，则炉子单位生产率为：

$$P = 300 \times 10^3/8 \times 30 \times 4 = 312.5 \quad kg/(m^2 \cdot h)$$

4.3.2.2 影响加热炉生产率的因素

A 炉型结构的影响

炉子型式、大小，炉体各部分的构造、尺寸，炉子所用的材质，附属设备的构造等，都属于炉型结构方面的因素。炉型结构不仅应设计合理，而且要保证砌筑质量合格，以期延长炉子的使用寿命，缩短检修周期。

炉型结构对生产率的影响很大，提高生产率可从以下几方面考虑。

(1) 采用新炉型。加热炉总的发展趋势是向大型化、多段化、机械化、自动化方向发展。最初轧机能力很小，钢锭尺寸也很小，当时连续式加热炉很多是一段式或二段式的实底炉，到四五十年代主要是三段式两面加热的炉子。近十几年来，出现了五段、六段甚至八段式的炉子。就是二段、三段式加热炉的炉型也有很多变化，例如加热段配置了上下和顺向、反向烧嘴，或在炉顶配制平焰烧嘴，沿炉子全长配置侧烧嘴，成为只有一段的等温直通式炉。炉子的单位生产率也由过去只有 300 ~ 400kg/(m^2 · h),提高到今天超过 1000kg/(m^2 · h)。每座炉子的小时产量可达 350t/h 以上。

炉子的机械化程度越来越高,轧钢车间由推钢式连续加热炉发展到各种步进式、辊底式、环形及链式加热炉等。一些异型坯过去在室状炉内加热,现在改在环形炉内加热,生产率有了很大提高。

炉子的自动化是目前的发展方向,由于实现热工自动调节,可以及时正确地反映和有效地控制炉温、炉压等一系列热工参数,从而可以很好地实现所希望的炉温制度,提高炉子的产量。电子计算机的使用,可以实行炉况的最佳控制。

(2) 改造旧炉型。扩大炉膛,增加装入量。在炉基不变的情况下,可以通过对炉体的改造,扩大炉膛,增加装料量。

改进炉型和尺寸,使之更加合理。有的炉子炉型、尺寸采用通用设计,但与具体条件出入很大,如燃料不同,发热量相差悬殊,钢坯尺寸与设计出入较大等。有的炉子原来使用固体燃料,以后改烧重油,后来又改烧煤气。此外,有的炉膛过高,上下压差大,钢坯表面上气体温度低;或炉顶太低,气层厚度薄,炉墙的中间作用降低。这些都不利于热交换。在炉子改建时,如能根据实践经验选择合理的尺寸,将能加快钢坯的加热,从而提高炉子的生产率。

减少炉子的热损失。通过炉体传导的热损失和冷却水带走的热占了炉子热负荷的 1/4 ~ 1/3,不仅造成热量损失,而且降低炉子的温度,影响钢坯的加热。减少这方面的损失,可以提高炉子产量。

加热炉炉底水管的绝热,是节约能源,提高炉子生产率的一项重要措施。由于水管与钢坯直接接触,冷却水带走的热一部分是有效热,钢坯温度受到影响。其次钢坯与水管接触的地方产生水管黑印,甚至钢坯上下面产生阴阳面,也需要延长均热时间,这都对炉子产量有影响。现在大力推广可塑耐火料包扎炉底水管,仅这一项措施可以提高炉子生产率 15% ~ 20%。

近一二十年,国内外开始发展无水冷滑轨加热炉,采用高级耐火制品或耐热金属作为滑轨材料。据报道,这一项目的采用可使加热能力增加 30% 左右。

B　燃烧条件和供热强度的影响

热负荷增大以后,炉子的温度水平提高,向钢坯传热的能力加强。这一点对负荷较低的炉子,效果比较显著。如果热负荷已经较高,继续提高热负荷,增产的效果并不显著。相反,供热强度过大,还会引起燃料的浪费,钢坯的烧损增加,炉体的损坏加速,所以炉子必须有一个合理的热负荷。

连续加热炉提高供热强度的重要措施是增加供热段数,扩大加热段和提高加热段炉温水平,缩短预热段使废气出炉温度相应提高。

提高热负荷的一个重要先决条件是必须保证燃料的完全燃烧,如燃料在炉内有 20% 不能燃烧,炉子产量将降低 25% ~ 30%。

为了提高热负荷或改善燃烧条件,对燃烧装置的改进应给予充分注意。有的炉子生产率不高是由于烧嘴能力不足或者烧嘴结构不完善(如雾化质量太差,混合不良),需要加以改进或更新。炉子向大型化方向发展后,炉长、炉宽增加了,如何保证炉内温度均匀,是与炉子生产率和产品质量都有密切关系。为此出现了火焰长度可调烧嘴和平焰烧嘴,位置由端烧嘴发展到侧烧嘴、炉顶烧嘴,分散了供热点,改善了燃烧条件和传热条件,从而有效地提高了炉子生产率。

C　钢料入炉条件的影响

在加热条件一定的情况下,钢料越厚,所需要的加热时间越长,炉子单位生产率越低。

钢料厚度是客观现实条件。为了提高生产率应设法增加钢坯的受热面积。连续加热炉上明显的例子是把一面加热的实底炉,改为具有下加热的炉子,这样在计算加热时间时,相当于钢料厚度减小了一半。除去炉底水管带走的热量,炉子生产率仍可提高25% ~40%。

钢料的入炉温度对炉子生产率也有重要的影响。入炉温度越高,加热所需要的热量越少,加热时间越短,炉子生产率越高(例如已成功实现钢坯的热装热送)。但目前国外研究利用炉子废气喷吹预热钢料,即回收了热能,又提高了加热炉的生产率。

D　工艺条件的影响

加热工艺也是影响炉子生产率的一个因素。在制定加热工艺时,要考虑到选择最合理的加热温度、加热速度和温度的均匀性。因为钢种、钢料断面尺寸常有变动、加热工艺要作相应的调整,如果加热温度定得太高,加热速度太快,断面温度差定得太严,都会影响炉子生产率。现在国外注意了降低出钢温度,节约能源,提高炉子生产率,实行低温轧制。

上述影响因素都可以看做是外部条件,是可以控制或改变的因素。都是为了改善炉膛热交换的条件,使钢坯在单位时间内得到更多的热量,缩短加热时间。

4.3.3　炉子的平均热耗

平均热耗是炉子工作的最主要的技术经济指标之一,是指单位热耗指标在某一时间内的平均值。

单位热耗指标 = 实际燃料消耗量/用这些燃料加热出钢坯的产量,单位是kJ/kg。

平均热耗取决于单位燃料消耗量,而单耗指标又取决于燃料的品种和质量、炉子的结构、生产率、工人操作的熟练程度等。

使用不同品种的燃料,固体、液体、气体燃料的单耗量是不同的,当燃料的发热量很低时由于炉温不能提高而降低了加热速度,会使得单耗增加。

不同结构的炉子,其单耗水平也不尽相同。同样结构的炉子,由于操作不当,单耗水平也会有很大差别。如炉子的空气消耗系数太大或过小时,都会促使炉温降低,这时虽然燃料消耗量并没有增加,由于产量降低了,单耗就会增高;另外,加热温度过高或加热速度过快,也会使单耗增高。

为便于比较发热量不同的燃料消耗量,将燃耗或热耗折算成标准燃料。

标准燃料消耗 = 单位热耗/7000kcal 或 29302kJ(kg 标准燃料/kg 钢)

在生产中,统计燃耗的方法有两种,一种是按炉子正常生产每小时平均,即小时燃料消耗量除以平均小时产量;另一种是按月或季度平均,即以这一时期内燃料的总消耗量,除以合格产品的产量。前者可直接说明炉子热工作的好坏;后者除和炉子热工作好坏有关外,还和作业率、停炉次数、产品合格率、燃料漏损等各项因素有关。对炉子进行热工分析时,应采用前一种统计得出的燃耗指标。

4.3.4　炉子的热平衡和热效率

炉子的热平衡是炉子热工中很重要的一部分,炉子热平衡是能量不灭定律在炉子热工上的应用。炉子热平衡就是以炉子的热量为平衡的对象,即炉子吸入的热量必然等于它支出的热量,这就是热平衡。

在生产操作中可以根据热平衡检查操作是否合理、热效率的高低、热的消耗主要在哪里。从而帮助我们改进操作和完善加热制度,减少燃料消耗和提高炉子的热效率。

加热炉单位时间内炉膛热平衡的主要项目如下:(单位为:kJ/h)

(1) 热量收入方面:

1）燃料燃烧的化学热 Q_1；

2）燃料带入的物理热 Q_2；

3）空气带入的物理热 Q_3；

4）钢坯氧化的化学热 Q_4；

5）雾化剂带入的物理热 Q_5。

$$热量收入总和\sum Q_{收入} = Q_1 + Q_2 + Q_3 + Q_4 + Q_5$$

（2）热量支出方面：

1）钢坯加热所需的热量 Q'_1；

2）出炉废气带走的热 Q'_2；

3）炉子砌体热传导所散失的热 Q'_3；

4）冷却水热损失 Q'_4；

5）燃料不完全燃烧所损失的热 Q'_5；

6）经过开启炉门或孔、缝等的辐射与逸气热损失 Q'_6；

7）其他热损失 Q'_7。

$$热量支出总和\sum Q_{支出} = Q'_1 + Q'_2 + Q'_3 + Q'_4 + Q'_5 + Q'_6 + Q'_7$$

为了便于对热平衡收、支各项进行比较，一般是把热平衡结果列成表格的形式，并表示出热收入和热支出各项在总热量中所占的百分数。有了热平衡表对炉子热量利用情况就可以一目了然。实际在炉子上，测出热平衡的所有项目，往往是很困难的，一般测定一些主要项目，对分析研究问题也就够了。

由热平衡表可以看出，在热量收入方面，通常只有燃料燃烧的化学热才是炉子真正的外供热源。因为预热空气和预热燃料的物理热实际上是出炉废气所带走的热量反馈回来的一部分；金属氧化的化学热与总热量相比很小，一般可以忽略不计。在热量支出方面，只有用于加热金属才算是有效热，而其余各项除了通过预热空气和燃料的部分烟气物理热外，都是损失的热量。因此，炉子热能利用情况的好坏主要取决于用于加热金属的有效热和燃料燃烧的化学热这两项的比值，这个比值的大小，在炉子热工计算中叫做炉子热效率，用符号 η 表示。

$$\eta = \frac{金属加热所需的热\ Q'_1}{燃料燃烧的化学热\ Q_1} \times 100\%$$

炉子的热效率越大，说明热能的利用越好。一般连续式加热炉的热效率为 30% ~50%。所以热效率也是评价炉子热工作的指标之一，可通过以下途径提高炉子热效率及降低燃耗：

（1）减少废气从炉膛带走的热量。连续加热炉中废气带走的热量占总热损失的很大一部分。选择合理的空气消耗系数，在保证燃料完全燃烧的前提下，应尽可能降低空气消耗系数，以提高燃烧温度，减少废气量。但空气量不足，造成化学不完全燃烧，不仅燃耗不能降低，而且降低了燃烧温度，恶化了炉膛热交换。有时发现炉子有不完全燃烧现象，并不一定都是空气不足，可能是燃烧设备不完善，混合条件不好，以致造成燃料的浪费。

要注意炉子的密封问题，控制炉压在微正压水平，防止冷空气吸入炉内，增加了炉气量并降低了燃烧温度。

要合理地控制废气出炉温度。废气温度越高，废气带走的热量越大，热效率越低。但废气温度太低，炉内的平均炉温水平降低，炉内热交换恶化，加热慢，炉子生产率下降。

（2）回收废气，预热空气、煤气和钢料。利用炉膛排出的废气所携带的热量，预热空气与煤气，是降低燃料消耗，提高热利用率的重要途径。国外还有利用余热预热钢料和作为低温炉热源的。从热能利用的方法看,也可以利用余热生产蒸汽。

(3) 减少炉子冷却水带走的热量。冷却水带走的热量,通常都在13% ~15%范围内,高的可达20%以上。为了减少炉子冷却水带走的热量,通常的措施有:1)进行水冷管的绝热包扎;2)采用汽化冷却代替水冷却;3)采用无水冷滑轨。

(4) 减少炉体散热。减少炉体散热的主要措施是实行炉墙绝热。采用轻质耐火材料和各种绝热保温材料或加厚炉墙,以减少炉壁的传导传热损失。其次,还可以采用在砌好的炉墙内壁涂上一层远红外涂料,增加炉子内壁在热交换中的辐射作用。加热炉的炉温一般都在1000℃以上,以辐射传热为主,由于加热炉的炉墙涂上了节能涂料,炉墙的辐射率就增大,由热源向炉墙的辐射传热量也就增大,炉墙所吸收的热量增加,炉墙的壁面温度也就相应增加。正是由于增加了炉墙辐射率和壁面温度,这样炉墙向钢料的热辐射能力就明显增大。因此,炉墙绝热可以有效地降低燃料消耗量,提高炉子的热效率,缩短加热时间。另外,还应经常检查炉体密封,炉体密封的好坏,直接关系到加热能耗、产量和质量三方面的好坏。所以,应经常在炉子周围观察炉壁、炉顶钢结构,看炉子底部有无被烧红现象,以确认炉内耐火材料是否脱落、烧坏,或有无钢板被严重氧化、变形,造成漏风。若发现有此情况,应及时处理。检查炉子周围各大小炉门是否封闭,各窥视孔玻璃是否完好,是否严实,若不严,应及时堵上。

(5) 加强炉子的热工管理与调度。炉子燃耗高及热效率低有时不是技术方面的原因,而是管理与调度的不善造成。例如加热炉与轧机配合不好,钢坯在炉内待轧,造成燃耗增加和热效率、生产率降低。因此,应使炉子保持在额定产量下均衡的操作,并实现各项热工参数的最佳控制。

(6) 实行钢坯的热送热装是降低燃料消耗的重要途径。钢料入炉温度越高,加热所需要的热量越少,燃料消耗量越低。

(7) 采取自动控制装置。现代化轧钢加热炉的发展要与轧机的发展相适应,应逐渐采用电子计算机以实现操作与控制的自动化。加热炉自动控制包括炉温控制、燃烧控制以及输送钢料的机械控制等。炉温和燃料燃烧的控制包括炉温控制、燃料流量控制、空气和燃料比控制、炉压控制以及保护换热器的控制等。采用计算机控制,加热炉上所有有关数据都可在计算机上显示,当这些数据与设定数据有差别时,由计算机自动调节。在钢料输送方面,从输送辊道到装出炉全部自动化。这样,可以避免不必要的浪费,降低燃料消耗,提高钢的加热质量。

另外,还有其他一些节能措施,如低温轧制、延长加热炉炉体、改进加热曲线等,都可以降低加热炉燃料消耗量,节约能量。

复习思考题

1. 一般加热炉是由哪几部分组成的?
2. 炉底水管支撑结构的型式有哪几种,其绝热包扎的方法有哪几种?
3. 汽化冷却自然循环的动力是怎样产生的?
4. 简述换热器的工作原理。
5. 为什么烟囱在使用前要进行烘烤?
6. 简述连续式加热炉的特征与分类。
7. 以三段式加热炉为例,分析炉子的炉型结构特点及主要部分构造。
8. 为什么要确定连续式加热炉各段的温度,它们和加热质量有什么关系?

9. 影响加热炉炉压的因素有哪些？
10. 连续式加热炉的炉尾翘起和两个排气烟道都有什么作用？
11. 采用端出料有何缺点，如何克服？
12. 在连续式加热炉中加热的钢坯上，“黑印”是如何产生的，它对钢材质量有何影响，如何消除？
13. 为什么要对加热炉废气余热进行回收，采用哪些途径和设备进行回收，其中哪些措施对加热炉节约燃料具有直接意义？
14. 在步进式加热炉内的钢料是如何运动的？
15. 叙述步进式加热炉炉底倾斜滑块型液压传动机构原理。
16. 叙述高效蓄热式加热炉的工作原理。
17. 蓄热式燃烧技术的主要特点是什么？
18. 加热炉技术经济性能指标是指哪些指标，平均热耗与单位燃耗之间的关系是什么？
19. 什么是炉子的生产率，什么是炉底强度？
20. 影响加热炉生产率的因素有哪些？
21. 什么是炉子的热平衡，如何编制炉子热平衡，编制炉子热平衡的目的是什么？
22. 如何降低燃料消耗？

5 汽化冷却

5.1 汽化冷却的原理与循环方式

5.1.1 汽化冷却的原理和优点

加热炉冷却构件采用汽化冷却，主要是利用水变成蒸汽时吸收大量的汽化潜热，使冷却构件得到充分的冷却。加热炉的冷却构件采用汽化冷却时，具有以下优点：(1)汽化冷却的耗水量比水冷却少得多。因为每公斤水汽化冷却时的总热量大大超过水冷却时所吸收的热量。(2)用工业水冷却时，由冷却水带走的热量全部损失，而采用汽化冷却所产生的蒸汽，则可供生产、生活方面使用，甚至可以用来发电。(3)采用水冷却时，一般使用工业水，其硬度较高，容易造成水垢常使冷却构件发生过热或烧坏。当采用汽化冷却时，一般用软水为工质，以避免造成水垢，从而延长冷却构件的寿命。(4)纵炉底管采用汽化冷却时，其表面温度比采用水冷却时的要高一些，这对于减轻钢料加热时形成的黑印，改善钢料温度的均匀性有一定的好处。

总之，加热炉采用汽化冷却，特别是采用自然循环冷却系统时，其经济效果是显著的。

5.1.2 循环方式

汽化冷却装置的循环方式有两种：一是强制循环，如图 5－1 所示；二是自然循环，如图 5－2 所示。汽化冷却系统包括软水装置、供水设施（水箱、水泵）、冷却构件、上升管、下降管、汽包等。

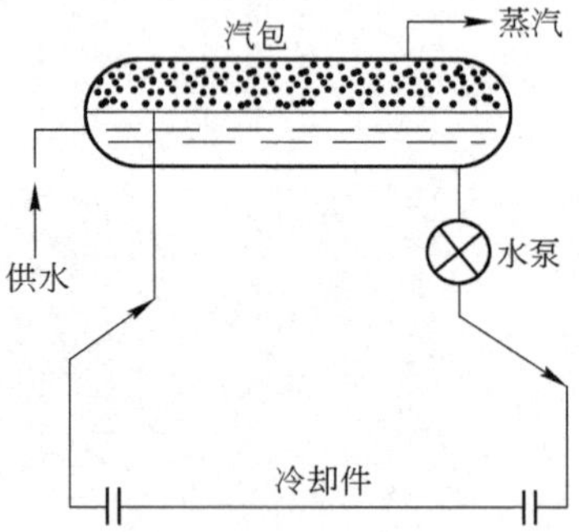

图 5－1 强制循环原理图

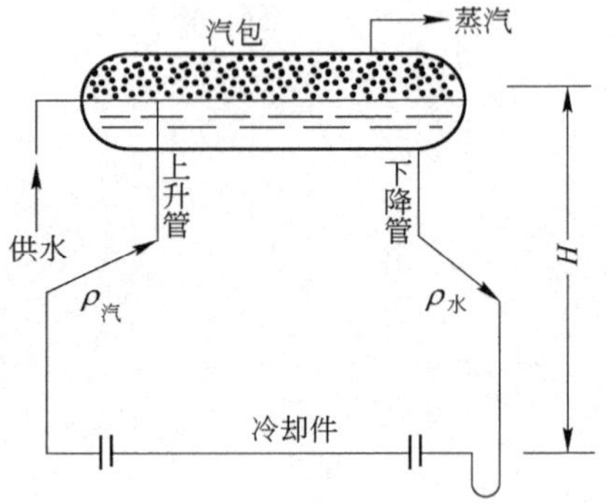

图 5－2 自然循环原理图

自然循环时，水从汽包进入下降管流入冷却水管中，冷却水管受热时，一部分水变成蒸汽，于是在上升管中充满着汽水混合物，因为汽水混合物的密度 $\rho_{混}$ 比水的密度 $\rho_{水}$ 小，故下降管内水的重力大于上升管内汽水混合物的重力，两者的重力差 $Hg(\rho_{水}-\rho_{混})$，即为汽化冷却自然循环的动力，汽包的位置越高（H 值越大）或汽水混合物密度 $\rho_{混}$ 越小（即其中含汽量越大，则自然循环的动力越大）。因此管路布置上，首先要考虑有利于产生较大的自然循环动力，并尽量减少管路阻力。

如果汽包的高度和位置受到限制或由于其他原因，采用自然循环系统难以获得冷却构件所需要的循环流速时，也可以采用强制循环系统。强制循环的动力是循环水泵产生的，循环水泵迫使水产生从汽包起经下降管、循环泵、炉底管和上升管，再回到汽包的密闭循环。

5.2 安全三大附件

汽包上的安全附件主要有安全阀、压力表和水位表。

5.2.1 安全阀

5.2.1.1 安全阀的作用及原理

安全阀是一种自动泄压报警装置，安装在汽包上。它的主要作用是：当汽包蒸汽压力超过允许的数值时，能自动开启排汽泄压，同时，能发出音响警报，警告司炉人员，以便采取必要的措施，降低汽包压力，使汽包压力降到允许的压力范围内安全运行，防止汽包超压而引起爆炸。因此，安全阀是汽包上必不可少的安全附件之一，司炉人员常将安全阀比喻为“耳朵”。汽包上装有安全阀，在运行前，为便于进水，可以通过安全阀排除汽包内的空气，在停炉后排水时，为解除汽包内的真空状况，可通过开启安全阀向汽包内引进空气。

安全阀主要由阀座、阀心（或称阀瓣）和加压装置等部分组成。它的工作原理是：安全阀阀座内的通道与汽包蒸汽空间相通，阀心由加压装置产生的压力紧紧压在阀座上。当阀心承受的加压装置所施加的压力大于蒸汽对阀心的托力时，阀心紧贴阀座使安全阀处于关闭状态；如果汽包内气压升高，则蒸汽对阀心的托力也增大，当托力大于加压装置对阀心的压力时，阀心就被顶起而离开阀座，使安全阀处于开启状态，从而使汽包内蒸汽排出，达到泄压的目的。当汽包内气压下降时，阀心所受蒸汽的托力也随之降低，当汽包内气压恢复到正常，即蒸汽托力小于加压装置对阀心的压力时，安全阀又自行关闭。

5.2.1.2 安全阀的型式与结构

汽包上常用的安全阀，根据阀心上加压装置的方式可分为静重式、弹簧式、杠杆式三种；根据阀心在开启时的提升高度可分为微启式、全启式两种。下面只介绍常用的弹簧式安全阀。

弹簧式安全阀主要由阀体、阀座、阀心、阀杆、弹簧、调整螺丝和手柄等组成，如图 5-3 所示。

这种安全阀是利用弹簧的力量，将阀心压在阀座上，弹簧的压力大小是通过拧紧或放松调整螺丝来调节的。当蒸汽压力作用于阀心上的托力大于弹簧作用在阀心上的压力时，弹簧就会被压缩，使阀心被顶起离开阀座，蒸汽向外排泄，即安全阀开启；当作用于阀心上的托力小于弹簧作用在阀心上的压力时，弹簧就会伸长，使阀心下压与阀座重新紧密结合，蒸汽停止排泄，即安全阀关闭。手柄可用来进行手动排汽，当抬起手柄时，通过顶起调节螺丝带动阀杆使弹簧压缩，将阀心抬起而达到排泄蒸汽的目的，这样手柄就可以用来检查阀心的灵敏程度，也可以用作人工紧急泄压。

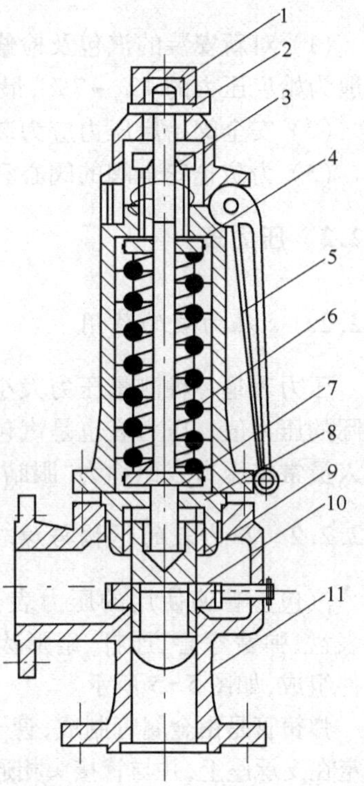

图 5-3 弹簧式安全阀

1—阀帽；2—销子；3—调整螺丝；4—弹簧压盖；5—手柄；6—弹簧；7—阀杆；8—阀盖；9—阀心；10—阀座；11—阀体

弹簧式安全阀在开启过程中,由于弹簧的压缩力随阀门的开度增加而不断增加,因此不易迅速达到全开位置。为了克服这一缺点,常将阀心与阀座的接触面作成斜面形,使阀心除遮盖阀座孔径外,边缘还有少许伸出,如图5-4所示。当蒸汽顶起阀心后,阀心的边缘也受汽压作用,从而增加对阀心的托力,使安全阀迅速全部开启;当压力降低后,阀心回座,边缘作用消失,由于蒸汽作用力突然减少,使阀心一次闭合,不致产生反复跳动现象。

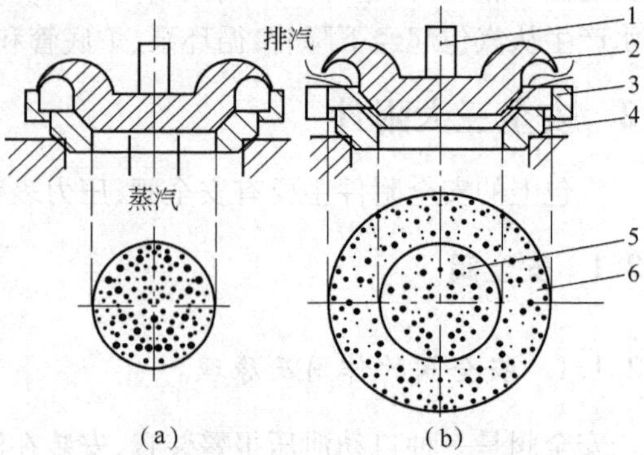

图5-4　安全阀工作原理示意图

(a) 闭合状态;(b) 开启状态

1—阀杆;2—阀心;3—调整环;4—阀座;5—蒸汽作用于阀心面积;6—排汽时蒸汽作用于阀心扩大面积

另外,对于弹簧式安全阀,按使用条件可分封闭式和不封闭式。封闭式即排除的介质不外泄,全部沿出口管道排到指定地点。封闭式安全阀主要用于易燃、易爆、有毒和腐蚀介质的设备和管道中。对于蒸汽和热水,则可以用不封闭式安全阀。

弹簧式安全阀结构紧凑、调整方便、灵敏度高、适用压力范围广,是最常用的一种安全阀。

5.2.1.3　安全阀的使用注意事项和检验周期

(1) 对新安装的汽包及检修后的安全阀,都应校验安全阀的始启压力和回座压力,回座压力一般为始启压力的4% ~7%,最大不超过10%。安全阀一般一年应校验一次。

(2) 安全阀始启压力应为装设地点工作压力的1.1倍。

(3) 为防止安全阀的阀心和阀座粘住,应定期对安全阀做手动放汽试验。

5.2.2　压力表

5.2.2.1　压力表的作用

压力表是一种测量压力大小的仪表,可用来测量汽包内实际的压力值。压力表也是汽包上不可缺少的安全附件,司炉人员常将压力表比喻为“眼睛”。

5.2.2.2　压力表的结构与原理

汽包上普遍使用的压力表,主要是弹簧管式压力表,它由表盘、弹簧弯管、连杆、扇形齿轮、小齿轮、中心轴、指针等零件组成,如图5-5所示。

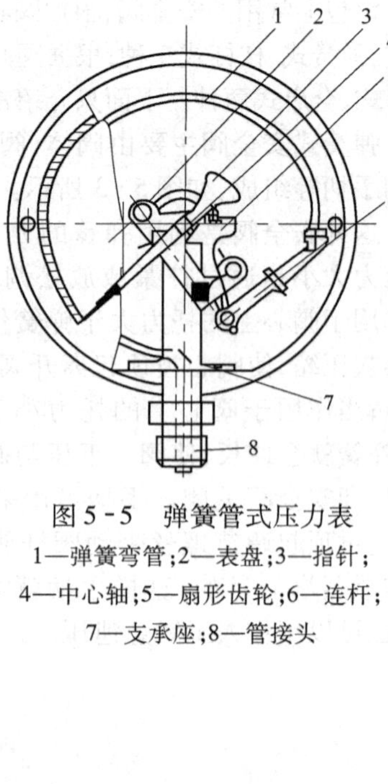

图5-5　弹簧管式压力表

1—弹簧弯管;2—表盘;3—指针;4—中心轴;5—扇形齿轮;6—连杆;7—支承座;8—管接头

弹簧管是由金属管制成,管子截面呈扁平圆形,它的一端固定在支承座上,并与管接头相通;另一端是封闭的自由端,与连杆连接。连杆的另一端连接扇形齿轮,扇形齿轮又与中心轴上的小齿轮相衔接。压力表的指针,固定在中心轴上。

当被测介质的压力作用于弹簧管的内壁时,弹簧管扁平圆形截面就有膨胀成圆形的趋势,从而由固定端开始逐渐向外伸张,也就是使自由端向外移动,再经过连杆带动扇形齿轮转动,使指针向顺时针方向偏转一个角度。这时指针在压力表表盘上指示的刻度值,就是汽包内压力值。汽包压力越大,指针偏转角度也越大。当压力降低时,弹簧弯管力图恢复原状,加上游丝的牵制,使指针返回到相应的位置。当压力消失后,弹簧弯管恢复到原来的形状,指针也就回到始点(零位)。

5.2.2.3 压力表的使用注意事项和检验周期

(1) 压力表有下列情况之一时应停止使用:

1) 有限制钉的压力表在无压力时,指针转动后不能回到限制钉处;没有限制钉的压力表在无压力时,指针离零位的数值超过压力表规定允许误差;

2) 表面玻璃破碎或表盘刻度模糊不清;

3) 封印损坏或超过校验有效期限;

4) 表内泄漏或指针跳动;

5) 其他影响压力表准确指示的缺陷。

(2) 压力表与汽包之间应有存水弯管,如图5-6所示。使蒸汽在其中冷却后再进入弹簧弯管内,避免由于高温造成读数误差,甚至损坏表内的零件。存水弯管的下部,最好装有放水旋塞,以便停炉后放掉管内积水。

(3) 压力表与存水弯管之间应装有三通旋塞,以便冲洗管路和检查、校验、卸换压力表。其方法如图5-7所示。

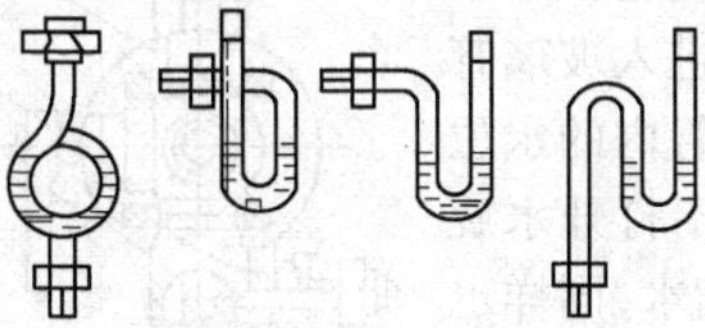

图5-6 不同形状的存水弯管

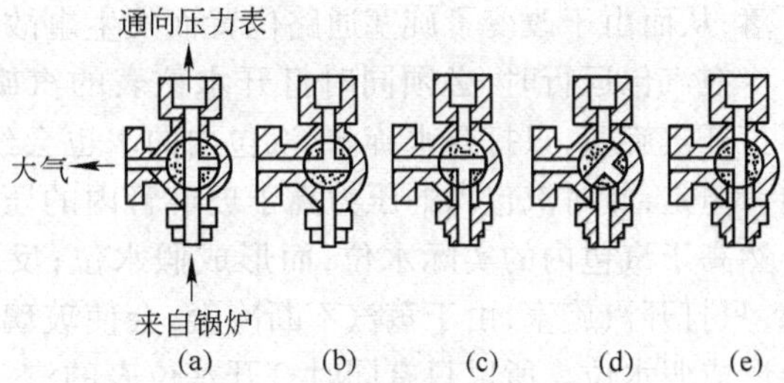

图5-7 三通旋塞位置变换图

图5-7(a)是压力表正常工作时的位置。此时,蒸汽通过存水弯管与压力表相通,压力表指示汽包的压力值。

图5-7(b)是检查压力表时的位置。此时,汽包与压力表隔断,压力表与大气相通,因为表内没有压力,所以如果指针不能回零位,证明压力表已经失效,必须更换。

图5-7(c)是冲洗存水弯管时的位置。此时汽包与大气相通,而与压力表隔断,存水弯管中的积水和污垢,被汽包里的蒸汽吹出。

图5-7(d)是使存水弯管存水时的位置。此时存水弯管与压力表和大气都隔断,汽包蒸汽在存水弯管里逐渐冷却积存,然后再把三通旋塞转到图5-7(a)的正常工作位置。

图5-7(e)是校验压力表时的位置。此时汽包同时与工作压力表与校验压力表相通。三通旋塞的左边法兰上接校验用的标准压力表,蒸汽从存水弯管同时进入工作压力表和校验压力表。两块压力表指示的压力数值,相差不得超过压力表规定的允许误差,否则,证明工作压力表不准确,必须更换新表。

三通旋塞手柄的端部,必须有标明旋塞通路方向的指示箭头,以便识别。操作三通旋塞时,动作要缓慢,以免损坏压力表机件。

(4) 压力表的装置、校验和维护应符合国家计量部门的规定。压力表装用前应进行校验,并在刻度盘上画红线指示出工作压力,压力表装用后每半年至少校验一次,压力表校验后应封印。

5.2.3 水位表

5.2.3.1 水位表的作用与原理

水位表是一种反映液位的测量仪器,用来表示汽包内水位的高与低,可协助汽化工监视汽包水位的动态,以便控制汽包水位在正常范围之内。

水位表的工作原理和连通器的原理相同,因为汽包是一个大容器,当将它们连通后,两者的水位必定在同一高度上,所以水位表上显示的水位也就是汽包内的实际水位。

5.2.3.2 水位表的结构

常用的水位表有玻璃管式、平板式和低地位式三种。下面主要介绍玻璃管式水位表。

玻璃管式水位表主要由玻璃管、汽旋塞、放水旋塞等构件组成,如图5-8所示。

图中三个旋塞的手柄都是向下的,表明汽旋塞和水旋塞都是通路,而放水旋塞是闭路。这是水位表正常工作时的位置,与一般使用的旋塞通路相反。如果手柄不是向下,一旦受到碰撞或震动,很容易下落,从而由于改变了旋塞通路位置而发生事故。

在汽包运行时,必须同时打开水位表的汽旋塞和水旋塞。如果不打开汽旋塞,只打开水旋塞,汽包内的水也会经水连管进入玻璃管内。但是,此时汽包内的压力高于玻璃管内的压力,玻璃管内的水位必然高于汽包内的实际水位,而形成假水位;反之,如果不打开水旋塞,只打开汽旋塞,由于蒸汽不断冷凝,会使玻璃管内存满水,同样也会形成假水位。所以只有同时打开水位表的汽、水旋塞,使汽包和玻璃管内的压力一致,才能使水位显示正确。水位表玻璃管中心线与上下旋塞的垂直中心线应互相重合,否则玻璃管受扭力容易损坏。

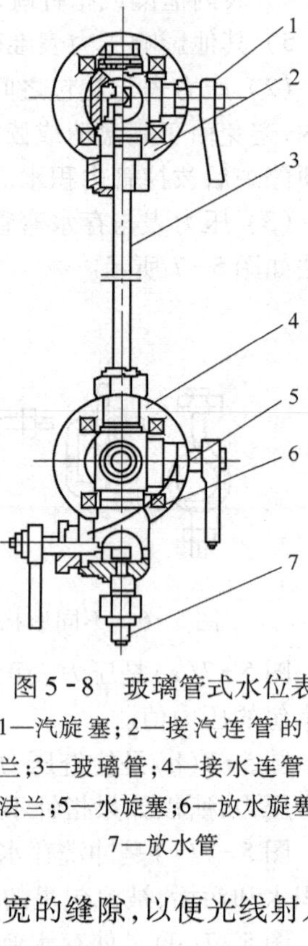

图5-8 玻璃管式水位表
1—汽旋塞;2—接汽连管的法兰;3—玻璃管;4—接水连管的法兰;5—水旋塞;6—放水旋塞;7—放水管

水位表应有防护罩,防止玻璃管炸裂时伤人。最好用较厚的耐热钢化玻璃管罩住,但不应影响观察水位,不能用普通玻璃板作防护罩,否则当玻璃管损坏时会连带玻璃板破碎,反而增加危险。有的用薄铁皮制成防护罩,为了便于观察水位,在防护罩的前面开有宽度大于12mm,长度与玻璃管可见长度相等的缝隙,并在防护罩后面留有较宽的缝隙,以便光线射入,使汽化工清晰地看到水位。

为防止玻璃管破裂时汽水喷出伤人,最好配用带钢球的旋塞。当玻璃管破裂时,钢球借助汽水的冲力,自动关闭旋塞。

玻璃管式水位表结构简单,制造安装容易,拆换方便,但显示水位不够清晰,玻璃管容易破碎,适用于工作压力不超过1.6MPa的高压容器,常用规格有D_g15和D_g20两种。

5.3 水质分析与化验

5.3.1 基本概念

汽化冷却系统是锅炉系统的一种,水是冷却系统的主要原料,水在系统中受热进而变为水蒸气,利用系统上水和下水的管道阻力差以及上升和下降管内水和水汽混合物的密度差异,进行自然循环,以达到冷却炉底水管进而保证炉底水管强度的目的。自然水中含有大量的 Mg^{2+}、Ca^{2+} 离子,受热后会在受热面上析出钙盐和镁盐的沉淀,堵塞汽化冷却的上下水管及炉内的受热管件,恶化管壁散热。而 Ca^{2+}、Mg^{2+} 的总和称为硬度。所以必须对自然水进行处理,以控制其硬度的大小,这样就需要化验水的硬度。汽化冷却系统的 pH 值和碱度值的大小直接影响着系统的防垢效果。pH 值过大,会使得管件及容器内壁的保护膜因溶解而遭到破坏,所以运行中的系统必须进行 pH 值及碱度的化验。对硬度、pH 值、碱度的化验分析和控制能有效地起到防垢、防腐、防蒸汽品质恶化的目的。

汽化冷却系统能否正常运转与水质的化验分析是分不开的,水质分析是有效地进行水处理的必要条件。在进行汽化冷却的水处理时,如选择水处理方式,保持一定的水工况,判别水处理的工作情况等,均要进行水质的化验与分析,如果不进行水质化验与分析是无法达到水处理的预期效果的。

一般地说,汽化冷却系统水处理必要的分析项目有如下几项:硬度、碱度、pH 值、氯根。对水质分析有如下几个基本要求:

(1) 正确地取样,使水样具有代表性。

(2) 正确地配制溶液。

(3) 正确地使用分析仪器。

(4) 掌握分析方法的基本原理和操作。

(5) 能正确地进行分析结果的计算。

在这几个要求中,取样是十分重要的,取样的准确与否直接影响着分析的结果。

对取样的基本要求有:

(1) 对采集除氧水(热力除氧)、炉水、蒸汽等样品时,应设置取样冷却器,以保证水样温度低于 30~40℃。

(2) 在管道上取样时,一般应在水泵出口及水流动的部位取样。

(3) 取样前,应将积水放尽,并冲洗后方能取样。水样的流量应保持在 500~700mL/min,且保持稳定。

(4) 盛水样的容器必须是硬质玻璃瓶或塑料瓶,采样前应将采样瓶彻底清洗干净,采样时再用水冲洗三次以后,才能收集样品,采样后应迅速盖上瓶塞,采集现场监督控制试验的水样,对一种水应该固定使用取样瓶,如取软水的取样瓶固定取软水样。

(5) 采集水样的数量应满足试验复核的需要,供单项分析的水样不得少于 0.3L。

(6) 水样采集后,应立即进行分析。

(7) 当一次采集多种水样时,采样瓶上应注明采样名称。

以上是水质分析的目的以及正确取样的基本要求,对于配药用的蒸馏水的质量检验也是很重要的,试剂的质量将直接影响着分析结果的正确性。

对蒸馏水的检查可用如下方法:

(1) 酸碱性的检查。做法:取两支试管,各加被检查的蒸馏水 10mL,一管加甲基红指示剂两滴,不得显红色,另一管加 0.1% 溴化麝香草酚蓝(溴百里香酚蓝)指示剂 5 滴,不显蓝色。

(2) 钙镁离子。取 10mL 被检查的蒸馏水,加氨缓冲液 10mL,加入铬黑 T 指示剂 1 滴,不得显红色。

(3) 氯离子。取 10mL 被检查的蒸馏水,加酸性硝酸银 4 滴,摇匀,不得有浑浊现象。

5.3.2　分析药品及仪器

我国水质分析药品,按用途不同分为三等,一级品的纯度最高,用于精密的分析工作;二级品的纯度较一级品差,用于重要的分析工作;三级品的纯度较二级品相差较大,用于工矿、学校的一般分析工作。化学试剂的规格和等级都是国家统一规定的,其标志见表5-1。

表5-1　化学试剂规格、等级、标志

级别	一级别	二级别	三级别
中文标志	保证试剂 优级纯	分析试剂 分析纯	化学纯
代号	G·R	A·R	G·P
瓶签颜色	绿色	红色	蓝色

汽化冷却水质分析常使用如下几种仪器:滴定管、锥形瓶(又叫三角瓶)、量筒、容量瓶、烧杯、滴瓶等,如图5-9所示。

就如何使用这些仪器叙述如下。

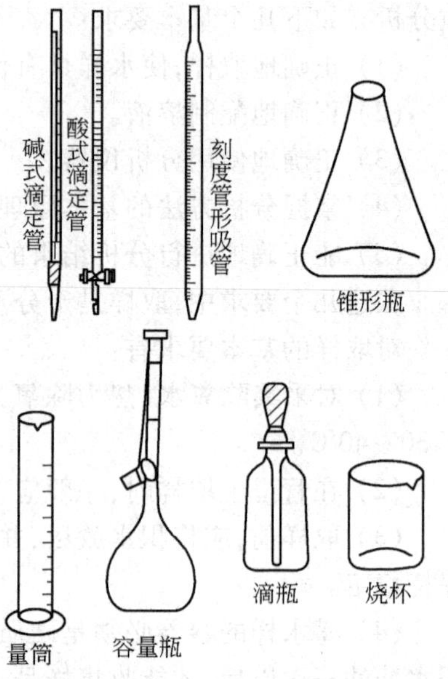

图5-9　水质分析常用仪器

5.3.2.1　滴定管的正确使用方法

滴定管是容量分析中最基本的分析玻璃仪器。在使用要求上,滴定管分为两种:带玻璃旋塞的叫酸式滴定管,用于装酸性溶液、氧化还原性溶液以及盐类稀溶液。滴定管下端用胶管(内有小玻璃球)接尖嘴玻璃管的叫碱式滴定管,用于装碱性溶液。常用的滴定管容量为25mL、50mL,最小刻度为0.1mL,滴定管的正确使用包括以下几点:

(1) 旋塞涂油。酸式滴定管在使用前,将磨口旋塞取下,将旋塞与旋塞套用布擦干,在旋塞的粗端和旋塞套的细端分别抹一层凡士林,将旋塞装入旋塞套压紧旋转至凡士林均匀。涂凡士林时,注意不要将流水孔堵死,旋塞尾部要用橡皮筋或橡皮套套住,以免旋塞滑入。

(2) 洗涤。滴定管可用长刷子蘸取皂液刷洗(但不可用去污粉洗,以避免划伤内壁),也可以用铬酸洗涤液清洗。清洗至管内壁用水湿润时不挂水珠为止。然后,依次用自来水,蒸馏水冲洗干净,使用前应用少量标准滴定液再冲洗两三次。

(3) 操作方法如下:

1) 操作准备。将标准滴定液加入滴定管,对于酸式滴定管可扭动旋塞,放掉部分溶液,以排除下部气泡;对于碱式滴定管,排除胶管中空气的方法是:将滴头向上弯,用两手指挤压稍高于玻璃珠处的胶管,用管中的液体将管中的气泡全部排除为止,如图5-10所示,气泡排除后再装足滴定液或将其调整至整数刻度。

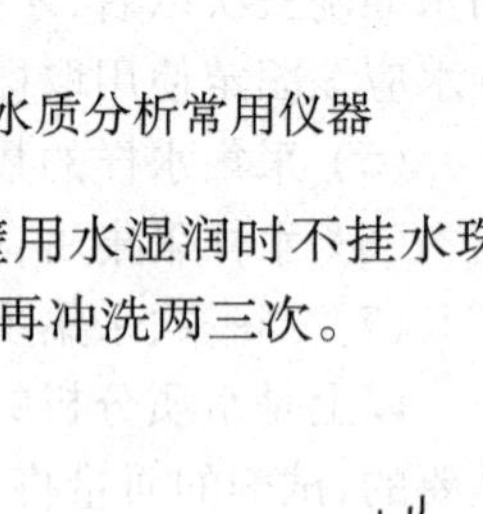
图5-10　排气示意图

2) 操作。用左手扭动旋塞或挤压玻璃球处的橡皮管,具体地说,是用左手将旋塞笼在手心中,用拇指、食指和中指轻轻扭动,右手持三角瓶，并不断地轻轻摇动，使滴下来的溶液均匀地分布在瓶中，并与滴定液做充分地反应，三角瓶在摇动时，只是底部摇动，瓶的位置不动，要避免瓶内液体溅出，滴定管的尖端伸入瓶中约 1cm，注意不要接触三角瓶口，以免弄脏滴头或滴头被三角瓶碰断，滴定的速度为每秒钟 3 ~ 4 滴为宜，一个样品在滴定时，不应装两次滴定液，以避免误差，如图 5 - 11所示。

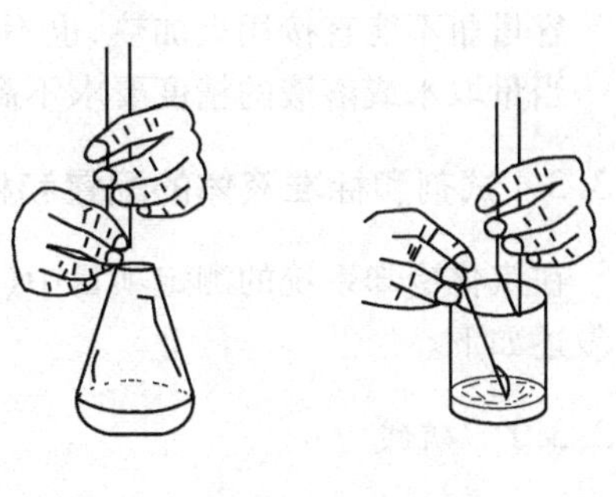

图 5 - 11 滴定管使用操作示意图

3）读数。滴定管的液面呈弧形，无色液体或颜色很浅的液体溶液，可在管后放一张白纸，用眼睛平视，以弧形（弯月面）最低点读数（图 5 - 12a），有色液面可按弯月面上部两侧最高点读数（图 5 - 12b），如果使用蓝线滴定管，可按蓝线和液面的交点读数（图 5 - 12c），如图 5 - 12 所示。

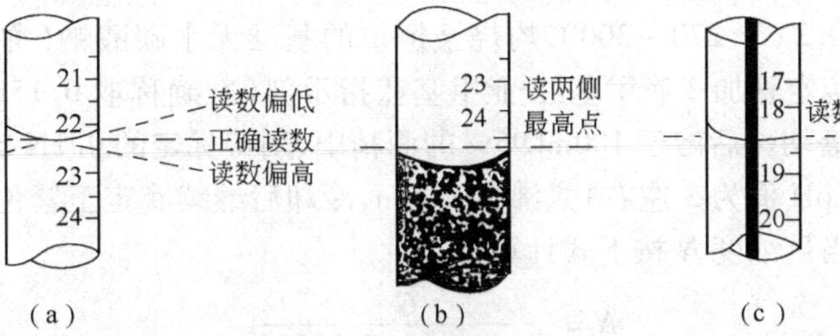

图 5 - 12 滴定管读数示意图

5.3.2.2 吸管的正确使用方法

（1）准备操作。吸管是用来准确地量取一定体积液体的仪器。常用的吸管有两种，一种是直管刻度式，另一种是单标胖肚式。一般来说，胖肚吸管比直管刻度式吸管准确。

吸管在使用前，一般用铬酸洗液浸泡一定时间后，在水龙头上用水冲洗干净，再用蒸馏水冲洗三次以上，最后再用被吸取的液体少许，最少洗三次以上方能使用。

（2）操作。用右手持吸管，将吸管的下端插入溶液 1cm 以下，左手持吸耳球吸上溶液，吸过刻度后，速用食指堵上管口，再将多余的溶液徐徐放入瓶内，待放至所需的刻度时，将食指压紧管夹离开液面后，管夹在瓶壁上轻触并稍停一下，使管外壁上的液体流回瓶内，然后，迅速仔细地移到需放入的瓶口，使出口尖端接触器壁，吸管垂直，将食指松开，任其自动流入溶液。流完后，将管夹在瓶壁上停留 15min，此时管内仍留下的不再吹出或挤压出来，这是因为一般在制作吸管，最后一滴是没有计算在应放出的体积之内。

5.3.2.3 容量瓶和量筒的正确使用方法

容量瓶用于制备一定体积的标准溶液和定容试验，它的瓶颈刻上环形标线，每一容量瓶都标有它的容积和测定该容积时的温度。使用容量瓶配制溶液时，一般是先将固体在烧杯中用少量溶剂溶解，然后将溶液沿玻璃棒轻移到容量瓶中，烧杯用少量溶剂冲洗 2 ~ 3 次并倒入容量瓶中，然后再一边加溶剂，一边摇动容量瓶，使溶液逐步混合稀释，当稀释至液面接近标线时，应等 1 ~ 2min，使附在瓶颈内壁的溶液流下及液面的小气泡消失后，逐滴加溶剂恰至刻度，即溶液弯月面下缘的最低点与标线相切，这时容量瓶内的溶液还是不均匀的，必须将容量瓶反复倒置并摇动几次，使溶液充分混合均匀，配好的溶液如果需要保存，应转移到试剂瓶中。

容量瓶不能直接用火加热,也不能放在烘烤箱中烘烤,水浴加热时也不能骤冷骤热。

当量取水或溶液的精度要求不高时,可用量筒量取。

5.3.3 试剂和标准液体的配置和标定

在汽化冷却系统的测定项目中(硬度、碱度、氯根),需要的试剂和标准液体的配置和标定方法叙述如下。

5.3.3.1 硫酸

进行水质化验与分析的标准试剂之一便是0.1N 的硫酸溶液。

配置0.1N 硫酸溶液的方法如下:

(1) 用吸液管准确地量取密度为1.84g/mL 的浓硫酸3mL,缓缓地注入1000mL 蒸馏水中,冷却摇匀。

(2) 用天平称取0.2g 于270~300℃灼烧至恒重的基准无水碳酸钠(称重至0.002g),溶于50mL 蒸馏水中,再用滴定管加2 滴甲基红-亚甲基蓝指示剂(准确称取0.15g 甲基红和0.085g亚甲基蓝),在研钵中研磨均匀后溶于100mL95%的酒精中,用待标定的0.1N 硫酸标准溶液滴定至溶液由绿色变为紫色(pH 值为5 左右)煮沸2~3min,冷却后继续滴定至紫色,同时做空白试验。

硫酸标准溶液的当量浓度 N 按下式计算:

$$N=\frac{G}{(a_1-a_2)\times 0.05299}$$

式中 G——无水硫酸钠的质量,g;

a_1——滴定碳酸钠消耗硫酸溶液的体积,mL;

a_2——空白试验消耗硫酸溶液的体积,mL;

0.05299——每1mg 当量硫酸钠的质量,g。

由上式即可计算出硫酸溶液的当量浓度,然后将计算后的结果与0.1N 进行比较,准确地将它稀释至0.1N。

5.3.3.2 0.1N 氢氧化钠标准溶液的配置与标定方法

(1) 配制。量取5mL 氢氧化钠饱和溶液,注入1000mL 经煮沸的蒸馏水中,摇匀。

(2) 标定。方法一:称取0.6g 于105~115℃烘干至恒重的邻苯二甲酸氢钾,称准至0.0002g,溶于50mL 不含二氧化碳的蒸馏水中,加2 滴1%的酚酞指示剂,用待标定的0.1N 氢氧化钠溶液,滴定至溶液呈粉红色,用时做空白试验。

氢氧化钠标准溶液的当量浓度 N 按下式计算:

$$N=\frac{G}{(a_1-a_2)\times 0.2042}$$

式中 G——邻苯二甲酸氢钾的质量,g;

a_1——滴定邻苯二甲酸氢钾消耗氢氧化钠溶液的体积,mL;

a_2——空白试验消耗氢化钠的体积,mL;

0.2042——每1mg 当量邻苯二甲酸氢钾的质量,g。

方法二:量取20mL0.1N 硫酸标准溶液,加60mL 不含二氧化碳的蒸馏水,加2 滴1%酚酞指示剂,用待标定的氢氧化钠溶液滴定,近终点时加热至80℃继续滴定至溶液呈粉红色。

氢氧化钠标准溶液的当量浓度 N 按下式计算:

$$N=\frac{a_1N_1}{V}$$

式中 a_1——硫酸标准溶液的体积,mL;

N_1——硫酸标准溶液的当量浓度;

V——滴定硫酸标准溶液消耗的氢氧化钠的体积,mL。

因 NaOH 溶液易吸收空气中的 CO_2 而使其浓度改变,因此,标准溶液最好每周标定一次。

5.3.3.3 乙二胺四乙酸二钠(EDTA)标准溶液的配制和标定

(1) 配制。0.1N EDTA 配制:称取 20gEDTA,用蒸馏水溶解,并稀释至 1L。

0.01N EDTA 标准溶液:取 0.1N EDTA 100mL,用蒸馏水稀释至 1L。

(2) 标定。0.1N EDTA 溶液的标定:准确吸取 25mL0.1N $CaCl_2$ 标准溶液(准确称取 5.005g,事先在 110℃ 干燥至恒重的基准 $CaCl_2$ 置于 1L 的容量瓶中,加入 30mL 1:1 的盐酸,待完全溶解后,用蒸馏水稀释至刻度,摇匀)注于 250mL 的锥形瓶中,加入 75mL 蒸馏水,摇匀,再加入 5mL2N 氢氧化钠溶液(称取 1g 钙红与 100g 氯化钠固体,研磨均匀即可)。用待定的 0.1N EDTA 溶液滴定至溶液由红色转变为蓝色为止,记录 0.1N EDTA 溶液的消耗量。EDTA 标准溶液的浓度用下式计算

$$N=\frac{a_1N_1}{V}=\frac{2.5\times 0.1}{V}=\frac{2.5}{V}$$

式中 a_1——钙标准溶液的体积;

N_1——钙标准溶液的当量浓度;

V——滴定钙标准液消耗的 EDTA 的体积,mL。

0.01N EDTA 标准溶液的标定:吸取 10mL 硫酸镁溶液(称取 1.2g 硫酸镁 $MgSO_4\cdot 7H_2O$,用蒸馏水溶解并稀释至 1L)加入 5mL 氨缓冲溶液(称取 20g 氯化铵溶于 500mL 蒸馏水中,加入 150mL 浓氨水后,用蒸馏水稀释至 1000mL,摇匀),取此溶液 50mL 于锥形瓶中,加入 1~2 滴酸性铬蓝 K 指示剂,用 0.01N 的 EDTA 溶液滴定至蓝紫色,记录 0.1N 的 EDTA 的消耗毫升数。根据此值往其余 950mL 缓冲溶液中加入所需 0.01N EDTA 标准液,以抵消缓冲液中的硬度,再加入 1~2 滴铬蓝 K 指示剂(称取 0.5g 酸性铬蓝 K 与 4.5g 盐酸羟铵混合后,加入 10mL 氨缓冲液和 40mL 蒸馏水,待充分溶解后用 96% 的酒精稀释至 100mL),用待标定的 0.01N EDTA 标准液滴定至溶液由红色变为蓝色,不记录 0.01N EDTA 消耗的毫升数,然后用吸液管滴定准确地加入 25mL 0.1N氯化钙标准溶液(准确量取 50mL0.1N $CaCl_2$ 标准液,用蒸馏水在容量瓶中稀释至 500mL,摇匀),再用 0.01N EDTA 标准溶液滴定至终点,记录消耗 0.01N 乙二胺四乙酸二钠的毫升数。

此时:

$$N=\frac{a_1N_1}{V}=\frac{0.25}{V}$$

式中 a_1——钙标准液的体积;

N_1——钙标准液的当量浓度;

V——滴定钙标准液消耗的 EDTA 溶液的体积。

5.3.3.4 硝酸银溶液的配制与标定

(1) 配制。称取 5g 硝酸银溶于蒸馏水中,稀释至 1L。

（2）标定。用吸液管吸取 10mL 氯化钠标准液（取保证试剂或优级纯试剂氯化钠 3 ~ 4g 置于瓷坩埚中，于高温炉内升温至 500℃，灼烧 10min，然后在干燥器内冷却至室温。准确称取 1.64g 氯化钠，先用少量蒸馏水溶解，再用蒸馏水稀释至 1000mL，此溶液 lmL 等于 1mLC1⁻），再加入 90mL 蒸馏水。1mL10% 的铬酸钾指示剂，用硝酸银标准溶液滴定至橙色（终点），记录硝酸银标准溶液的消耗 mL 数 a，另取 100mL 蒸馏水，除不加 NaCl 标准溶液外，其他手续同上，做空白试验，记录硝酸银标准溶液的消耗量 b。

硝酸银溶液的浓度 T 按下式计算

$$T = \frac{10 \times 1}{a - b}$$

式中 T——硝酸银溶液的浓度，mg/mL；

b——空白消耗硝酸银溶液的体积，mL；

a——氯化钠标准溶液消耗硝酸银溶液的体积，mL；

10——NaCl 标准溶液的体积，mL；

1——NaCl 标准溶液的浓度。

最后调整硝酸银溶液的浓度使之成为 1mL 等于 1mgCl⁻的标准溶液。

上述四种标准溶液的配制与标定为碱度、硬度、氯根的化验与分析做准备，这四种标准药品的配制与标定的准确程度将直接对分析与化验结果产生影响，分析的准确程度又直接影响着汽化冷却系统的正常工作。

5.3.4 化验与分析的方法

下面我们讨论一下化验与分析水质指标的方法。

5.3.4.1 碱度的测定与分析

进行碱度的测定，一般是使用容量法，碱度的测定就是测量水中能接受氢离子的物质的量的多少。碱度又分为酚酞碱度和全碱度两种。酚酞碱度是指用酚酞指示剂测量出的水中能接受的氢离子的量，其终点的 pH 值约为 8.3；全碱度是以甲基橙做指示剂时测出的量，终点的 pH 值约为 4.2 ~ 4.4。若碱度很小时，全碱度宜用甲基红——亚甲基蓝做指示剂，终点的 pH 值约为 5.0。不同的指示剂，测定反应不同。

酚酞做指示剂时，滴定反应式如下：

$OH^- + H^+ \rightarrow H_2O$，pH = 8.3 时，反应完成。

$CO_3^{2-} + H^+ \rightarrow HCO_3^-$，pH = 8.3 时，反应完成。

甲基橙做指示剂时，滴定反应式如下：

$$HCO_3^- + H^+ \rightarrow CO_2 + H_2O$$

$$\text{腐殖酸盐} + H^+ \rightarrow \text{腐殖酸}$$

进行碱度测定需要如下的试剂：

（1）1% 酚酞指示剂（乙醇溶液）。

（2）1% 甲基橙指示剂（水溶液）。

（3）甲基红——亚甲基蓝指示剂（准确称取 0.125g 甲基红和 0.085g 亚甲基蓝，在研钵中研磨均匀，溶于 100mL95% 的酒精中）。

（4）0.1N、0.01N 硫酸标准溶液。

测定的方法又有如下两种：

方法一：适用于汽化冷却系统的水碱度测定。

操作程序：

(1) 量取 100mL 水样，注入锥形瓶中。

(2) 加入 2～3 滴酚酞指示剂，此时若溶液显红色，则用 0.1N H_2SO_4 溶液滴定至无色，记录耗酸量 a。

(3) 在上述锥形瓶中，再加入 2 滴甲基橙指示剂，继续用 0.1N 的 H_2SO_4 标准液滴定至溶液呈橙色为止，记录第二次耗酸量(不包括 a)。

方法二：适用于碱度较小的水样。

操作程序：

(1) 量取 100mL 澄清水样，置于锥形瓶中。

(2) 加入 2～3 滴 1% 的酚酞指示剂，此时溶液若显红色，用微量滴定管从 0.01N H_2SO_4 标准液滴定至无色，记录耗酸量 a'。

(3) 再加入 2 滴甲基红-亚甲基蓝指示剂，继续用 0.1N H_2SO_4 溶液滴定至溶液由绿色变为紫色记录耗酸量 b'(不包括 a')。

以上两种方法，若加酚酞指示剂后溶液不显红色，可直接加甲基红——亚甲基蓝指示剂，用 H_2SO_4 溶液滴定，记录耗酸量 b。

所有以上工作完成以后，水样的酚酞碱度和全碱度按下式计算：

$$酚酞碱度 = Na\ 毫克当量/升 = Na \times 10^4\ 微克当量/升。$$

$$全碱度 = N(a+b) \times 10\ 毫克当量/升 = N(a+b) \times 10^4\ 微克当量/升$$

式中 N——硫酸标准溶液的当量浓度；

a、b——滴定碱度所消耗 H_2SO_4 标准液的体积，mL。

在上述测定中，若发现指示剂颜色褪色，可能是由于水样中的 Cl^- 大于 1mg/L 造成的影响，可以加入 1～2 滴 0.1N 的硫代硫酸钠溶液，以消除干扰，或用紫外光照射也可除去残氯。

5.3.4.2 硬度的测定与分析

向水样中加入氨缓冲溶液，使水样的 pH 值为 10±0.1，加入铬黑 T 指示剂，指示剂与水样中的 Mg^{2+} 反应：

$$Mg^{2+} + HIn^{2-} \rightarrow MgIn^- + H^+ \ (In^{2-}为指示剂)$$

HIn^{2-} 为蓝色，$MgIn^-$ 为酒红色，由于 $MgIn^-$ 的形成，因此水样呈现酒红色，当用 EDTA 标准溶液滴定时，由于 EDTA 的络合能力大于指示剂，因此，它将从 MgIn 的络合物中夺取 Mg^{2+}，使指示剂游离出来。

$$MgIn^- + H_2Y^{2-} \rightarrow MgY^{2-} + HIn^{2-} + H^+$$

滴定至终点时，水样呈纯蓝色，根据消耗 EDTA 的体积，即可计算出水硬度的大小。

测定硬度需要的试剂有如下几种：

(1) 0.5% 的铬黑指示剂。

(2) 硼砂缓冲液。

(3) 氨缓冲液。

(4) 酸性铬蓝 K 指示剂。

(5) 0.1N、0.01N EDTA 标准溶液。

水硬度的测定与分析，按水硬度的大小不同也分如下两种。

方法一：适合于水样硬度大于0.5毫克当量/升。

操作程序：

(1) 按表5-2取适当透明水样，注入250mL的锥形瓶中，用蒸馏水稀释至100mL。

表5-2　不同硬度取水样体积

水样硬度/(毫克当量/升)	需取水样体积/mL
0.5~5.0	100
5.0~10.0	50
10.0~20.0	25

(2) 加入5mL氨缓冲液和2滴0.5%的铬黑指示剂，在不断摇动下用0.1N EDTA标准溶液滴定至溶液由酒红色变为蓝色，记录0.1N EDTA标准溶液的消耗量。

方法二：适用于1~100微克当量/升。

操作程序：

(1) 取100mL透明水样置于250mL的锥形瓶中。

(2) 加3mL氨缓冲液（或1 mL硼砂缓冲液）和1~2滴酸性铬蓝K指示剂。

(3) 在不断摇动下，用0.1N EDTA标准溶液滴定至溶液由红色变为紫色，记录0.01N EDTA标准溶液所消耗的毫升数。

水硬度（单位为微克当量/升）经验公式：

$$硬度=\frac{Na}{V}\times10^{6}$$

式中　a——滴定时消耗EDTA的毫升数；

N——滴定时所用EDTA当量浓度；

V——所取水样的体积，mL。

测定低硬度的水时，为了提高终点色的灵敏度，可在缓冲液中加入适量的EDTA——镁二钠盐（NaMgY），若水样呈酸性或碱性，应预先做好处理，以保证水样的pH值在10±0.1范围内，对碳酸盐硬度高的水样，在加入缓冲液前应先稀释或先加入所需的EDTA标准溶液的80%~90%（记入所消耗的体积内）。否则，在加入缓冲液后可能析出碳酸盐沉淀，使滴定终点拖长或事先煮沸驱除二氧化碳后再进行测定，如果水样带有较低的颜色，会影响终点颜色的观察，如为有机物所呈色泽，可加入2mL浓盐酸和少许过硫酸铵晶体，加热脱色后进行测定。冬季水温较低时，络合反映速度较慢，易过量滴定而产生误差，因此，当温度较低时，应将水样预热至30~40℃，如果滴定时滴不到终点，或指示剂加入后，颜色呈灰紫色时，可能是Fe、A1、Cu或Mn等离子的干扰。若遇有此情况，可在加指示剂前用0.2g硫脲和2mL三乙醇胺进行联合掩蔽，或先加入所需的EDTA标准液量的80%~90%（记入消耗的体积内）即可消除干扰。

在实际测定中干扰最多的是Fe^{3+}，它可使终点畸变，它的存在会使测得的硬度值变高。消除干扰的方法是进行水样过滤并加掩蔽剂，尤其是停后刚启动软化器时，更应消除干扰。

5.3.4.3　氯根的测定与分析

A　测定氯根需用如下几种试剂

(1) 10%铬酸钾指示剂。

(2) 10%酚酞指示剂。

(3) 0.1N NaOH溶液。

(4) 0.1N硫酸溶液。

(5) $AgNO_3$标准溶液。

B 测定程序

（1）量取100mL透明水样于带柄瓷蒸发器或锥形瓶中，加入1%铬酸钾指示剂。

（2）用硝酸银标准溶液滴定至橙色，记录硝酸银标准溶液的消耗量a，同时做空白试验，记录硝酸银溶液的消耗量b。

氯根的含量按下式进行计算

$$Cl^- = \frac{(a-b)\times 1.0}{V}\times 1000$$

式中 Cl^-——氯根的含量，mg/L；

a——滴定水样消耗硝酸银溶液的体积，mL；

b——滴定空白消耗硝酸银溶液的体积，mL；

1.0——硝酸银标准溶液的滴定度；

V——水样体积，mL。

C 应注意事项

（1）如果水样呈酸性或碱性应预先中和。

（2）若Cl^-含量大于100mg/L时应按表稀释。

（3）若水样颜色太深应预先做脱色处理。

（4）浑浊水应事先过滤。

（5）为了更好地观察终点，可另取100mL水样加1mL 1%铬酸钾指示剂对照。

5.3.4.4 水质的pH值测定与分析方法

不同酸碱指示剂，在一定的pH值范围内显示不同的颜色，在标准的缓冲溶液中加入预选的指示剂，则其所显示的颜色可作为标准色，将水样加入同样的指示剂，显色后与标准液进行比较，就可以测出水样的pH值。

A pH值的测定需要的试剂有以下几种

（1）pH指示剂有：溴百里香酚蓝、酚红、酚酞、茜素黄。

溴百里香酚蓝的配制：0.1g溶于8mL0.2N NaOH溶液中，加水稀释至250mL。

酚红试剂：0.1g溶于14.2mL0.02N的NaOH溶液中，用水稀释至250mL。

酚酞配制：1g溶于60mL酒精中，用水稀释至100mL。

茜素黄配制：0.1g溶于100mL50%乙醇中。

以上这几种指示剂的变色范围，见表5-3。

表5-3 几种指示剂的变色范围

指示剂名称	符　号	适用pH范围	颜色变化
溴百里香酚蓝	BTB	6.0~7.6	黄~蓝
酚　红	PR	6.8~8.4	黄~红
酚　酞	PP	8.2~10.0	无色~红
茜素黄GG	AYG	10.0~12.0	黄~棕黄

（2）0.1mol/L NaOH标准液。

（3）0.2mol/L 磷酸二氢钾溶液。

（4）0.2mol/L 硼酸与0.2mol/L 氯化钾溶液。

（5）0.1mol/L 氨基乙酸与0.1mol/L NaCl混合液。

以上试剂均用煮沸的蒸馏水配制，酒精应呈中性，所使用的固体试剂均应干燥后使用。

（6）pH 标准缓冲液：各种 pH 值缓冲液配制方法，见表 5-4～表 5-6。

表 5-4　pH6.0～8.0 的标准缓冲液

pH	0.2mol/L 磷酸二氢钾溶液/mL	0.1mol/L 氢氧化钠溶液/mL	蒸馏水/mL
6.0	25.0	5.6	69.4
6.2	25.0	8.1	66.9
6.4	25.0	11.6	63.4
6.6	25.0	16.4	58.4
6.8	25.0	22.4	52.6
7.0	25.0	29.1	45.9
7.2	25.0	31.7	40.9
7.4	25.0	39.1	35.9
7.6	25.0	42.4	32.6
7.8	25.0	44.5	30.5
8.0	25.0	46.1	29.9

表 5-5　pH8.2～10.0 的标准缓冲溶液

pH	0.2mol/L 硼酸—氯化钾溶液/mL	0.1mol/L 氢氧化钠溶液/mL	蒸馏水/mL
8.2	25.0	6.0	69
8.4	25.0	8.0	66.4
8.6	25.0	11.8	63.2
8.8	25.0	15.8	59.0
9.0	25.0	20.8	54.2
9.2	25.0	26.4	48.6
9.4	25.0	32.1	42.9
9.6	25.0	36.9	38.1
9.8	25.0	40.6	34.4
10.0	25.0	43.7	31.3

表 5-6　pH10.0～12.0 的标准缓冲溶液

pH	0.1mol/L 氨基乙酸—氯化钠溶液/mL	0.1mol/L 氢氧化钠溶液/mL	蒸馏水/mL
10.0	62.5	37.5	0
10.2	59.0	41.0	0
10.4	56.0	44.0	0
10.6	54.0	46.0	0
10.8	52.5	47.5	0
11.0	51.2	48.8	0
11.2	50.2	49.8	0
11.4	49.8	50.2	0
11.6	49.0	51.0	0
11.8	47.9	52.1	0
12.0	46.0	54.0	0

B 测定方法与步骤

(1) 取三支比色管,各加入5mL水样,分别加入比色槽2号、4号、6号槽内。

(2) 取一支比色管,加入5mL蒸馏水,放入第5号槽中。

(3) 取比色管两支,加入适量的缓冲溶液,放入1号及3号槽内。

(4) 向1号、2号、3号孔的试管中加入0.25mL适宜的指示剂溶液,摇匀、进行比色,与水样颜色相同或相似的缓冲液的pH值即为水样pH值。

C 测定水的pH值时应注意以下事项

(1) 一般对给水、生水,应先用溴百里香酚蓝测定。如pH值超过7.2,则改用酚红测定。对炉水,应先用酚酞测定,如pH值超过10,则改用茜黄素GG测定。

(2) 如用比色法测定,水的颜色、浑浊度、氧化剂、还原剂均影响测定结果,改用电位法测定。

(3) 测定含盐量很少的水样(凝结水)时,为减少指示剂本身的酸碱性对测定的影响,可用50mL比色管进行比色,但指示剂的加入量仍为0.25mL。

(4) 所有指示剂应购存于严密的棕色瓶中,并放置于暗处,以避免空气中酸碱性气体溶入溶剂挥发及感光变化。

(5) 如经费允许,可购置pH比色计一台,这将给测定带来很大方便。

复习思考题

1. 汽化冷却的优点有哪些?
2. 汽化冷却自然循环的动力是什么?
3. 安全阀的作用是什么?
4. 压力表和存水弯管的作用是什么?
5. 水位表的作用和原理是什么?
6. 水质化验和分析的目的是什么?

6　加热炉的热工仪表与自动控制

在冶金生产过程中，我们总希望加热炉一直处于最佳的工作状态，而靠人工来实现这一目标往往是不可能的。因此，一般都采用仪表将加热炉的工作参数显示出来并对其进行一些检测，以此来指导人们的操作和实现自动调节，从而达到增加产量，提高质量，降低热耗的目的。检测及调节的热工参数，主要为温度、压力、流量等几个基本物理量以及燃烧产物成分的分析等几个方面。对温度、压力、流量等可采用单独的专门仪表进行检测或调节，对燃烧产物成分可用专门的气体分析器进行检测或调节。这一类专用仪表称之为基地式仪表，随着科学技术的发展，为了适应全盘自动化的需要，要求检测及调节仪表系列化、通用化，因而在60年代初期开始出现单元组合仪表。如今在我国的轧钢加热炉上也广泛采用这一类仪表。

对热工参数进行检测，无论采用哪类仪表，大体都由下列几部分组成：

（1）检测部分。它直接感受某一参数的变化，并引起检测元件某一物理量发生变化，而这个物理量的变化是被检测参数的单值函数。

（2）传递部分。将检测元件的物理量变化，传递到显示部分去。

（3）显示部分。测量检测元件物理量的变化，并且显示出来，可以显示物理量变化，也可以根据函数关系显示待测参数的变化。前者多采用在实验室内，而工业生产中大多数用后者，因为它比较直观。

由于电信号的传递迅速、可靠，传递距离比较远，测量也准确、方便。所以常将检测元件感受到待测参数的变化而引起的物理量变化，转换成电信号再进行传递，这类转换装置称为变送器。下面就介绍一下这些检测仪表的结构、工作原理及计算机自动控制。

6.1　测温仪表

用来测量温度的仪表，称为测温仪表。温度是热工参数中最重要的一个，它直接影响工艺过程的进行。在加热炉中，钢的加热温度、炉子各区域的温度分布及炉温随时间的变化规律等，都直接影响炉子的生产率及加热质量。检测金属换热器入口温度对预热温度及换热器使用寿命起很大作用，故对温度的正确检测极其重要。加热炉经常使用的温度计有热电偶高温计、光学高温计和全辐射高温计三种。这里分别介绍它们的工作原理和结构。

6.1.1　测温方法简介

要检测温度，必须有一个感受待测介质热量变化的元件，称为感温元件或温度传感器。感温元件感受到待测介质的热量变化后，引起本身某一物理量发生变化，产生一输出量。当达到热平衡状态时，感温元件有一稳定的物理量输出（μ）。μ 可以直接观察出来，如水银温度计即是根据水银受热膨胀后的体积大小从刻度上读出所测温度。大多数的 μ 要经过传递部分传送到显示仪表中将其变化显示出来。如图 6-1(a)所示。在单元组合仪表中，感温元件的物理量 μ 的变化要经过变送器转换成统一的标准信号 g 后再传递到显示单元中加以显示，如图 6-1(b)所示。

测温仪表的种类、型号、品种繁多，按其所测温度范围的高低，将测 500℃以上温度的仪表称为高温计，测 500℃以下温度的仪表称为温度计，最常用的分类方法是按测温原理，即感温元件是何种物理变化来分类。

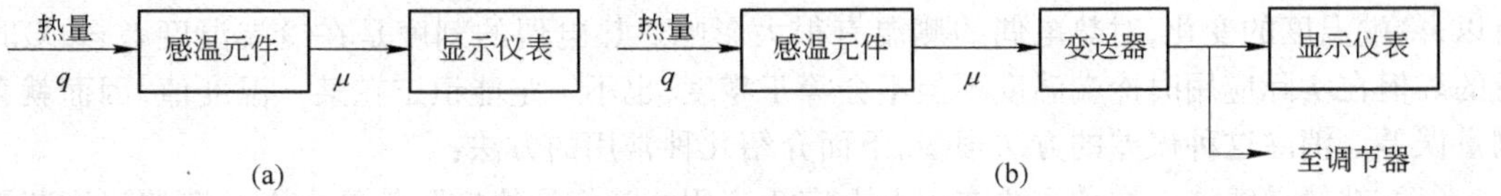

图 6-1 测温原理图

6.1.2 热电偶高温计

最简单的热电偶测温系统如图 6-2 所示。它由热电偶感温元件 1，毫伏测量仪表 2（动圈仪表或电位差计）以及连接热电偶和测量电路的导线（铜线）及补偿导线 3 组成。

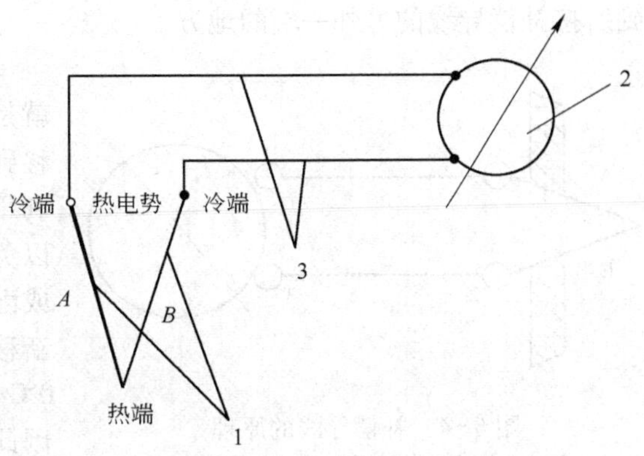

图 6-2 最简单的热电偶测温系统
1—热电偶 AB；2—测温仪表；3—导线

热电偶是由两根不同的导体或半导体材料如图 6-2 所示中的 *A* 与 *B* 焊接或铰接而成。焊接的一端称作热电偶的热端（或工作端）；和导线连接的一端称作冷端。把热电偶的热端插入需要测温的生产设备中，冷端置于生产设备的外面，如果两端所处的温度不同，则在热电偶的回路中便会产生热电势。在热电偶材料一定的情况下，热电势的大小完全取决于热端温度的高低。用动圈仪表或电位差计测得热电势后，便可知道被测物温度的高低。

6.1.2.1 热电偶测温的基本原理

热电偶测量温度的基本原理是热电效应。所谓热电效应就是将两种不同成分的金属导体或半导体两端相互紧密地连接在一起，组成一个闭合回路，当两连接点 a、b 所处温度不同时，则此回路中就会产生电动势，形成热电流的现象。换言之，热电偶吸收了外部的热能而在内部发生物理变化，将热能转变成电能的结果。如图 6-3 所示为热电效应示意图。

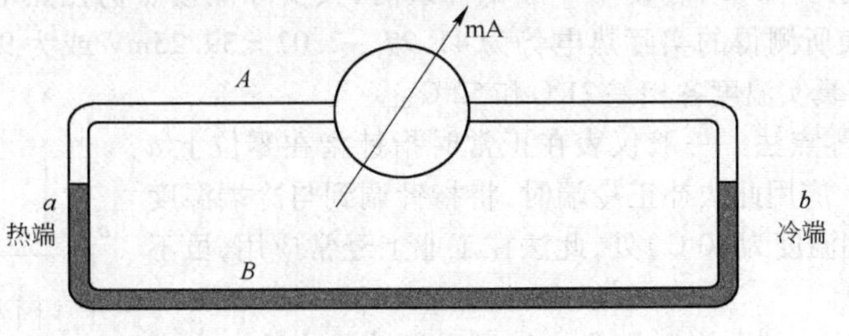

图 6-3 热电效应

6.1.2.2 热电偶的冷端补偿

从热电偶的测温原理中知道，热电偶的总热电势与两接点的温度差有一定关系，热端温度越高,则总热电势越大;冷端温度越高,则总电势越小,从总电势公式 $E_{AB}(t,t_0)=E_{AB}(t,0)-E_{AB}(t_0,0)$ 可以看出,当冷端温度 t_0 增高时,则热电势 $E_{AB}(t_0,0)$ 愈大,因此,总热电势 $E_{AB}(t,t_0)$ 愈小。所以,冷端温度的变化,对热电偶的测温有很大影响。热电偶的刻度是在冷端温度 $t_0=0$℃时进行的。但在实际应用时冷端温度不但不会等于零度,也不一定能恒定在某一温度值,因而就会有测量误差。消除这种误差的方法很多,下面介绍几种常用的方法:

(1) 补偿导线法。这种方法在工业上广泛应用。补偿导线实际就是由在一定的温度范围内(0~100℃)与所配接的热电偶有相同的温度——热电势关系的两种贱金属线所构成,或者说,当将此两种贱金属线配制成热电偶形式时,使热端受100℃以下温度范围的作用,与所配接的热电偶有相同的温度——热电势等值关系。例如铂铑—铂热电偶就是利用铜和铜镍合金两种贱金属构成补偿导线。由上述可知,当热电偶的冷端配接这种补偿导线以后,就等于将其冷端迁移,迁移到所接补偿导线的另外一端的地方。

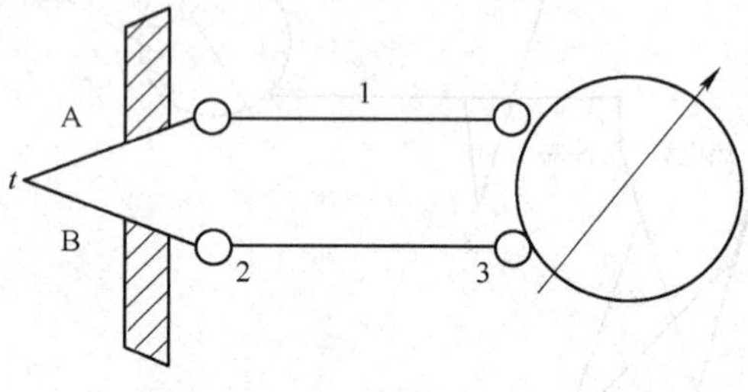

图6-4　补偿导线的原理

1—补偿导线;2—原自由端;3—新自由端

由图6-4可以明显的看出,补偿导线的原理就是等于将热电偶的原冷接点位置移动一下,搬移到温度比较低和恒定的地方。同时也可以知道利用补偿导线作为冷接的补偿并不意味着完全可以免除冷端的影响误差(除非所搬移的地方为0℃或配用仪表本身附有温度的自动补正装置),因为新移的冷端一般都是仪表所在处的室温或高于0℃,但配用仪表的温度刻度关系一般从0℃开始,因此在这种情况下也要产生一定程度的读数误差,其大小要看新移冷接点温度的高低而定。相反,若将补偿导线所接引的新冷端处于一温度较高或波动的地方,那么很明显地可以看出补偿导线会完全失去应有的意义。另外更应注意到热电偶与补偿导线联接端所处的温度不应超出100℃,不然也会产生一定程度的温度读数误差。

举一例来进一步说明,有一镍铬—镍硅热电偶测量某一真实温度为1000℃地方的温度,配用仪表放置于室温20℃的室内,设热电偶冷接点温度为50℃,若热电偶和仪表的联接使用补偿导线或使用普通铜质导线两者所测得的温度各为多少度?又与真实温度各相差多少度?

由温度和热电势关系表中可查出1000℃、50℃、20℃的等值热电势各为41.27mV、2.02mV、0.8mV,若使用补偿导线时,热电偶的冷接点温度则为20℃,所以配用仪表测得的热电势为 $41.27-0.8=40.47$mV 或为979℃;若使用一般铜导线时,其实际冷接点仍在热电偶的原冷接点,即50℃,这样配用仪表所测得的实际热电势为 $41.27-2.02=39.25$mV 或为948℃。则两者相差 $979-948=31$℃,与真实温度各相差21℃和52℃。

(2) 调整仪表零点法。一般仪表在正常时指针指在零位上 a 处,如图6-5所示。应用此法补正冷端时,将指针调到与冷端温度相等的 b 点(设冷端温度为20℃)处,此法在工业上经常应用,虽不太准确,但比较简单。

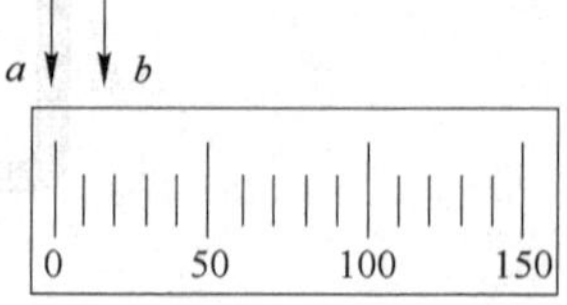

图6-5　零点调整示意图

(3) 冷端恒温法。其中使用最普遍的是采用冰浴方法。在实验中常采用此法,如图6-6所示。在恒温槽内装有一半凉水和一半冰,并严密封闭,使恒温槽内不受外界的热影响,槽内冷接点要和冰水绝缘,以免短路,一般用一试管,把冷接点放在试管中。

6.1.2.3 热电偶的使用注意事项

为提高测量精确度，减少测量误差，在热电偶使用过程中，除要经常校对外，安装时还应特别注意以下问题：

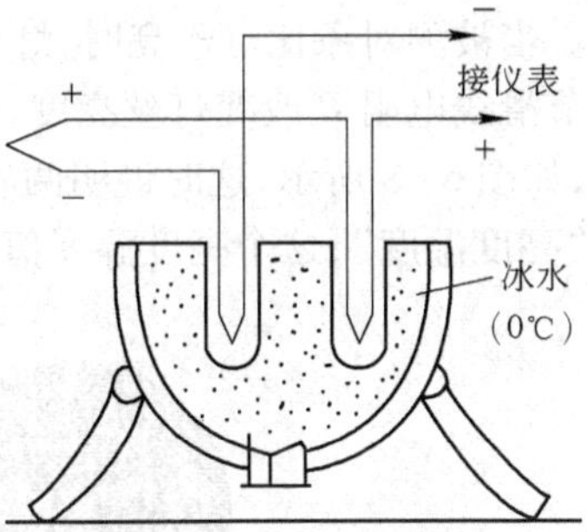

图6-6 冷端恒温法

（1）安装热电偶要注意检查测点附近的炉墙及热电偶元件的安装孔须严密，以防漏风，不应将测点布置在炉膛或烟道的死角处。

（2）测量流体温度时，应将热电偶插到流速最大的地方。

（3）应避免或尽量减少热量沿着热电极及保护管等元件的传导损失。

（4）要避免或尽量减少热电偶元件与周围器壁或管束等辐射传热。这对于测量炉气或废气温度尤为重要。

（5）热电偶插入炉内的长度应适当，且不能被挡住，否则测量结果会偏低。

6.1.3 光学高温计

在冶金生产过程中，对于加热炉，常常要测定其加热的钢坯表面温度。而测量这些参数，无法用直接接触测量方法（如热电偶高温计），而只能用非接触测量方法进行测量即主要是热辐射测温法。光学高温计就是利用这种方法测温的仪器。

6.1.3.1 光学高温计的测温原理

任何物体在高温下都会向外投射一定波长的电磁波（辐射能）。而电磁波的波长为0.65μm的可见光对人的眼睛最为敏感，况且此波长的辐射能随温度变化，它的变化很显著。可见光能的大小表现在它对人眼亮度的感觉上，物体温度越高，它所射出的可见光能越强，即看到的可见光就越亮。

光学高温计测量温度的方法就是把被测物体在0.65μm波长时的亮度和装在仪表内部的高温计通电灯泡的灯丝亮度作比较，当仪表灯丝亮度与被测物体所发出亮度相同时，即说明灯丝温度与被测物体温度相同。因为灯丝的亮度由通过灯丝的电流决定的，每一个电流强度对应于一定的灯丝温度，故测得电流大小即可得知灯丝的温度，也即测得被测物体的温度。所以这种高温计也称为隐丝式光学高温计。

图6-7是隐丝式光学高温计示意图，当合上按钮开关K时，标准灯4（又称光度灯）的灯丝由电池E供电。灯丝的亮度取决于流过电流的大小，调节滑线电阻R可以改变流过灯丝的电流，从而调节灯丝亮度。毫伏计用来测量灯丝两端的电压，该电压随流过灯丝电流的变化而变化，间接地反映出灯丝亮度的变化。因此当确定了灯丝在特定波长（0.65μm左右）上的亮度和温度之间的对应关系后，毫伏计的读数即反映出温度的高低。所以毫伏计的标尺都是按温度刻度的。

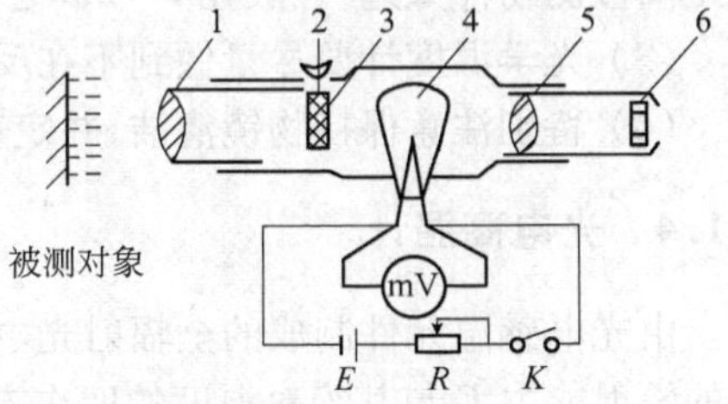

图6-7 光学高温计示意图

1—物镜；2—旋钮；3—吸收玻璃；4—光度灯；5—目镜；6—红色滤光片

由放大镜1（物镜）和5（目镜）组成的光学透镜部分相当于一架望远镜。移动目镜5可以清晰地看到标准灯丝的影像，移动物镜1，可以看到被测对象的影像，它和灯丝影像处于同一平面上。这样就可以将灯丝的亮度和被测对象的亮度相比较。当被测对象比灯丝亮时，灯丝相对地变为暗色，当被测对象比灯丝暗时，灯丝变成一条亮线。调节滑线电阻 R 改变灯丝亮度，使之与被测对象亮度相等时，灯丝影像就隐灭在被测对象的影像中，如图 6-8 所示，这时说明两者的辐射强度是相等的，毫伏计所指示的温度即相当于被测对象的“亮度温度”，这个亮度温度值经单色黑度系数加以修正后便获得被测对象的真实温度。

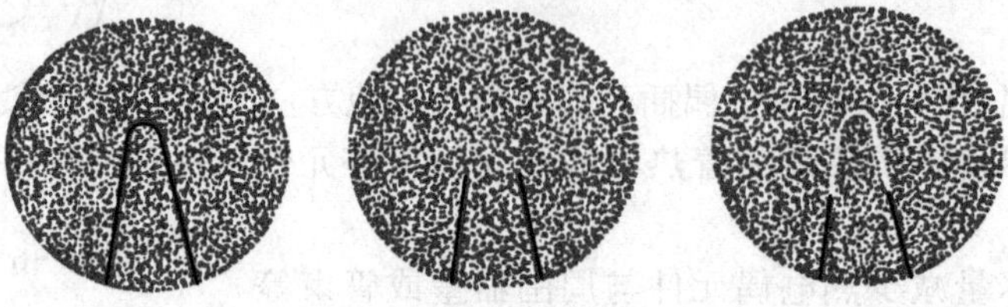

图 6-8 光学高温计瞄准状况

红色滤光片的作用是为了获得被测对象与标准灯的单色光，以保证两者是在特定波段上（0.65μm左右）进行亮度比较。吸收玻璃的作用是将高温的被测对象亮度按一定比例减弱后供观察，以扩展仪表的量程。

但是，光学高温计毕竟是用人的眼睛来检测亮度偏差的，也是用人工通过调整标准灯亮度来消除偏差达到两者的平衡状态的（灯丝影像隐灭）。显然，只有被测对象为高温时，即其辐射光中的红光波段（$\lambda = 0.65\mu m$ 左右）有足够的强度时，光学高温计才有可能工作。当被测对象为中、低温时，由于其辐射光谱中红光波段微乎其微，这种仪表也就无能为力了，所以光学高温计的下限一般是 700℃以上。再者，由于人工操作，反应不能快速、连续，更无法与被测对象一起构成自动调节系统，因而光学高温计不能适应现代化自动控制系统的要求。

6.1.3.2 使用光学高温计应注意的事项

（1）非黑体的影响。由于被测物体是非绝对黑体，而且物体的黑度 ε_λ 不是常数，它和波长 λ、物体的表面情况以及温度的高低均有关系。黑度有时变化是很大的，这对测量带来很不利的影响。有时为了消除 ε_λ 的影响，可以人为地创造黑体辐射的条件。

（2）中间介质的影响。光学高温计和被测物体之间如果有灰尘、烟雾和二氧化碳等气体时，对热辐射会有吸收作用，因而造成误差。在实际测量时很难控制到没有灰尘，因此光学高温计不要距离被测物体太远，一般在 1～2m 之内，最多不超过 3m。

（3）光学温度计要尽量做到不在反射光很强的地方进行测量，否则要产生误差。

（4）特别注意保持物镜清洁，并定期送检。

6.1.4 光电高温计

由光电感温元件制成的全辐射光电高温计是一种新型的感温元件。由传热原理中得知，物体的辐射能力 E 与其绝对温度的四次方成正比。如能测出辐射体（高温物体）的辐射能力，即可得到 T。光电高温计即是通过测量 E 达到测量 T 的目的，其测量过程如图 6-9 所示。

物体的辐射能力 E 经物镜聚焦在由数只热电偶串联组成的电堆上，根据 E 的变化来测热电堆的热电势。热电堆焊在一面涂黑的铂片 5 上，接受待测物体经物镜 2 聚焦后的 E，使热电堆 4 受热产生热电势，由显示仪表显示，3 用来调节射到 5 上的辐射能。

这种温度计的最大优点是热电偶不易损坏，当测量 1400℃ 的炉温时，铂片的温度也只有

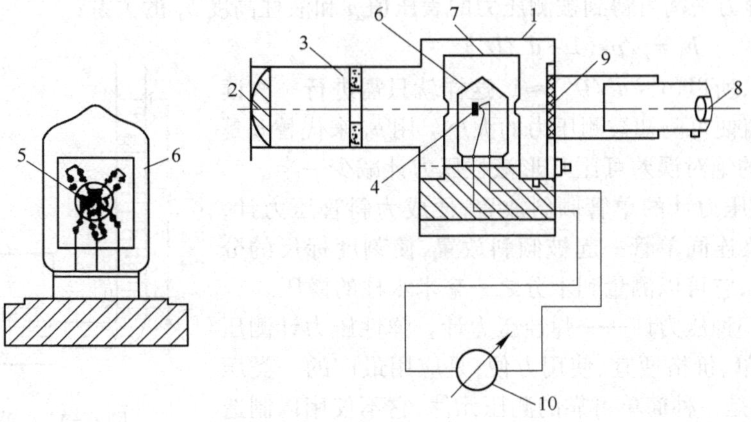

图6-9　全辐射感温元件原理

1—镜头外壳；2—物镜；3—遮光屏；4—热电堆；5—铂片；6—热电堆灯泡；7—灯泡外罩；8—目镜；9—滤光片；10—显示仪表

250℃左右，因而可大大降低热电偶的消耗量；缺点是测量温度受物体黑度及周围介质影响而不太准确，校正也较困难。

6.2　测压仪表

压力检测是指流体（液体或气体）在密闭容器内静压力与外界大气压力之差，即表压力的检测。压力检测是热工参数检测的重要内容之一。加热炉炉膛压力对炉子操作、加热质量及其产量均有重大影响。同时管道内煤气压力的检测是安全技术方面的重要内容。本节主要介绍加热炉常用的测压仪表。

6.2.1　U形液柱压力计

如果玻璃U形管的一端通大气，而另一端接通被测气体，这时便可由左右两边管内液面高度差 h 测知被测压力的数值 p（表压），见图6-10。

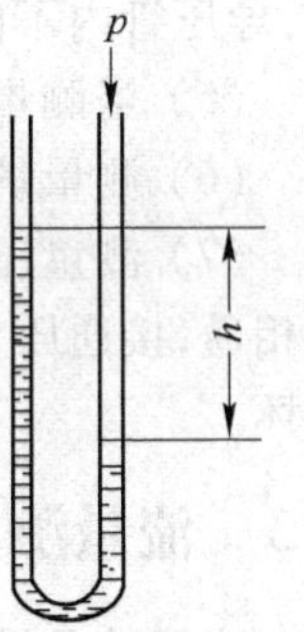

图6-10　U形液柱压力计

根据静力平衡原理我们得到被测压力：

$$p=\rho gh \tag{6-1}$$

式中　p——被测压力的表压值，Pa；

ρ——U形管内所充工作液的密度，kg/m^3；

h——U形管内两边液面高度差，m。

由公式（6-1）可见，U形管内两边液面高度差 h 与被测压力的表压值 p 成正比。比例系数取决于工作液的密度。因此，被测压力的表压值 p 可以用已知工作液高度 h 的毫米数来表示，例如 mmHg、mmH_2O。U形液柱压力计的测量准确度受读数精度和工作液体毛细作用的影响，绝对误差可达2mm。

6.2.2　单管液柱压力计

单管液柱压力计的结构见图6-11。它的工作原理和U形液柱压力计相同，只是右边杯的内径 D 远大于左边管子的内径 d。由于右边杯内工作液体积的减少量始终是与左边管内工作液体积的增加量相等，所以右边液面的下降将远小于左边液面的上升，即

$h_2 << h_1$。根据静力平衡可得到被测压力的表压值 p 和液柱高度 h_1 的关系：

$$h_1 = p/\rho g(1 + d^2/D^2)$$

由于 $D >> d$，所以 $(1 + d^2/D^2) \approx 1$，这样就只需进行一次读数取得 h_1 的数值便可测知被测压力的大小。用 h_1 来代替 h 是足够精确的，它的绝对误差可比 U 形液柱压力计减少一半。

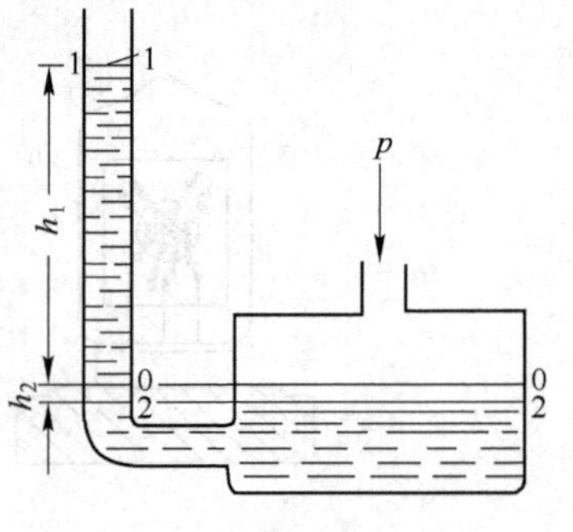

图 6-11　单管液柱

如果将这种压力计的单管倾斜放置，便成为斜管压力计，由于 h_1 读数标尺连同单管一起被倾斜放置，使刻度标尺的分度间距得以放大，它可以测量到十分之一毫米水柱的微压。

另外，还有一种压力计——弹性压力计。弹性压力计测压范围宽、结构简单、价格便宜、使用方便，是应用最广的一类压力计。弹性元件是一种简单可靠的测压元件，它不仅用以制造各类弹性式压力表，而且可作为变送器的压力感受元件，随着测压范围的不同，所用弹性元件的材质及结构也不同。其中管弹簧式压力计应用最广，已在第五章介绍。

6.2.3　测量压力时应注意的问题

测量压力时应注意以下几点：

（1）取压点必须具有代表性，不得在气流紊乱的地方或者有漏出、吸入的地方取压。

（2）取压时最好使用取压管，以避免动压力对所测静压力的影响。管壁钻孔取压时，应注意钻孔必须垂直于管壁，内壁钻孔处不能有毛刺产生，接管内径应与孔径一致。

（3）测量气体压力时，取压点应在管道上半周，以免液体进入导压管内。测量液体压力时，取压点应在管道的下半周，以免气体进入导压管内，但不能在管道的底部，以免沉淀物进入导压管内。

（4）传递压力的导压管不应太细，内径以 10～12mm 为宜，导压管应保证不漏和不堵。测量液体压力时，导压管内不能有气体存在，在最高点应有排气阀，最低点应有排污阀；测量气体压力时，导压管内不能有液体存在，在最低点应有放水阀。敷设导压管时应有一定的倾斜度。

（5）当测量温度高于 800℃ 的烟气压力时应采用水冷取压管。

（6）测量炉膛压力时，应沿导压管敷设补偿导管，以排除环境温度的影响。

（7）测量压差时，应在两根引压管之间安置平衡阀，在接通压差前打开平衡阀，使两根引压管相通，接通压差后再关闭平衡阀，以免将所充液体冲至导压管内，影响测量结果，或将弹性元件损坏。

6.3　流量测量仪表

流量计是用来测定加热炉所使用的燃料（气体或液体）、空气、水、水蒸气等用量的仪器。有时还需要自动调节流量及两种介质的流量比，如燃料与助燃空气的流量比。准确地检测及调节流量对加热炉的经济指标十分重要，对节能工作具有重要意义。

流量计的种类繁多，按其测量原理，通常分为容积式流量计和速度式流量计两大类。加热炉上常用的是节流式差压流量计，即速度式流量计。本节主要介绍节流式差压流量计。

6.3.1　流量的定义及表示方法

流量是指流体（气体或液体）通过管道或容器内的数量，常用瞬时流量及累计流量表示。前者指检测的瞬间流体在单位时间内所流过的数量；后者指检测的一段时间内流过的流体数量总和。流量的表示方法常用体积流量和质量流量表示。体积流量的瞬时流量是单位时间内流过管道某处截面流体的体积，单位用 m^3/s 表示。质量流量是指在单位时间流过管道某截面处流体的质量，用 kg/s 表示。

6.3.2　节流式差压流量计

节流式差压流量计，即用节流装置测流量，其原理为：在管道内装设有截面变化的节流装置（元件），当流体流经节流装置时，由于流束收缩，其流速发生变化而在节流装置前后产生静压差，称为差压。利用此差压与流量的关系达到检测流量的目的。该差压可以直接显示，也可经差压变送器转换成电信号再显示或累积流量，其组成如图 6-12 所示。图中表明，节流式流量计由下列三个部分组成：

（1）节流装置。产生与流量有关的差压。

（2）传递部分。用管道将差压传递到差压计或差压变送器。

（3）差压计。显示、记录或累积流量，常直接刻度流量标尺。

节流装置是节流式差压流量计的关键元件，常用的节流装置有孔板、喷嘴及文丘里管。其中用得最多的是孔板，目前已标准化系列统一化了。1976 年制定的 ISO/5167 为正式国际标准。我国也参照国标制定了"流量测量节流装置国家标准"，其结构形式如图 6-13 所示。

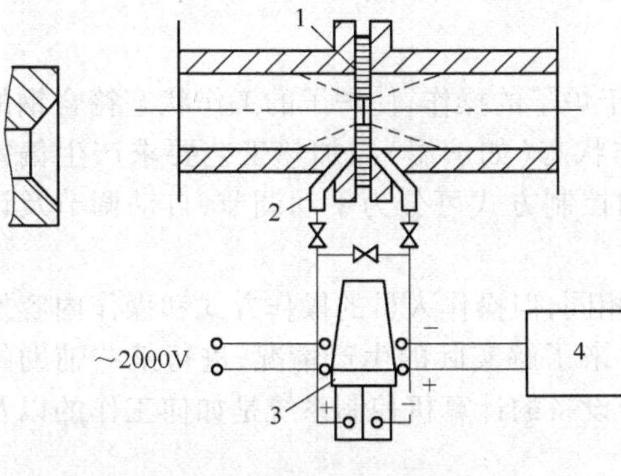

图 6-12　节流式流量计组成

1—节流装置；2—连接管道；

3—差压变送器；4—显示仪表

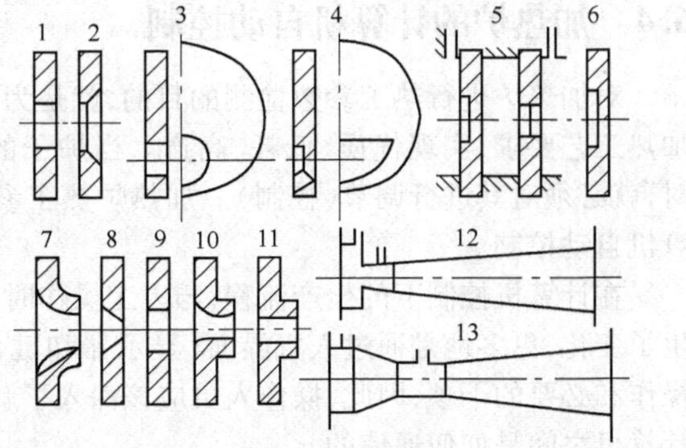

图 6-13　节流装置的型式

1、2—标准孔板；3、4—偏心和圆缺孔板；5—双重孔板；

6—双斜孔板；7—标准喷嘴；8—1/4 圆喷嘴；9—半圆喷嘴；

10—组合喷嘴；11—圆筒形喷嘴；12—文丘里管喷嘴；13—文丘里管

6.3.2.1　节流式差压流量计流量方程式

流体流经节流装置——孔板时，在节流装置前后产生的压力差 Δp 与流量之间的关系可用下式表示：

$$V = \mu F_0 \sqrt{\frac{2}{\rho}\Delta p}$$

式中　V——体积流量，m^3/s；

μ——流量系数；

F_0——孔板面积，m^2；

ρ——流体的密度，kg/m^3；

Δp——压力差，Pa。

6.3.2.2 流量显示仪表

在加热炉的流量检测仪表中，广泛采用单元组合仪表测量流量。DDZ 单元组合仪表（电动单元组合仪表）测流量时，是用 DBC 差压变送器将差压信号 $p_1 - p_2 = \Delta p$ 转换成电流信号 $I_{\Delta p}$，将其开方后送到显示仪表显示瞬时流量或送到比例计算器显示出积累流量来。为了补偿使用过程中 p 及 T 变化所造成的误差，$I_{\Delta p}$ 在进入开方器前还要使用乘除器补正。它的组成原理见框图 6-14。在节流装置的安装时，应严格按仪表说明书的安装规则进行。具体规则可在有关资料或手册中查到。

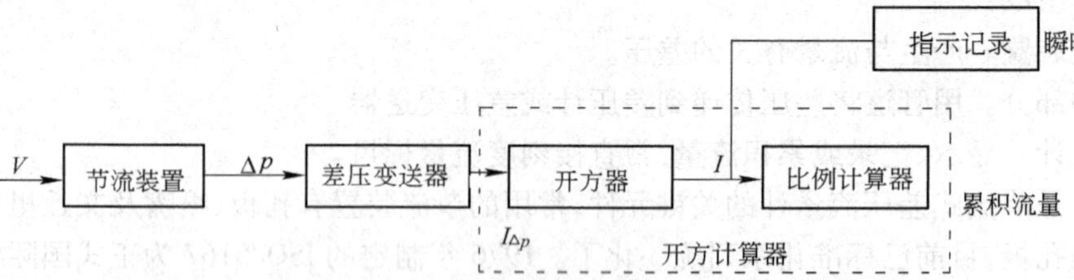

图 6-14　DDZ 仪表测流量原理方框图

6.4 加热炉的计算机自动控制

对加热炉进行热工参数检测的目的，就是为了便于炉子的操作，使炉子的工作状态符合钢的加热工艺要求，实现优质、低耗、高产。当炉子的工作状态（如炉温）与加热工艺要求产生偏差时，就必须对其进行调节（控制）。加热炉热工参数的控制方式可分为手动调节、自动调节及计算机自动控制。

在计算机控制下的生产流程，与人工操作时基本相同，但操作人员的操作方式和操作内容发生了变化，更多地是通过人机界面（显示器和键盘等）来了解实际的生产情况，进行某些辅助的操作和必要的干预，因此，操作人员应该深入了解各个设备的计算机控制系统是如何工作的以及计算机之间是如何通信的。

6.4.1 加热区基础自动化

根据轧制计划表中所规定的顺序，某块坯料由起重机吊到上料 A 辊道上后，就处于过程控制级计算机的跟踪之下。

坯料在 *A* 辊道上，受到冷金属检测器的跟踪，并由冷金属检测器控制辊道的运转和控制坯料在辊道上的位置。为了避免计算机误动作，上料时不论是长坯料还是短坯料，一组辊道上只能放一块坯料，不能跨组放，也不能在同一组辊道上放两块坯料。

坯料上了 *A* 辊道后，要测量长度和重量，测量装置自动完成测量后，把实测数据传给计算机，计算机对数据进行检查，发现异常时输出报警信息，请求操作人员进行相应处理。计算机把 PDA 中的坯料号和由操作人员通过人机接口 MMI 装置输入与标在实际坯料上的号码比较，进行坯料确认或叫坯料识别。如果发现异常，要进行重新排序、做“缺号处理”或将坯料吊销。

对已经测量和确认过的坯料按照规定的炉号、炉列进行坯料移动和炉前定位控制，控制坯料的炉前对中停止，这由 *B* 辊道自动位置控制系统 APC 程序完成。

坯料要推入加热炉时，计算机确定推钢机的移动行程，并且对这一设定计算值进行合理性检查，在满足装钢条件时，通过APC程序控制推钢机把坯料装入加热炉内预定位置。

坯料在炉内移动的位置用冷金属检测器作为跟踪的起始点。坯料在加热炉中由步进梁一步一步的将它移向出料端。为了防止炉内最前面的坯料越位而碰到出料炉门上，甚至掉下去，所以在距出料端墙1450mm（数据仅供参考）处的侧墙上设有γ射线检测器，用来控制步进梁停止前进。为了保证出钢机的正常操作，当γ射线检测器出故障时，步进梁可由计算机控制其停止前进。步进梁进行上升、前进、下降、后退的反复循环动作以及当出钢时间大于规定时间，步进梁进行上升、下降的踏步动作，均由计算机控制。加热炉的燃烧控制，由计算机进行设定和计算，而用相应的温度和流量调节器来执行其控制功能。

计算机根据轧件的尺寸和轧件的"运动方程"预测轧件在粗轧区、精轧区、卷取区的运行时间，并根据轧线上的生产状况和加热炉烧钢状况，决定坯料从加热炉抽出的时间，进行轧制节奏（Mill Pacing）控制，除了全自动出钢方式外，还有定时出钢和强制出钢方式。

当用抽钢机出钢时，若有抽钢请求，计算机首先检查抽钢的各种条件是否满足，然后进行抽钢机行程设定值计算，并通过APC程序控制抽钢机前进和后退，把加热好的坯料放在出炉辊道中心线上，根据前进方向是否有钢坯来决定出炉辊道的速度，移动坯料进入粗轧区。

6.4.2　手动调节、自动调节及计算机自动控制

热工参数的自动调节是手动调节的发展，它是利用检测仪表与调节仪表模拟人的眼、脑、手的部分功能，代替人的工作而达到调节的作用。

手动调节时，先由操作人员用眼观察显示仪表上温度的数值或直接用眼凭经验判断炉温高低，确定操作方向，用手调节供给燃料阀门的开启度，改变燃料流量，调节炉温使其稳定在规定的数值上。显然手动调节劳动强度大，特别是对某些变化迅速，条件要求较高的调节过程很难适应，有时还会因人的失误而造成事故。

自动调节时，热电偶感受到炉温变化经变送器送入调节器与给定值相比较（判别与规定数值的偏差）按一定的调节规律（事先选定好）输出调节信号驱动执行器，改变燃料流量，维持炉温恒定。可以看出，热电偶及变送器代替了人的眼睛，调节器代替了人脑的部分功能，执行器代替了人的手。在调节过程中没有人的直接参与，显然大大减轻了操作人员的劳动强度，调节质量也有明显提高。当然，自动调节仍离不开人的智能作用，如给定值的设定，调节规律的选择，各环节的联系与配合丝毫离不开人的智能作用。

加热炉的计算机控制是在自动控制（调节）的基础上发展起来的。采用计算机控制，不仅可以实现全部自动调节的功能，而且可以将设备或工艺过程控制在最佳状态下运行。如对加热炉采用计算机控制时，通过对诸热工参数（如温度、压力、流量、烟气成分等）的系统控制，可将炉子工作状态控制在燃耗最低，热效率最高，生产率最大的最佳状态，而自动调节很难做到这一点。随着计算机技术的发展，其控制对象已从单一的设备或工艺流程扩展到企业生产全过程的管理与控制，并逐步实现信息自动化与过程控制相结合的分级分布式计算机控制，创造大规模的工业自动化系统。

6.4.3　计算机控制的一般原理

6.4.3.1　计算机控制系统的基本组成

简单自动调节系统原理框图见图6-15。

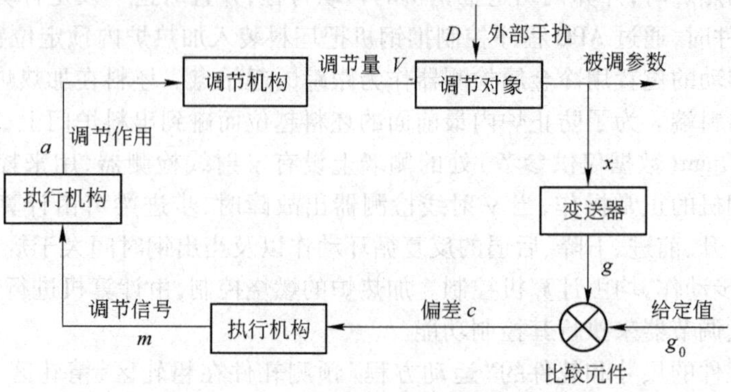

图 6-15　简单自动调节系统原理框图

g_0—给定值；x—检测值；m—调节器输出（调节信号）；D—扰动

测量元件对调节对象的被调参数（如温度、压力等）进行测量，变送器将被调参数转换成电压（或电流）信号，通过与给定值比较，将偏差信号反馈给调节器，调节器产生调节信号驱动执行机构工作，使被调参数值达到预定要求。由图 6-15 可以看出，自动控制系统的基本功能是信号传递、加工和比较。这些功能是由测量元件、变送器、调节器和执行机构来完成的。调节器是控制系统中最重要的部分，它决定了控制系统的性能和应用范围。

如果将图 6-15 中的调节器用计算机代替，这样就构成了一个最基本的计算机控制系统，控制系统框图如图 6-16 所示。在自动控制系统中，只要运用各种指令，就能编出符合某种控制规律的程序，计算机执行这样的程序，就能实现对被控参数的控制。

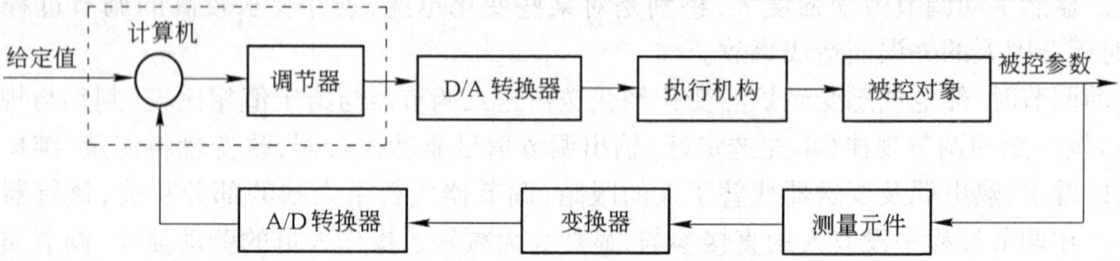

图 6-16　自动控制系统

在自动控制系统中，由于计算机的输入和输出信号都是数字信号，因此在控制系统中需要有将模拟信号转换为数字信号的 A/D 转换器，也有将数字信号转换为模拟信号的 D/A 转换器。

加热炉生产过程是连续进行的，应用于生产控制的计算机系统通常是一个实时控制系统，它包括硬件和软件两部分。

A　硬件组成

计算机控制系统的硬件一般由计算机、外部设备、输入输出通道和操作台等部分组成。

（1）计算机。计算机是控制系统的核心，完成程序存储程序执行，进行必要的数值计算，逻辑判断和数据处理等工作。

（2）外部设备。实现计算机与外界交换信息的功能设备称为外部设备。主要包括人—机通信设备，输入/输出和外存储器等。

输入设备主要用来输入数据、程序，常用的输入设备有键盘、鼠标、光电输入等。

输出设备主要用来把各种信息和数据提供给操作人员，以便及时了解控制过程的情况。常用的输出设备有打印机、记录仪表、显示器、纸带穿孔机等。

外存储器主要用于存储系统程序和数据，如磁带装置、磁盘装置等，同时兼有输入、输出功能。

（3）输入输出通道。输入输出通道是计算机和生产过程之间设置的信息传递和变换的连接通道。它的作用有：一方面将控制对象的生产过程参数取出，经过转换，变换成计算机能够接受和识别的代码。另一方面将计算机输出的控制命令和数据，经过变换后作为操作执行机构的控制代码，以实现对生产过程的控制。

（4）操作台。操作台是操作人员用来与计算机控制系统进行“对话”的，其组成有：

1）显示装置。如显示屏幕或荧光数码显示器，以显示操作人员要求显示的内容或报警信号。

2）一组或几组功能板键。板键旁有标明其作用的标志或字符，扳动板键，计算机就执行该标志所标明的动作。

3）一组或几组送入数字的板键，用来送入某些数据或修改控制系统的某些参数。

4）操作人员即使操作错误，应能自动防止造成严重后果。

B　计算机控制系统软件

软件通常分为两类：一类是系统软件，另一类是应用软件。

系统软件包括程序设计系统、诊断程序、操作系统以及与计算机密切相关的程序，带有一定的通用性，由计算机制造厂提供。

应用软件是根据要解决的实际问题而编制的各种程序。在自动控制系统中，每个控制对象或控制任务都配有相应的控制程序，用这些控制程序来完成对各个控制对象的不同控制要求。这种为控制目的而编制的程序，通常称为应用程序。这些程序的编制涉及生产工艺、生产设备、控制工具等，首先应建立符合实际的数据模型，确定控制算法和控制功能，然后将其编制成相应的程序。

6.4.3.2　计算机控制系统的控制过程

计算机控制系统的控制过程简单地分，可归结为以下两个步骤：

（1）数据的采集。对被控参数的瞬时值进行检测，并输入计算机。

（2）控制。对采集到的表征被控参数状态的测量值进行分析，并按已定的控制规律，决定控制过程，适时地对控制机构发出控制信号。

上述过程不断重复，使整个系统按照一定的品质指标进行工作，并且对被控参数和设备出现的异常状态及时监督并做出迅速处理。

复习思考题

1. 加热炉上检测及调节的热工参数主要有哪些？
2. 检测热工参数由哪几部分组成？
3. 测温仪表有哪些，它们各适用于什么情况？
4. 测压仪表有哪些，测量压力时应注意哪些问题？
5. 什么是流量，其测量原理是什么？
6. 加热炉计算机自动控制的一般原理是什么？

操 作 技 能

7 原料岗位操作

各热轧厂原料场地、运输条件、作业环境、使用原料的种类、设备和常有的生产工具以及管理的形式都是不同的。

由于原料工段工作的对象是笨重的钢坯，重量大，规格多，只能靠天车，地跨车搬运，装卸调运的工作量是繁重的，因而原料岗位工配备要适应这方面的要求，如卸料工、原料工等，都是繁重而危险的体力劳动岗位，另外还有配尺工（含表面质量检查工）、切割工、火焰处理工等。

由于原料基本上依靠吊车卸料、吊料、翻料，工作量大，作业互相交叉，因此几乎所有的热轧厂原料车间工人都是交叉作业、混合作业，除了原料管理工和火焰清理工往往是专人设置外，其他原料工人都要成为多面手，都要经过各个岗位的培训，以适应原料处理工作的特点。否则，如按岗位单打一工作，不但人员多，而且造成劳动组织上的不合理。

7.1 原料管理工作业标准化要求

原料管理工实际是钢坯仓库和钢坯处理场的值班钢坯管理员。他全面负责当班原料作业的收车，卸车上垛，执行生产作业计划，原料质量和数量检查，按炉核对金属平衡和做好原料退料等原始记录、台账工作，任务是十分艰巨的。

7.1.1 原料管理的主要任务

原料管理的主要任务为：

（1）根据有关技术条件严格检查、验收上厂供应的各种类型的坯料。

（2）原料合理垛放，保证执行按炉送钢制度。热轧车间是按生产作业计划和生产合同组织生产的，而供坯厂又不可能完全按照成材厂编制的日生产作业计划要求供料，因而，热轧车间必须有原料仓库，存放一定量的坯料。为了合理组织生产，充分利用仓库场地，应将库存钢坯、列入轧钢生产计划的钢坯和刚刚验收的钢坯，合理编组上垛。坯料仓库实际上起着缓冲厂际供料紧张，使生产组织有一定回旋余地的作用。

（3）按轧钢日生产作业计划备料。需要清理的钢坯要清理钢坯表面缺陷，按轧制成品尺寸要求对钢坯合理配尺，切割成合乎装炉条件的钢坯规格。

（4）坯料原始数据的统计管理。要对入库的钢坯进行登记上账，负责对原料原始资料收集、整理、分析。建立完整的原始资料统计体系，为生产工艺服务。

（5）钢坯的全面质量管理。根据全面质量管理的要求，一般热轧厂都在原料岗位设立质量管理点，加强工序质量管理，把钢坯的质量信息及时地反馈到炼钢厂，为供料单位改进质量提供可靠的原始数据。同时把钢坯质量反馈给本厂技术检验部门，以便在生产工艺上控制整个生产过程，降低废品率，提高产品质量。

（6）安全管理是原料仓库管理必不可少的内容。钢坯吊运和堆放，全靠吊车作业，特别需要强调安全以防止重大伤害事故的发生。

7.1.2 按炉送钢制度

按炉送钢制度是指坯料验收入库、供料及轧材交货都要求按炉批号进行转移、堆放、管理、生产，不得混乱，它是科学管理轧钢生产，确保产品质量防止混号的必要制度。它是原料岗位和整个轧制线生产管理工作的依据，原料管理人员必须严格遵守这一制度。同一炼钢炉号的钢坯，其化学成分、各类夹杂物比较接近。为了确保产品质量均匀稳定，供需双方都应执行按炉送钢制度。

7.1.3 原料的主要技术要求

轧制时所用的原料种类有：钢锭、轧制坯、连铸坯。以连铸坯作为生产的原料，大大简化了生产过程，具有金属收得率高、产品成本低、基建投资和生产费用少、劳动定员少、劳动条件较好等一系列特点。连铸坯已成为轧钢生产的重要原料。其技术要求有以下几点：

A 钢种与化学成分的要求

钢坯的牌号和化学成分应符合有关标准规定，对不同的钢种在钢的残余元素含量及规定值的允许范围上都有相应的要求，这是保证产品质量最基本的要求。

B 坯料外形尺寸要求

对钢坯的外形尺寸要求有：钢坯断面形状及允许偏差、定尺长度、短尺的最短长度及比例、弯曲、扭转等，这些要求是为了充分发挥轧机生产能力，保证轧制顺利进行，并对供坯的可能性和合理性等因素综合考虑后而确定的。现以某小型棒材厂对连铸坯外形尺寸和重量的技术要求为例介绍如下：

（1）坯料尺寸和重量：尺寸 150mm × 150mm × 12000mm；重量 2050kg；最小坯料长度不小于 8000mm。

（2）坯料公差：边长公差 ±5mm；对角线长度差 <7mm；长度公差 +80mm；平直度为每米弯曲度不超过 20mm/m，总弯曲度长度不超过连铸坯总长的 2%；剪切面坡度不超过 20mm，变形宽展不超过边长的 10%；短坯比例不能超过 10%。

C 坯料表面质量要求

（1）连铸坯表面不得有肉眼可见的裂纹、重接、翻皮、结疤、夹杂等。

（2）表面不得有深度或高度大于 3mm 的划痕、压痕、擦伤、气孔、皱纹、冷溅、耳子、凸块、凹坑和深度不大于 2mm 的发纹。

（3）连铸坯截面不得有缩孔、皮下气泡、夹杂。

（4）连铸坯的表面缺陷清理应符合如下要求：清除处应圆滑无棱角，所清除宽度不小于深度的 6 倍，长度不小于深度的 8 倍，表面清除的深度单面不得大于连铸坯厚度的 10%，两相对面清除深度的和不得大于厚度的 15%，清理处不得残留铁皮及毛刺。

D 坯料内部质量要求

坯料内部质量的判断主要以中心偏析、中心疏松、内部裂纹为依据。

（1）中心偏析。中心偏析是指以钢坯断面中心到边部化学成分的差异，中心的 C、S、P 等元素含量明显高于其他部位，同时伴随着中心疏松和缩孔的出现。中心偏析会降低钢的机械性能和耐腐蚀性能，尤其在线材拉拔时经常会发生断线现象，严重影响成品质量。

（2）中心疏松。在横向酸浸试样上表现为孔隙和暗点都集中分布在中心部位。轻微中心疏松对钢的力学性能影响不大,严重的中心疏松会影响钢的力学性能、甚至产生废品,因此严重的中心疏松是不允许存在的。

(3) 内部裂纹。连铸坯的内部裂纹主要分为角部裂纹、边部裂纹、中间裂纹和中心裂纹。不暴露的内部裂纹只要在轧制时不与空气直接接触(裂纹处不氧化),在达到一定压缩比时可以焊合,对成品质量没有太大的影响。

连铸坯对中心偏析、中心疏松和缩孔、内部裂纹、皮下气泡及非金属夹杂物等都有一定的要求,并有专门的评级标准。

7.1.4 原料的管理

7.1.4.1 执行生产作业计划

生产日作业计划是安排组织当班生产的指令,是根据产品定货合同和有关技术标准要求由生产调度科下达的生产文件。它规定了轧制产品的钢种、规格、相应的产品生产检查标准、特殊工艺要求,应准备的原料规格,以及安排了各成品生产的先后顺序。原料管理工应当熟悉和了解生产作业计划的要点,为完成生产作业计划做好原料准备工作。

(1) 每天接班前,必须到调度室抄写当班生产作业计划及应准备处理原料的先后顺序、钢种、规格和数量。要求抄写准确无误,对计划如有不清楚之处,应及时向调度员或值班主任问清。与此同时,应向调度员了解上班原料作业计划执行情况。

(2) 接班后向班长报告生产作业计划内容以及原料作业要求,并查出应处理钢坯的小卡片及指明钢坯堆放垛号。

(3) 将当班原料处理作业计划写在现场作业指示板上。按作业先后顺序,写清每炉钢坯炉批号、垛号、根数,并通知吊料工按作业指示板吊料、铺料,展开作业。

(4) 班中要将原料作业进度及时报调度室。

(5) 本班作业结束时,将本班实际执行作业计划情况报调度室。

7.1.4.2 原料的验收入库

根据原料验收标准和要求,核对原料的数量与质量,将合格钢坯入库,不合格的钢坯按有关退废制度退回原供单位或单独存放。

A 连铸坯常见的缺陷

(1) 拉裂。在连铸坯的表面上呈现“人”字形的裂纹,也有直线形的横向裂纹。裂纹不光滑,外形不整齐。

(2) 气泡。在连铸坯的表面上出现一种无规律分布的凸泡,有的可能暴露。

(3) 表面夹杂。在连铸坯表面上呈现点状、条状或块状分布,大小形状亦无规律,颜色有暗红、淡黄、灰白等色。

(4) 结疤。在连铸坯上有舌状的金属薄片不规则分布,与本体粘连,有的侧面上也存在。

此外,连铸坯还有接痕、凹坑、划伤及头尾切斜等缺陷。

B 钢坯的表面质量检查方法

在炼钢和连铸采用了一系列改善措施后,连铸坯的内在质量和外表质量已大大提高,在许多情况下已可生产无缺陷的连铸坯。就目前水平而言,一般用途的碳素钢和低合金钢坯已不必进行任何的表面质量检查和清理,但对质量要求高的产品,此项工作仍需要进行。

原料的表面检查方法有:目视检查、表面探伤和内部探伤。

(1) 目视检查这种方法只能检查出较明显的表面缺陷,效率低,不太可靠,但投资少。

(2) 表面探伤比内部探伤多,因为产生表面缺陷的机会比产生内部缺陷的机会更多。许多合金钢和优质钢如冷镦钢、轮辋钢、轴承钢等不需要进行内部探伤,但仍需进行表面探伤,发现缺陷后根据缺陷的情况进行局部和全部清理。表面探伤的方法有荧光磁粉法、涡流法和漏磁法。涡流法和漏磁法多用于成品的质量检验,钢坯探伤则以荧光磁粉法居多。

荧光磁粉法的原理是:被检测的材料磁化后产生磁场,在与表面缺陷垂直的地方磁力线泄漏,磁粉喷洒在钢坯表面,磁力线泄漏处外泄磁力将磁粉吸住形成花纹,在荧光灯的照射下显示出缺陷。

荧光磁粉探伤装置主要包括:两个磁化装置、磁粉散布装置、检查用紫外线灯及电控系统等。该装置为极间磁化线圈式,可探测深0.5mm、长20mm以上的表面缺陷。磁粉液由磁粉、分散剂、水混合而成,通过喷嘴自动喷布在钢坯表面,收集后循环使用。上料台架运来的钢坯由辊道送进磁化装置,该装置用极间磁化线圈中产生的磁场,使运行的钢坯在穿越磁场时被感应磁化,两个磁化装置分别磁化两个面和两个角。荧光磁粉液喷淋到钢坯表面,表面缺陷处的磁力线外泄产生磁力将磁粉吸住形成花纹,再经暗室中的紫外线灯照射发出荧光,人工目视检查并且在缺陷处做出标记。

(3) 坯料内部探伤的方法主要是超声波,在探伤过程中探头靠近方坯表面,发出超声波,为了使超声波传送良好,在探头和方坯表面之间需要耦合剂,缺陷一旦被检测出来,就会被记录下来,并在钢坯表面用彩色油喷上记号,以便随后辨认。

C 钢坯验收作业要点

(1) 组车进厂后,主动向调度室查询组车装料情况,查找炼钢厂钢坯输送单,检查钢坯输送单上填报的化学成分是否符合。如有个别成分超差,应会同检查员及时通知炼钢查询,并做好查询记录。

(2) 携钢坯输送单到组车上逐车进行验收,验收工作要从组车一方向另一方逐次进行,按单据检查每炉钢的钢号是否打清,规格、支数、长尺、倍尺是否相符,相邻炉号在组车上的间隔是否合乎规定。如实物与输送单据完全相符,要在验收的钢坯上逐吊标志清楚,以便卸料人员准确吊卸,防止发生错吊、错放事故发生。

(3) 在中夜班收车时,必须持手电照明。在组车上走动时,防止被钢坯烫伤,划伤,要站稳,防止脚失控落于车下。当发现天车作业影响收车时,应及时停下,确保安全后,再继续验收。

(4) 组车全部验收后,与检查员取得联系,通知收车情况。根据存放场地条件,确定每炉钢坯应卸的行、垛号,通知卸料工卸车上垛。

(5) 填写原料原始存放小卡片。卡片上必须注明钢种、规格、支数、单倍尺、长尺数量、总重量、验收时间、堆放行垛号,并应签字备查。

(6) 填写原料收支台账。原料收支台账是原料工序最重要的原始记录之一。它是原料日、旬储存最重要的记录,是安排组织生产的重要依据。生产中要随时掌握原始收入,填写收入台账时要认真,字迹应工整、清楚,数字要准确无误。

(7) 在收车和卸车过程中,或因某炉钢坯压了作业计划需要钢坯捣垛时,要将捣垛的钢坯根数、移放新垛号、堆放层次、吊数向卸料工交代清楚。放到新垛后,由卸料工重新画上间隔标志,并由原料管理工将该炉钢原料小卡片改写上行垛、道号。有实行钢坯移动小票的单位,应重新填写钢坯移动小票。小票上填写该炉钢熔炼号、钢号、规格、支数及总重量,收料日期,所移的行垛、道号,并将原钢坯移动小票同时作废。

7.1.4.3 原料的堆放

钢坯堆垛是原料管理的重要一环,合理有序的堆垛方式和堆垛位置,可以高效地周转和使用仓库,防止和避免钢坯混号,便于组织生产和安全操作。钢坯的堆放形式主要有“一”字型堆放和“井”字型堆放,钢坯的堆垛方式主要取决于原料的类型和吊车形式。钢坯堆放时应注意:同一炉号的钢坯应尽量集中放在一个料架内;不同炉号的钢坯在同料架内堆放时,应有明显的分界线和标志;坯料钢种较多时,应按钢种将原料场划分为若干区域;坯料的入库、保管、出库均要建立完整的台账,并填写好各钢种的原始记录;交接班时,要做到“交得清、接得清”。

7.1.4.4 原料的组批与上料

原料的组批与上料必须根据生产计划进行,岗位人员对库存的钢坯量、钢种、堆放位置等要做到台账清楚,心中有数。组批时应注意的问题:

(1) 要考虑钢种的加热要求,同类型的钢种编在一起。改变钢种时,按两种钢坯的加热制度应考虑加一定量的过渡钢坯。

(2) 同一料架可能放有不同炉号钢坯时,先使用料架上部的坯料,再使用下部的坯料,避免天车重复翻垛。

(3) 轧优质钢或新品种时,应考虑一定量试轧坯。

(4) 要考虑轧机的换辊情况。

(5) 有异议的钢坯,未接到已处理完毕通知前,不得编入上料计划。

钢坯在上料前,必须重新按钢坯卡核对钢种、炉号、根数、重量等确认无误后才可上料。钢坯到上料台架后,要根据钢坯的外形、表面质量,对表面缺陷和弯曲、扭转等超过标准的钢坯及时挑出,并认真做好记录。

7.2 原料工序质量事故分析

原料质量关系着成品的各项指标,是质量管理工作的“咽喉”,要想把住“病从口入”关,首先应预防原料出现质量事故。

最严重的原料质量事故,是熔炼号混乱事故,这种现象一旦发生,必将给生产造成很大损失。其次是漏检量过多、钢质缺陷判断不明等事故。

7.2.1 混钢事故及其预防

原料在验收、卸车、堆垛和铺料过程中,发生这种事故的可能性不大,即便有时因为工作疏漏,放错位置,由于是成吊的钢坯,又有明显的钢印或标号,有混号迹象,容易发现。实践证明,原料混钢号事故多半是在原料处理过程中发生的。

A 混钢事故的主要原因

(1) 原料工责任心不强,工作疏忽,往往误将上号与下号钢坯放在一起,造成混号。

(2) 天车工翻料时,确认不够,可能扔错地点,误将上个号的钢坯扔到下个号的钢坯里,而原料工未及时发现。

(3) 在码小料垛坯料时,误将两个相邻号钢坯吊错,放错。

(4) 在处理过程中,常有因钢质缺陷已判废的钢坯,在码料时稍不注意,可能使其落入合格的钢坯中,造成多根现象。

B 避免混号事故的措施

(1) 加强原料工的责任心,时刻坚持质量第一的思想。指吊作业中,无论是翻料,还是码料,都要注意防止钢号混乱。

(2) 吊料铺料时,相邻两熔炼号的间隔要清楚,留有足够的间距,防止扔料的混杂。

(3) 在换班、吃饭、休息、交替工作时,交接人应准确无误地交代清楚处理情况,防止翻料、码料时,误将正在处理的相邻两个号的钢坯放混。

(4) 在吊料、铺料、翻料、码料结束后,原料管理工要按规定核查每炉的熔炼号、钢号、根数及重量是否准确,发现异常及时查找处理。

(5) 每炉钢处理完毕后,应在每吊料侧面标上炉批号,每侧不得少于两块钢坯,原料管理工应将该炉钢的规格、根数、单重、总重通知加热炉运料工进行点料、验收,如点料时发现异常及时追查原因。

7.2.2 轧后漏检过多

若轧钢板时,轧后钢板上的结疤、裂纹、夹杂、气泡等缺陷,属于钢质缺陷。除了夹杂、气泡可以根据废品记录,向炼钢厂退料外,裂纹、结疤等废品按废品归户制度,要归到原料各作业班组及个人。这类废品,有些车间简称为原料漏检量。漏检量的高低是各作业班原料处理质量优劣的主要标志。由于钢质不好或处理时检查不细,处理质量不高,造成轧后漏检量过多时,视之为质量事故。一般情况下,每炉钢经处理轧制后有 3~5t 以上的结疤、裂纹等钢质废品时,就要查清废品多的原因,追究责任班组和操作者的责任。

漏检量高的主要原因:

(1) 炼钢质量差。原料处理时易发现大量的严重的拉裂、夹杂或裂纹等缺陷,经炼钢厂来人确认并加强清理后,轧后仍有大量结疤、裂纹、气泡等废品。除轧前办理好退料手续外,轧后钢质废品亦应退给炼钢厂。

(2) 原料处理时,检查不细,应当处理的缺陷没有画出,或者处理质量不高,处理的宽深比不符合规定或有打坑等现象,造成轧后结疤缺陷。

(3) 钢坯内部存在大量夹杂,表面检查不易发现,轧后夹杂暴露,造成大量废品。在轧钢板时,表面夹杂的钢板表面上呈直条状分布,夹杂较深或表露严重时,可使整张钢板报废。

7.3 坯料的热送热装

7.3.1 概述

传统的工艺是将初轧坯或来自连铸机的坯料冷却下来,经检查若发现有表面缺陷则必须对钢坯进行清理,然后再将钢坯装入轧钢车间加热炉。其结果是金属损失大,耗用人力和能源较多。

将连铸坯直接轧制成材是冶金工作者多年的愿望,早在 20 世纪 60 年代国外就进行了许多这方面的研究工作,试图把连铸坯直接轧制成材,但因连铸机与轧机的能力不匹配等问题而没有成功。在 70 年代世界能源危机以后发展起来的电炉小钢厂,采用短流程的钢铁生产工艺,将电炉炼钢、炉外精炼、连铸、轧机紧凑地布置在一起,连铸机与轧机用设备相连接,从连铸机送出的连铸坯不经冷却,直接送入轧钢车间的加热炉中补充加热,然后即送入轧机轧制。这种方法就称为连铸坯直接热装工艺。

1979 年,位于意大利奥斯塔(Austa)的柯尼亚厂在 3 流连铸机上生产 200mm×235mm 的合金钢(不锈钢、阀门钢等)连铸坯,在钢坯出坯台架处设有保温罩,钢坯经保温台架后直接进入步进式加热炉加热,然后经650二辊可逆式轧机轧制成$90^2\sim150^2\mathrm{mm}^2$,这就是早期的热送热装工艺。经80年代的酝酿和技术准备,1989年在意大利Vent厂投产了一套连铸坯100%热送热装的工厂,经两年的运行之后证明它具有节省投资、节约能源等一系列优点。1992年以后这项节约能源的新技术在世界迅速推广。采用直接热装工艺的优点是:

(1) 减少加热炉燃料消耗,提高加热炉产量。可降低燃料消耗40%~67%,若热装温度为600~900℃,按热装温度高低可节约0.4~0.8GJ/t,加热炉产量约可提高20%~30%。

(2) 减少加热时间,减少金属消耗,一般可比冷装减少0.3%的金属损耗。

(3) 减少库存钢坯量、厂房面积和起重设备,减少人员,降低建设投资和生产成本。

(4) 缩短生产周期,从接受订单到向用户交货可以缩短到几个小时。

因此,这项技术在许多轧钢厂得到了广泛应用,而对特殊钢厂由于可省去大量钢坯清理工作和缓冷设施,优点更为明显。

除上述直接热装工艺外,有的厂由于轧钢车间距连铸车间较远,只能采用从连铸车间用保温车热送钢坯的方法。这种生产方式,由于不是直接连接,热送温度无保证,经常波动,一般还需设保温坑,热装效果显然不如直接热装。

轧机与连铸机的紧密衔接和热装,使轧钢车间的生产管理概念产生了革命性的变化。在以往的传统冷装工艺中,轧钢车间是按规格来组织生产的,即每一直径的产品都有不同钢种的坯料编成一组,装入加热炉而后进行轧制,这样可以充分利用轧槽。而在热装工艺中,生产计划是根据生产的钢种进行安排的,一个钢种的每一个浇铸单元最低为一炉钢,而大多数情况下均多于一炉,这批钢坯就不是仅轧制一个规格而是要轧制多个规格,因此轧机必须多次换辊。尤其是特殊钢厂订货批量较小,更需频繁换辊。以现在的生产水平每一炉钢轧制2~3个规格是可以达到的,要生产3个以上的规格,由于换孔槽过于频繁,生产组织有相当的难度。

7.3.2 采用热装的条件

采用热装的条件是:

(1) 炼钢车间应具备必要的设备和技术,以保证生产出无缺陷连铸坯和生产过程的稳定均衡。这些设备和技术包括炉外精炼、无渣出钢、吹氩搅拌、喂丝微调成分、插入式水口、气封中间包、保护浇铸、结晶器液面控制、电磁搅拌、气雾冷却、多点矫直等,特殊钢生产还应具有真空脱气、软压下等技术。不合格坯均在炼钢车间剔出处理。

用铝镇静的钢,连铸坯中氮化铝在热装温度范围沿晶界析出,在轧制过程中就会产生表面裂纹。为解决此问题,一个有效的方法是在连铸机的出口处设置水冷淬火装置,将连铸坯表面迅速冷却到550℃左右,形成一定深度的表面淬硬层,从而避免氮化铝在表面析出。

(2) 炼钢连铸车间与轧钢车间应按统一的生产计划组织生产,并尽可能统一安排计划检修。

(3) 连铸机与轧机小时产量应匹配得当。若轧机小时产量小于连铸机最大小时产量(不考虑连铸机准备时间),则将有许多热坯不能进入轧机而必须脱离轧线变成冷坯;若轧机设计能力大于连铸机最大小时产量,则轧机能力将不能发挥造成浪费,故原则上轧机小时产量应与连铸机最大小时产量平衡,轧机设计时应力求各规格产品的小时产量尽量接近。

(4) 为充分发挥热装效果,希望即使在轧机短时停轧(换辊、换轧槽)时也不产生冷坯离线,故在装炉辊道与加热炉之间应设缓冲区,以暂时储存钢坯。为了在重新开轧后能吸收掉积存的热坯,轧机(包括加热炉)最大小时产量应高于连铸机最大小时产量20%~25%。

(5) 加热炉应能灵活调节燃烧系统,以适应经常波动的轧机小时产量以及热坯与冷坯之间的经常转换。

(6) 轧机应有合理的孔型设计,采用共用孔型系统以减少换辊次数。为尽量缩短因换辊、换槽等引起的短时停车时间,应采用快速换辊装置、轧辊导卫预调、导卫快速定位技术等。

(7)应设置完善的计算机系统,在炼钢连铸机与轧钢车间之间进行控制和协调。

7.3.3 热装工艺

7.3.3.1 连铸机与轧机能力的匹配

较容易实现热装的情况是一套连铸机与一套轧机相连。若是一套连铸机与两套轧机相配或两套能力较小的连铸机与一套轧机相配,虽然在设计上可有某些看似可行的方案,但实现起来就比较困难。最大的困难是钢号管理,其次是很难精确组织生产使连铸机与轧机能力达到均衡,因而热装的优越性将大打折扣。因设备之间距离远,热坯的运输也会有问题。

在一对一的情况下(一座电炉、一座炉外精炼设备、一套连铸机对应一套小型或线材轧机),小型棒材轧机与线材轧机的情况又有所不同。小型棒材轧机轧小规格产品时轧机小时产量较低,可通过切分及适当提高终轧速度来解决,另外这种轧机换辊时间通过采用整机架快速更换装置可缩短到 7 ~ 8min,不会影响热装的继续进行。而线材轧机在轧制小规格产品(例如 ϕ5.5mm)时,即使采用最高的轧制速度其小时产量仍远低于较大规格的小时产量。再者,线材的无扭精轧机换辊环仍采用人工逐个更换,时间较长,若超过 30min,缓冲装置已充满,部分热坯必须离线冷却下来(这些坯料必须单独编炉号)。因此线材轧机不可能实现 100% 的热装。

显然,轧线上轧机数量越少实现热装越容易,因为事故和换辊次数都大大减少。

7.3.3.2 缓冲装置的设置

缓冲装置的作用是当连铸机与轧机小时产量不同时起调节作用,并在轧机因事故或换辊而停车时暂时储存热钢坯,以使热装不致中断。一般缓冲装置的能力设计成可储存 30min 产出的连铸坯(最好是一炉钢坯),因为在 30min 内一般事故和换辊均可处理完。

缓冲装置的形式有多种,一种是设炉外缓冲区——保温室,采用绝热材料构筑,但不设烧嘴。其中又分两种,一种是仅有一条热坯输送辊道,热坯先进后出,这样进加热炉的坯料温度就有差别;另一种分设输入和输出两条辊道,热坯可先进先出,进加热炉的热坯温度可保持基本一致。

还有一种缓冲装置是采用炉内缓冲区,即将加热炉入口区 3 ~ 4m 作为缓冲区,同时需设一套装料机,若是热坯进炉后即用此装料机将钢坯越过 3 ~ 4m 距离送至加热区,若是冷坯则在此区停留并缓慢加热。近年来,也有仅设台架不加保温室的做法,这是因为经过一段时间的实践,发现一定尺寸以上的连铸坯在缓冲区内温降不大。

7.3.3.3 冷装台架的设置

对热装率不能达到 100% 的轧机必须设有冷装台架。甚至对设计 100% 热装的轧机在大多数情况下也设置冷装台架,以提高生产的灵活性。

7.3.4 热装操作

典型的热装工艺布置如图 7 - 1 所示。

几种热装工艺介绍如下:

(1) 正常热装。正常轧制状态下,热连铸坯自连铸机冷床处用取料机逐根取出放到单根坯运输辊道上，再由此辊道送到加热炉附近，在此进行测长并剔出不合格坯，合格坯提升后落入装料辊道，称重后装入加热炉加热，并随后送入轧机轧制。

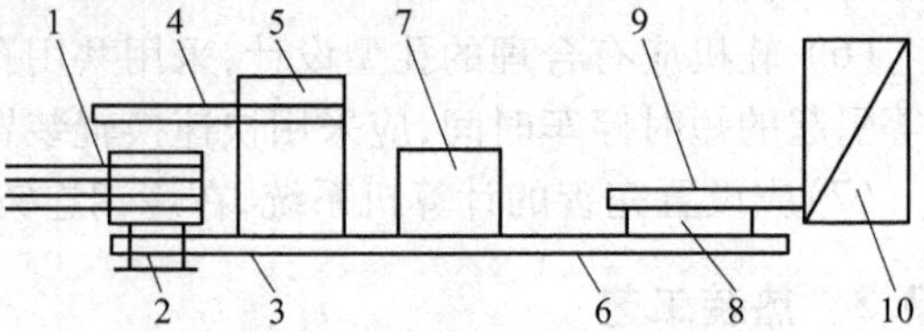

图7-1　典型的热装工艺布置

1—连铸机冷床；2—取料机；3—单根坯运输辊道；4—多根坯运输辊道；5—缓冲保温室；6—运输辊道；7—冷装台架；8—提升机；9—装料辊道；10—加热炉

（2）间接热装。若轧机短时停轧（换辊、换轧槽、一般事故），热连铸坯则从另一组多排料的输送辊道送入缓冲保温室暂存，并由保温室中的移送机将坯料移向保温室出口附近。当轧机重新运转后，暂存的热连铸坯从其输出辊道逐根送出，经测长、提升、称重后入炉。同时从连铸机冷床来的热连铸坯也沿同一辊道送入加热炉。此时加热炉和轧机将以较高的小时能力生产，直至缓冲保温室内积存的坯料完全出空。此时轧机又恢复到正常轧制状态。由于热坯不是直接从连铸机而是经由保温室进入加热炉，故称之为间接热装。

（3）冷装。从连铸机甩下的冷坯及清理后的连铸坯，用吊车从坯料堆存场地成排吊到冷装台架上，钢坯到达台架端部时，逐根被拨入运输辊道，然后测长、提升、称重入炉。

（4）混合热装。当某些规格需要轧机小时产量大于连铸机的小时产量时，可采取混合热装方式操作，其过程如下所述：

从连铸机送来的热坯沿多根坯运输辊道进入缓冲保温室暂存，同时将冷坯装入加热炉，并按要求的小时产量进行轧制。当缓冲保温室已存满钢坯时停止上冷坯，改由缓冲保温室和连铸机共同向轧机加热炉供热坯，此时的轧机小时产量就可高于连铸机的产量。当缓冲保温室内的热坯出空时，热坯又转向缓冲保温室暂存，同时改用冷坯装炉。

（5）延迟热装。如前所述，某些钢种为防止采用热装时在轧制后出现表面裂纹，需将连铸坯从900℃以上迅速冷却到550℃左右再装炉，这种热装工艺称为延迟热装。

复习思考题

1. 原料管理的主要任务有哪些？
2. 什么是按炉送钢制度？
3. 坯料的缺陷有哪些？
4. 如何对原料验收入库？
5. 混钢事故的主要原因有哪些，如何避免？
6. 对坯料采用热装的条件是什么？

8 推钢式加热炉装出炉操作

8.1 装炉操作的标准化

装炉是钢坯加热的第一项操作，它对加热质量及产量均有重大影响，因此应当认真按操作规程及标准化作业程序进行。

8.1.1 装炉前的准备工作

（1）装炉工在上岗作业前，除认真进行接班检查设备状况外，要利用换辊短暂的时间为当班作业做好充分准备，如准备装炉工具钢绳、小吊钩、撬棍，准备隔号砖，检查疏通辊道下铁皮槽等。

（2）吊具如不合格，应立即更换。对新领的吊具，特别是小钩也应按规定逐一仔细检查，不合格的不能使用。

（3）根据当班生产需要量，将废耐火砖加工成隔号砖，并放置在取用方便不影响行走的部位。

（4）在疏通地沟时，切不可跨越辊道，更不允许站在辊面上作业，应站在辊道齿轮减速箱或地板盖上。用长形工具如木杆、钢管等，顺水流方向逐个辊缝拨动砖头及铁皮，使之顺利流入大地沟。

（5）准备好处理翻炉及跑偏用的工具。

（6）熟悉生产作业计划，掌握马上要进行装炉的钢坯钢种、炉批号、单重规格及其现在摆放的位置，做到心中有数。

8.1.2 装炉操作要点

（1）钢坯装炉必须严格执行按炉送钢制度。装炉前，装炉工必须认真按照装炉指示板逐项核对坯料钢印的钢种，炉批号及规格是否相符，确认无误后方可装炉。为了均匀出钢，装炉时对同一炉号不同规格的钢坯，要均衡地装入各条道。为了便于区别不同熔炼号的钢坯，在每条道上该炉最后一块钢坯角部压上两块隔号砖，也有的是在新炉号第一块坯料上面放上一两块耐火砖作隔号砖。轧制不同品种钢时，要在相邻铸坯间加一支隔离坯。隔离坯断面不允许与加热坯料断面相同，以免混淆。

（2）装炉应先装定尺料，后装配尺料；配尺料的装炉顺序是单重小的先装，单重大的后装。

（3）挂吊时要挑出那些有严重变形，或者超长、过短、过薄等不符合技术标准的钢坯，有严重表面缺陷的钢坯也不得装入炉内，并及时与当班班长和检查员联系，妥善处理。

（4）装入炉内的钢坯，表面铁皮要扫净。

（5）装入炉的钢坯必须装正，以不掉道、不刮墙、不碰头、不拱钢为原则，发现跑偏现象，要及时加垫铁进行调整，避免发生事故。装入连续式加热炉内的钢坯端部与炉墙及两排坯料之间的距离，一般应在250mm以上。装入轻微瓢曲的钢坯时，要将凹面朝上。当轧制品种多、原料厚度差很大时，相邻坯料的厚度差，一般不能大于50mm。最厚的坯料与最薄的相差很大时，这两种坯料不能相邻装入，而应逐渐过渡，这一方面是为了推钢稳定，防止拱钢；另一方面有利于炉子热工操作。因为相邻坯料的厚度差太大时，无法确定一个兼顾厚、薄两种坯料的热负荷，往往顾此失彼。

(6) 吊挂钢坯时，操作者身体应避开吊钩正面，手握小钩的两"腿"中部，两小钩应按钢坯中心对称平挂，然后指挥吊车提升，当小钩钩齿与钢坯刚接触时立即松手后撤；如小钩未挂好，可指挥吊车重复上述操作，直至挂好挂稳为止。挂好钢坯后，即指挥吊车将钢坯吊到炉尾装炉。在指挥吊车时手势、哨音要准确。

(7) 吊挂回炉炽热钢坯时，应首先指挥操纵辊道者将回炉钢坯停在吊车司机视野开阔、挂钩操作条件好的位置上，再指挥吊车将吊钩停在钢坯几何中心点上方，装炉工在辊道两侧站稳，压低身体，迅速将小钩按前述原则在钢坯上对称挂好，立即起身离开后，指挥吊车起吊。若未吊好，重复上述操作。直至挂好后再指挥吊车将回炉钢坯吊放到指定地点或跟号装炉。要坚决杜绝用钢绳吊运回炉品。在挂回炉品时，切不可站在辊道上作业，也不得跨越辊道。

(8) 要经常观察炉内钢坯运行情况，发现异常，及时调整解决。

8.2 推钢操作

8.2.1 作业前的准备

推钢工在上岗前应按要求进行对口交接班，重点了解炉内滑道情况，炉内钢坯规格、数量、分布情况，核对交班料与平衡卡及记号板上的记录是否一致，有无混钢迹象，检查推钢机、出炉辊道、炉门及控制器、电锁、信号灯等是否灵活可靠。如有问题应设法解决，对较大问题要立即向有关领导汇报，并同上班人员一起查明原因，妥善处理。

8.2.2 推钢操作

接到出钢工出钢的信号，推钢工应立即开动推钢机推动钢坯缓缓向前(炉头方向)运行，动作要准确、迅速，待要钢信号消失后，迅速将控制器拉杆至零位。若是步进式加热炉，则由液压站操作台控制步进梁的正循环、逆循环、踏步等。

推钢出炉时要特别注意坯料运行情况，观察有无拱钢、推不动等现象，发现异常立即停车并出外观察，查明无问题或问题处理完毕后，继续进行操作。

如果炉外发生拱钢，马上停止推钢，打倒车，以便装炉工撬钢加垫铁，或调换钢坯方向、顺序；炉内发生拱钢时，推钢工一定要听从装炉工的指挥，密切配合，或从炉尾拽钢坯，或把钢坯推倒，推钢动作都要轻缓，幅度要小。

推钢工必须掌握正要出炉坯料的宽度，即熟悉生产计划，掌握装出炉坯料情况。如果一次推钢行程已达到出炉钢坯宽度的1.5倍，要钢信号尚未消失，要立即停止推钢，并向出钢工反送一个信号，以示询问；如果对方依然坚持要钢，说明钢坯还未出炉，要马上查出是否发生掉钢或炉内拱钢、卡钢等事故，待排除事故或否定其存在的可能性后，方可继续推钢。

如果出钢工指令有误或对要钢信号有疑问时，推钢工要了解清楚出钢本意后，再行操作。如出钢工大幅度跳越多种规格连续从一条道要钢或隔号要钢时，在未查明是否出钢工误操作而发错指令前，不应继续进行推钢操作。

当某道正在进行装坯时，出钢工发来要钢信号，而此道又来不及出钢，应立即给出钢工发一信号，以示当前此道无法出钢。如对方改要另一条道的钢坯，推钢工即可进行相应的操作。如出钢工连续闪动这条道的要钢信号，或推钢工确认这块料是正在出炉的这批钢坯最后一块时，应立即暂停装炉，迅速将这块钢坯推出炉外，以免耽误生产。

推钢时要注意推杆的有效行程,以免一时疏忽推杆伸出过远,使推杆下的齿条与齿轮脱离啮合状态而出现掉头。

推钢至一定位置后,要将控制器拉杆拉向身体一侧,使推杆向后运行,以便装炉;推杆后退行程视装料规格、块数而定,一般比一次装入坯料总宽度大100mm即可。后退行程过小,装炉操作不便,过大则是对能源和时间的浪费。

装完坯料后,要使推杆与钢坯靠严,动作要缓轻,最好是开动推钢机后,在推杆尚未接触坯料前的一段距离处,将控制器置于零位,让推杆靠惯性靠紧钢坯。这一点对于钢坯留有缝隙或坯料变形的情况特别重要,因为如果猛地将推杆推向钢坯,很可能使坯料受推力不均造成整排料向一面偏移。

对于有两排炉料地炉子来说,一般装料都是两条道交替进行的。这时推钢工必须准确判断出钢工的下一块出钢目标,并迅速将下次不出钢的这台推钢机推杆退回。这不仅需要推钢工准确掌握炉中坯料情况,还要了解出钢工的要钢习惯,以便相互默契配合。但正常情况下,要钢都是两道交替进行的。如果新学推钢,一时难以掌握炉头钢坯情况,应在刚刚出过料的道上装钢。

在装料的同时,推钢工要记录好入炉坯料规格及块数,指挥装炉工正确设置隔号砖。这个记录是指为核对钢坯装炉顺序,提示当前装炉进度的一种记录,可采用较简单的计数工具。

8.3 装炉推钢操作事故的判断与预防处理

这里主要介绍推钢式加热炉经常发生的异常情况和操作事故,有跑偏、碰头、刮墙、掉钢、拱钢及混钢等。

8.3.1 钢坯跑偏的预防与处理

炉内钢坯跑偏是造成炉内钢坯碰头、刮墙及掉钢的主要原因,必须注意预防和及时纠正,以减少装炉操作事故的发生。

导致钢坯跑偏的原因主要是:钢坯有不明显的大小头,装炉时没注意和妥善处理;钢坯扭曲变形或炉内辊道及实炉底不平、结瘤,造成推钢机在钢坯两侧用力不均;装钢时操作不当,致使两钢坯之间一头紧靠,一头有缝隙,推钢时由于受力不均而跑偏。

要预防跑偏事故,装炉工首先必须做到经常观察炉内情况,检查坯料运行状态,是否符合要求,发现异常现象立即查明原因,进行调整或处理。

对于变形严重的钢坯,装炉时应在宽度尺寸较小一侧和相邻钢坯的缝隙中,加垫铁进行预调整,以保证钢坯两边所受推力均匀一致。对炉底不平造成的跑偏,除了加强检修维护,及时打掉炉底滑道上的结瘤,保证两条道标高一致外,还应适当降低炉温。

对于已经发生的钢坯跑偏现象,可以在跑偏侧推钢机推杆头与钢坯间或两块相邻钢坯之间,加垫铁进行纠正。

在处理较严重的跑偏时,要十分谨慎,不可操之过急,一次加垫铁不宜太厚,应每推一次钢加一次垫铁,逐渐纠正。如果一次加垫铁厚,有可能造成炉内钢坯"S"形跑偏,两侧刮墙,事故更难以处理,甚至被迫停炉。

如果炉内纵向水管滑道一条高一条低,钢坯在运行中总向一面偏斜,这时可根据实际情况,有意将钢坯偏装向滑道较高的一侧,以使钢坯运行到炉头时恰好走正。

在炉内两条滑道水平高低不一致时,应尽可能避免装入较短的钢坯。

8.3.2 钢坯碰头及刮墙的预防

钢坯碰头、刮墙的主要原因是:钢坯在炉内运行时跑偏;个别坯料超长;装炉时将钢坯装偏等。钢坯卡墙,如不及时发现和处理,可能把炉墙刮坏或推倒,造成停产的大事故。

对于刮墙及碰头事故要坚持预防为主的原则,关键在于:一要预防钢坯跑偏;二要把住坯料验收关,不合技术规定的超长钢坯严禁入炉;三要严格执行作业规程,保证坯料装正。

对于已发生的轻微刮墙及碰头事故,要及时纠偏。对于严重的碰头,可用两推钢机一起推钢,将其推出炉外。对发现较晚又有可能刮坏炉墙的严重刮墙现象,应该停炉处理。

8.3.3 掉钢事故的预防与处理

掉钢事故是指钢坯从纵向水管滑道上脱落,掉入下部炉膛或烟道内的事故。造成这类事故的主要原因是钢坯跑偏,一般多见于短尺钢坯。

当炉温高,滑道或炉底不平,以及不明原因,发生钢坯持续跑偏的情况时,要特别注意纠偏,防止短坯掉钢事故发生。

在操作中,如发现推钢机推钢行程已超过出炉钢坯宽度的1.5倍,仍不见钢坯出炉,而炉内又未发生拱钢事故时,即可断定是发生了掉钢事故。此外,在发生掉钢事故时,推钢机无负重感,炉内可传来闷响,并且烟尘四起。

掉钢事故一般不影响生产。对掉下的钢坯,可安排在小修时入炉取出,或用氧气枪割碎扒出。

8.3.4 拱钢、卡钢事故的预防与处理

拱钢是常见的操作事故,多发生在炉子装料口,有时也在炉内发生。出现拱钢事故将造成装出炉作业中断,处理不好还可能卡钢,甚至造成拱塌炉顶,拉断水管等恶性事故,应尽力避免。造成拱钢事故的原因有:

(1) 钢坯侧面不平直、是凸面,或带有耳子,或侧面有扭曲或弯曲;断面梯形,圆角过大。这种钢坯装炉后,钢坯间呈点线接触,推料时产生滚动,使钢坯拱起。

(2) 炉子过长,坯料过薄,推钢比过大;或大断面的钢坯在前,后边紧接小断面钢坯,大小相差太悬殊。

(3) 炉底不平滑,纵水管与固定炉底接口不平,或均热段实炉底积渣过厚。

卡钢,这里指的是由于拱钢造成的钢坯侧立,嵌入纵水管滑块之间的现象。

炉内发生拱钢和卡钢事故的判断:当推钢机已经推进了一块坯料宽度的行程,钢坯还未出炉时,从炉尾观察即可判断是否拱钢。如果卡钢时就会出现推钢机推不动,电机发生异常声音,推钢机推杆发生抖动等现象。

对拱钢事故的预防,一是要做好检修维护工作,消除炉底不平和滑道衔接不良等设备隐患。二是要保证装炉钢坯规格正确,侧边不凸起、没耳子、不脱方、不扭曲、不弯曲变形;钢坯断面不能过小,以免装炉后相邻钢坯断面差太大。三是装炉工要调整弯曲坯料的装入方向,挑出弯度和脱方超过规定的钢坯,找出可能引起拱钢的坯料,在两钢坯相靠但接触不到的位置上加垫铁调整,保证钢坯之间接触良好,受力均匀。

处理炉外拱钢事故的办法是:找出引起拱钢的坯料,倒开推杆,用撬棍将拱起的钢坯落下,然后加垫铁调整,或调整相互位置及摆放方向。

炉内拱钢事故的处理:如果发生在进炉不远处,可从侧炉门处设法将其扳倒叠落在别的钢坯

上面，然后用推钢机杆拖曳专门工具，将钢坯拽出重新装炉。如果事故发生在深部，则应设法将其别倒平行叠落在其他钢坯上面，一起推出炉外。

有时拱起的钢坯能连续叠落好多块，这时还必须考虑这些钢坯能否出炉，如有问题还得再行处理。

卡钢主要是拱钢事故在均热段发生又发现不及时所致，若能及时发现和处理就可有效的预防。其处理方法同拱钢一样。

8.3.5 混钢事故的预防

将不同熔炼号的钢混杂在一起，应视为加热炉操作的重大事故。

造成混钢事故的唯一原因，是装炉时未能很好的确认。为了杜绝此类事故，必须在装炉前和装出炉时，进行认真细致的检查，严格遵守按炉送钢制度。

8.4 装炉安全事故的预防

8.4.1 飞钩、散吊等物体打击事故的预防

装炉小钩飞钩伤人，是装炉操作中最大的安全事故。

(1) 主要原因是：

1) 小钩折断，钩齿或钩体飞出。

2) 小钩钩齿变形或防滑纹严重磨损，在吊挂钢环滑脱的同时，小钩带钢绳一起飞出。

3) 吊钩未挂好，钩齿与钢坯接触部位过少。

4) 吊车运行不稳，造成钢坯大幅度摆动或振动。

(2) 预防措施是：从设备方面讲，应保证小钩的材质和加工工艺合理。而预防是否有效，最主要的还在于装炉工本身的操作和平时的安全基础工作。

1) 交接班做好安全检查是避免飞钩的第一道保障，一定要认真仔细地进行，不能敷衍了事。发现小钩不合格立即更换，切不可对付使用，以致酿成大祸。

2) 装炉挂吊时一定要把小钩紧贴在钢坯端头上，两钩对称挂吊。对料宽700mm以下者，一次可挂两块，但应摆成十字交叉形。对1000mm以上的料，一次只能挂吊一块。在装炉间隙时，不允许让吊车挂着钢坯待装。

3) 装炉工不论在挂钩或摘钩时，都不应将身体正对钩身，起吊后应立即闪开；吊车吊料运行时，装炉工应避开吊车运行路线，以防伤害。

4) 在挂吊及处理操作事故时，必须坚决杜绝多人指挥吊车现象，防止因号令不一，乱中生祸。

8.4.2 烧烫伤事故的预防

装炉是高温作业岗位，工作环境恶劣，较易发生烧、烫伤害事故，必须认真注意做好预防工作。

炉尾高温烟气或火苗外窜，是造成烧伤的主要原因。防止烧伤的主要办法是：勤装钢，不要等推钢机推至最大行程已靠近进炉料门时再装炉。装炉时必须穿戴好劳动用品，尤其要戴好手套和安全帽，当离炉尾较近时，应将头压低，手臂伸前进行工作，以免烧伤面部，燎掉眉毛、睫毛。进料炉门应尽可能放的低些。

装炉工受烫伤威胁主要是隐藏在吊挂回炉热坯的作业中，挂回炉品时，首先要确认脚下无

油，以免摔倒在热坯上被烫伤；作业时要站稳，并尽力压低身体，减少身体接受的热辐射；挂好钩后立即撤回，然后再进行挂吊作业。

8.4.3 挤压伤害事故的预防

挤压伤害常常发生在挂吊、加垫铁等的作业之中，主要是马虎大意所致，稍加注意就可避免。为此，在挂钩作业时，切记两手握钩的位置不可过低过高（过低易被钢坯挤伤，过高易被钢绳勒着）；钢坯加垫调整时，握垫铁的手不得伸入钢坯之间的缝隙内。

8.5 出钢操作

本节所说的出钢指的是要钢、托出机与输送辊道的操作。

8.5.1 上岗作业前的准备

出钢工在上岗作业前，除认真进行交接班，检查设备状况，了解一般生产情况外，还要侧重了解炉内钢种、规格及其分布和钢温等情况，熟悉当班作业计划，掌握加热炉的状况，准备好撬棍等工具。

8.5.2 出钢操作要点

8.5.2.1 出钢操作

（1）要钢要贯彻按炉送钢制度，本着均匀出钢的原则，各炉各排料交替出钢。一般应按照装炉单重的顺序，各排料同一规格的都出完后，才可要下一个规格的料。当遇炉子出现事故等特殊情况，绝不允许切断正在轧制钢种尾号而直接出下一炉炉号的钢。如遇特殊情况，也要及时征得检查人员的同意方可断号。

（2）当轧机正常出钢信号灯亮时，应及时出钢。出钢应视轧机节奏和钢温状况均衡出钢，尽量避免轧机待钢现象。

（3）用托出机出钢时，当炉头钢坯到达出钢位置及推钢机的允许出钢信号灯亮时，才能操作主令控制器，提升炉门，当炉门下底面超过炉内钢坯下表面时，启动托出机托杆，水平进入炉内，当托头超过炉头钢坯2/3后，方可抬起托杆，平衡托起钢坯后，后退将钢坯平稳放置出钢辊道中间位置，托杆降至最低位，然后启动辊道送走钢坯。最后降下炉门，各主令控制器打回零位停止出钢。

如果是侧出料炉子，用出钢机出钢时，炮杆与坯料要对准，严禁倾斜出料；炮杆将坯料推出炉后，应立即将炮杆退回炉外，以免烧坏或发生变形，退回时要到位，将主令控制器打回零位，不允许将炮杆留在炉门内烘烤；出钢时要密切观察钢坯在炉内的运行情况，发现异常或有粘钢、卡钢等现象时，应立即通知推钢工停止推钢，并及时报告班长和有关人员处理，不准用推杆顶撞或横移拨料。

（4）做好坯料出炉记录，出炉记录应与实际情况及装钢记录相符，如有不符立即检查，未弄清前不得出钢，当一个批号出完后，应通知轧机操作室下批钢种、规格等信息。

（5）当推钢机、托出机或出钢机、出钢辊道、炉门、端墙、水梁等出现故障后，应首先将主令控制器打回零位，关闭电锁，通知有关人员处理。

（6）若为板坯出炉后，开动相应的辊道将钢坯送去除鳞，同时准确无误地填写好出炉记录。

为了尽量减少辊道运输中钢坯的散热损失，保证轧机要求的开轧温度，出钢时应在满足轧机生产速度的前提下，相对晚些出钢，以免钢坯在辊道上停留过久；对那些因操作不当，温度过高而且容易出现再生氧化铁皮的钢坯，不易推迟出钢，以防温度继续升高而产生大量的再生氧化铁皮。

要钢后，应随时注意观察出炉钢坯上有无隔号标记，特别是当两炉批号不同的钢种相连接处，尤其要注意。如发现出钢标记与卡片和过号黑板的记录不一致时，应立即做好记录，以备查明真相，防止发生混钢事故。

如果通过观察发现两座加热炉的实际加热能力各不相同，钢温有高有低，而坯料又都是均等装炉的，应及时通知记号工和看火工进行调整。如果这时轧制规格单一，为了避免因一个炉子炉温过低而待热，可根据情况先要高温炉的钢，以便给低温炉一个调整提温的时机，使之满足轧制的要求。但这种情况不能维持太久，因为它有可能打乱每次出钢规格、从小到大的次序，应特别注意提醒轧钢工当前所送坯料的规格。

若为板坯加热炉，出炉板坯因故未轧，符合逆装条件时，允许趁热逆装回炉。回炉坯料及时装炉，如未能装炉，应用高温蜡笔写上炉罐号、钢种、规格、块数，重新组批装炉。逆装条件为：(1)炉内有空位，足以放下钢坯；(2)钢坯未经轧制，或即使轧过但尺寸合格；(3)钢坯温降不是太大，在事故处理好时能保证钢温。

作为一名合格的出钢工，要经常与前后工序联系了解炉内的布料情况以及炉内钢坯的大致温度，出钢节奏的控制主要就是靠对炉子和对轧线生产情况的了解，这样才能做到心中有数。

8.5.2.2 辊道操作

运转辊道是通过操纵控制器来实现的，一般向前推控制把手为正转，向后拉是反转，中间是停止。

在运送钢坯时，出钢工可根据需要开动一组或几组辊道使之向要求方向转动。

为了节约电能，出炉辊道应在钢坯即将下落时开动，钢坯离开辊道后立刻停止，整个输送钢坯的作业要像接力赛一样，一个接一个地启动和停止，不允许空转。

在操作中，由正转变为反转时，要有停转的过渡期，不允许立即由正转变为反转，以防辊道电机负荷过大而烧毁或损坏机械。

在钢坯输送过程中，如发现隔号砖还留在钢坯上面，要在运行中把砖头打掉。

8.5.2.3 其他操作

换炉出钢和待轧保温时，出钢工应及时关闭加热炉出料炉门，以减少炉子辐射热损失，防止炉头钢坯温度下降。出钢前则应切记打开出料炉门，否则钢坯卡在坡道里难以处理。

由于轧机事故出现回炉品时，出钢工要将回炉钢坯运送至吊车司机能够看见，视野较宽阔的位置，以便挂吊。

在辊道上有人撬钢或吊挂回炉品时，出钢工一定要注意瞭望，听从上述作业人员的指挥，做好配合，停止一切设备转动。

8.6 推钢式加热炉出钢异常情况的判断与处理

凡是不能及时按要求出钢或不能正常输送到轧前辊道上时，都应视为出钢异常情况。这些异常往往是事故先兆或伴生现象，如能及时做出准确判断，迅速妥善处理，就可避免一些事故的发生。炉内的掉钢、拱钢、卡钢及混钢事故，常常都最先在出钢过程中暴露出来。

8.6.1 炉内拱钢、掉钢、粘钢、碰头的判断

对于端进端出推钢式连续加热炉，推钢机行程达到1.5倍出料宽度而出钢信号依然亮着时，说明炉内有异常情况，应立即到炉尾观察。如果从炉尾钢坯上表面看去，整排料基本呈平面排料，说明未发生拱钢事故。如果从炉尾看，两排料前沿距出料端墙有十分明显的差异，则应到炉头进一步观察，即打开第一个侧炉门观察第一块钢坯的位置，如果第一块钢坯前沿距滑道梁下滑点尚有半块坯料宽度以上的长度时，可以断定发生了掉钢事故。一般掉钢时，炉尾会感觉到有烟尘，并听到声音。如果第一块钢坯呈悬臂支出状，第一、二两块钢坯接触面在滑道梁下滑点以外，则说明出现了粘钢事故，这时一般炉温、钢温较高，炉墙及钢坯呈亮白色。如两块钢坯碰头，也可能发生横向粘接，这时从炉尾看两块钢坯呈斜线悬臂支出状。处理拱钢、掉钢、碰头事故的方法见8.3节内容。对粘钢事故的处理，最好是靠钢坯自重来破坏两坯间的接合，即在有人指挥的情况下继续推钢，但要推钢时不允许顶炉端墙。如果钢坯不能断开滑下的话，就需要加外力破坏其粘接力，可用吊车挂一杆状重物自侧炉门伸入炉内，压迫钢坯，使之出炉。

8.6.2 卡钢

卡钢是前述事故的延续和发展，事故的性质较严重。跑偏、碰头、粘钢、拱钢均可造成卡钢。卡钢又可分为炉墙卡钢、滑道卡钢和坡道卡钢。

坡道卡钢可能是由于坡道烧损、钢坯变形或跑偏造成，多出现在坡道下部，一般出钢工都能发现；滑道卡钢是由于拱钢发现不及时造成；炉墙卡钢则可能由于刮墙、粘钢或拱钢后钢坯叠落太多造成。坡道卡钢如未及时发现和处理，也可能导致炉墙卡钢。

发生滑道和炉墙卡钢事故时，推钢机有明显的负重感，推杆行走慢，推钢机及电机声音改变，甚至电机冒烟。卡钢对炉体及机电设备危害极大，应极力避免。一旦发生卡钢事故，要立即停炉处理。

8.6.3 出钢与要钢不符

在生产中可能出现出钢工要的某炉某排料没有出钢，而另一排却出钢，或要一块却一连下来两块，或两道各下一块等情况，这都不正常。出钢工在发出要钢信号后，要十分注意观察出钢情况，如果一次从一条道连续下两块料，可能是炉内粘钢或因装料不当，或因推钢工未及时停止推钢造成。前者两块料几乎同时落下，而后者两块料出炉有一段时间间隔。发生这种情况，出钢工要做好记录，并将要钢信号连续闪动两次，告诉对方下了两块坯。对于已出炉的料，只要不是下一炉号的钢，应一并轧了，但要注意其规格的变化，及时告之轧钢工。由于拱钢而叠落在一起的钢坯也是一起出炉的，有时可能是3块一起出炉，这种情况不做异常处理，但由于叠落一起出炉的钢坯一般都加热不透，可按回炉品处理。

由于钢坯碰头或粘钢有时会两条道同时出钢，这时出钢工亦应给推钢工一个信号，即两信号同时闪动一次，表示两条道各出一块钢，对出炉的钢坯处理原则同前。

有时钢坯不是从出钢工想要的那排料出来的，这时出钢工要检查一下是否信号发错了，如没错则可能是对方误操作；如果连续出现两次这种问题，应检查一下信号机是否出现故障，特别是检修以后，看看两条道信号是否接反。信号机故障还可能造成推钢与要钢联系中断，影响生产，应及时找电气检修人员处理。

有时出炉钢坯上隔号砖的放置与推钢工所给信号不一致，遇此情况，出钢工一定要查明原因，对可能发生混钢事故的任何蛛丝马迹都不能放过，要做好记录。对误操作或其他原因出炉的

下号钢坯,不能与上号一起轧制,必须打回炉。

8.7 托出机出钢事故的处理

一般板带钢车间的板坯加热炉出钢方式是用托出机出钢,下面介绍托出机出钢事故处理。

8.7.1 粘钢

处理步骤:

(1)当发生粘钢事故时,要特别注意监视电视画面,当抽出机(出钢机)托起板坯时,后一块板坯是否已脱离;(2)发现托起第一块时,第二块板坯也跟着一起动作时,应立即停止抽出过程,手动将抽出机下降;(3)手动反复托起板坯又放下,将第二块板坯脱离;(4)也可以用抽出机杆撞击第一块板坯,使之与第二块板坯脱离;(5)当已发现有板坯粘接时,对以后抽出的板坯都要严密监视,防止事故扩大;(6)调整炉温,防止继续化钢。

8.7.2 板坯从抽出口掉下

原因:(1)板坯粘连。板坯抽出一部分时,从出杆上滑下,因自重而掉下;(2)抽出机抽出距离不对,板坯掉下;(3)板坯抽出时歪斜掉下;另外,还有其他原因。

处理方法:当板坯掉下后,应立即将该炉均热段熄火,用冷却水冷却高温板坯,将抽出炉门尽量放低。用钢丝绳将板坯吊走回炉。

8.7.3 板坯在炉内弯曲过大

原因:(1)炉温过高,并且在炉时间长,板坯表面化钢严重,板坯变软弯曲严重;(2)板坯定位失误,悬臂量过大,造成悬臂下弯;(3)轧过一道次后的短坯逆装入,由于板坯厚度减小,且定位不准,悬臂过大,造成弯曲过大。

处理方法:(1)抽出机手动抽出。在板坯经过端墙时特别注意板坯下弯部分能否通过;(2)如果由于下弯严重,端墙挡住板坯下弯部分时,用垫铁在抽出机臂上增加高度将板坯抽出;(3)此时要适当降低炉温,防止板坯进一步下弯;(4)当加垫铁也不能将板坯抽出时,只有停炉熄火,人进入炉内,将板坯弯曲端头割掉,冷坯抽出炉。

8.7.4 抽出炉门与抽出机出现其他异常

当抽出炉门与抽出机出现其他异常时:

(1)按下抽出机事故停车按钮;(2)进行检查处理,因电气或机械等故障时,通知有关人员及时处理;(3)待事故排除后,将抽出机用手动操作退回到后退极限位置;(4)按下事故停车复位按钮。

复习思考题

1. 装炉前要做哪些准备工作？
2. 装炉时用什么标记区分不同熔炼号的钢坯？
3. 对于推钢式连续加热炉，如果发生拱钢如何处理？
4. 推钢式加热炉装炉推钢事故有哪些，如何处理？
5. 装炉安全事故有哪些，如何预防？
6. 如何出钢，出炉坯料因故未轧如何处理？
7. 推钢式加热炉出钢异常情况有哪些，如何处理？
8. 用托出机出钢的加热炉出钢事故有哪些，如何处理？

9 看火操作

看火操作即加热炉的加热操作，是热轧生产中最重要的操作项目之一，对轧钢生产的安全、优质、高产、低耗有举足轻重的影响。使用不同燃料的连续式加热炉，由于其炉型结构、燃料的燃烧方式、燃烧特点、燃料的供给方式等方面的不同，其操作方法也各不相同，下面分别介绍燃气和燃油加热的操作方法。

9.1 炉子的干燥与烘炉

加热炉炉体的绝大部分是由耐火砖或耐火混凝土砌筑而成，一般均在低温下砌筑，在高温下工作，因此，新建成或经大、中、小修的炉子竣工后其耐火砌体内含有大量的水分和潮气，不能直接进入高温状态下工作。必须仔细地进行干燥和烘炉，以便砌体内的水分和潮气逐渐地逸出，否则，砌体就会因剧烈膨胀而受到损毁。

9.1.1 炉子的干燥及养护

烘炉前必须对炉子进行风干，风干时应将所有炉门及烟道闸门打开，使空气能更好地在炉内流通，加快干燥速度。炉子的干燥时间依修炉季节、炉子的大小、砌体的干燥情况而定。一般为24～48h或更长一些时间。

当炉子从修砌竣工到开始烘炉之间的时间较长时，砌体的干燥情况已较好，这段时间实际上就是炉子的干燥期。

在炉子进行大修时，往往由于炉内温度较高，砌体内的潮气在修炉过程中就很快蒸发掉了，因而在这种情况下也就不需要专门的干燥过程了。

对于用耐火混凝土构筑的炉子，当现场捣固成型后，必须按养护制度进行养护，耐火混凝土的养护制度见表9-1。

表9-1 耐火混凝土的养护制度

种 类	养护制度	养护温度/℃	最少养护时间/d
磷酸耐火混凝土	自然养护	720	3～7
矾土水泥耐火混凝土	水中或潮湿养护	15～25	3
水玻璃耐火混凝土	自然养护	15～25	7～14
硅酸盐水泥	水中或潮湿养护	15～25	7

9.1.2 烘炉

9.1.2.1 烘炉前的准备工作

在烘炉之前必须对炉子各部分进行仔细检查，并纠正建筑缺陷，在确认合格并经验收，清扫干净后才能点火。因此，在烘炉点火前必须做好下面的准备工作：

（1）清除碎砖，拆去建筑材料及所有拱架。

（2）检查砌体的正确程度，砌缝的大小及泥浆的填满情况。这些工作应在砌砖过程中进行；检查炉子砌体各部分的膨胀缝是否符合要求，因为在烘炉过程中往往会因膨胀缝不合适而使炉子遭到严重破坏；检查砖缝的布置，不允许有直通缝，应特别注意砌砖的错缝和砖缝厚度，检查每层的水平度及炉墙的垂直度。

（3）应做机械设备的试车和试验，确保运转无误。鼓风机正常运转，水、电、蒸汽均要接通，仪表正常运转以及烘炉的检测仪器、工具、记录齐全。

（4）检查煤气或油管道、空气管道，冷却水管道、蒸汽管道是否畅通及严密，所有管道必须在2～3倍使用压力下进行试压，确保安全生产。在开始烘炉前通知汽化冷却系统（包括余热锅炉）放水，使炉筋管和水冷部件全部通入冷却水。煤气空气管路开闭器、盲板、切断阀、调节器、烧嘴放散管、水封、蒸汽管等要齐备，符合要求。

（5）检查所有炉门是否开闭灵活，关闭是否严密，各人孔、窥视孔均有盖板并严密覆盖。

（6）检查烧嘴是否与烧嘴砖正确地相对，烧嘴头要在适当的位置上，烧嘴调整机构要灵活。

（7）检查炉子计量仪表是否齐全、仪表空运转是否正常，烘炉工具、记录齐备。

（8）检查炉底滑道焊接是否牢固，膨胀间隙是否符合要求，沿推钢方向有无卡钢可能，滑道之间是否水平，装出料口是否平整，炉底水管绝热包扎是否完整和符合要求。

（9）连续炉为了防止炉筋管及滑轨在烘炉过程中的翘曲或变形，在炉温还不超过100℃时就应装入废钢坯压炉，并根据具体情况将坯料沿整个炉膛的炉筋管长度装满。

（10）检查炉门和烟道闸门的灵活性，闸板与框架之间空隙要符合规定。烟道内应无严重渗水现象。

当烟囱和烟道是新的或冷的时，产生不了抽力，在烘炉之前要先烘烟囱。在烟道和烟囱根部的人孔处堆放干木柴点火烘烤，将烟囱的温度烘到200～300℃，使之具有抽力。在烘烟囱和烘炉的全过程，都应随时检查烟囱表面，发现裂纹时应及时调整升温速度，烘干后出现裂纹应及时补修。已经烘干的砖烟囱，冷却后应再次紧钢箍。

（11）安全防护设备措施要齐全，确保安全生产。

9.1.2.2 烘炉燃料

在上面的准备工作完成后，即可进行烘炉工作。烘炉燃料可用木柴、煤、焦油，重油或煤气，如果用木柴烘炉时，在炉底适当的位置放置木柴火堆，关闭所有炉门，逐渐提高炉温。若用重油或煤气烘炉，则必须设有特殊设备。如煤气烘时可采用50～60mm的管子，管子一端堵死，在管子上开一排小孔，煤气从小孔喷出后燃烧。不论用哪种燃料和采用哪种方法烘炉，都应力求使炉内各部分的温度得到均匀的分配。否则砌体将会因局部升温过快造成膨胀不均匀而使局部损坏。升温按烘炉曲线进行，当炉温提高到可直接燃烧加热炉所用燃料时，则使用加热炉的燃烧装置继续烘炉，直至达到加热炉的工作温度。

9.1.2.3 烘炉制度

为了在烘烤时排除砌体中的附着水分、耐火材料中的结晶水和完成耐火材料的某些组织转变，增加砌体的强度而不剥落和破坏，制定出烘烤升温速度、加热温度和在各种温度的保温时间，即温度—时间曲线，称为烘炉曲线。当然在烘炉过程中想使炉温控制完全符合理想的烘炉曲线是很困难的，实际炉温控制总会有波动，但不应偏离烘炉曲线太远，否则可能产生烘炉事故。

制定烘炉曲线必须根据炉子砌体自然干燥情况、炉子大小、炉墙厚度与结构、耐火材料的性质等具体条件来定。

连续式加热炉在热修或凉炉两天之内时，可按照热修烘炉制度烘炉，热修烘炉可直接用上烧嘴烘炉，在炉温低于300℃时，每小时温升不得大于100℃，而低于700℃时不得大于200℃，700℃以上不受限制。凉炉2天以上至5天者，按小修烘炉，长期停炉后按中修或大修烘炉。一般大修炉子需要烘炉约5~6天（大炉子可达10天），中修需烘炉3~4天，小修烘炉1~2天。

制订烘炉曲线时必须根据具体情况。下面列举几种烘炉方案，供参考。

A 耐火黏土砖砌筑加热炉的烘炉制度

原则是：在150℃时保温一个阶段以排除泥浆中的水分，在350~400℃缓慢升温以使结晶分解，在600~650℃时要保温一段时间，以保持黏土砖的游离 SiO_2 结晶变态，在1100~1200℃时要注意黏土砖的残存收缩。一般加热炉，砌体又不甚潮湿时可简化烘炉曲线，只有一个保温阶段，其余阶段控制升温速度。

B 耐火混凝土砌筑炉子的烘炉制度

耐火混凝土中含大量的游离水和结晶水，前者在100~150℃的温度下大量排出，后者在300~400℃的温度下析出，一般在150℃和350℃保温，考虑到厚度方向传热的阻力，在600℃再次保温，以利于水分充分排除。

耐火混凝土在烘烤过程中很容易发生爆裂，烘烤时必须注意：

(1) 常温至350℃阶段，最易引起局部爆裂，要特别注意缓慢升温，如在350℃保温后仍有大量蒸汽冒出，应继续减缓升温速度。

(2) 在通风不良，水汽不易排出的情况下，要适当延长保温时间。

(3) 用木柴烘烤时，直接接触火焰处往往局部温度过高，应加以防护。

(4) 用重油烘烤时，要防止重油喷在砌体表面，以免局部爆裂。

(5) 新浇捣的耐火混凝土，至少要3天后才可进行烘烤。

C 耐火可塑料捣制炉体的烘炉制度

耐火可塑料捣制炉体的烘炉过程中有140、600、800℃三个保温阶段。耐火可塑料和其他材料相比，含有更多的水分，设置三个保温阶段，主要是为了排出附着水分和结晶水分，同时可塑料炉子的烘烤升温速度要比其他砌体慢得多。

为了在烘炉过程中有利于大量水分排出，在可塑料打结后，要在砌体表面位于锚固砖之间每隔150mm的距离锥成 ϕ4~6mm的孔，孔深为可塑料砌体的2/3。同时，打结时由于模板作用而形成的光滑表面要刮毛。这样在烘炉过程中砌体表面层虽然硬化，但内部水分仍可通过小孔和粗糙的表面顺利排出。如果打结后不进行锥孔和表面刮毛，烘炉过程中首先表面层干燥硬化，而砌体内部尚含有大量水分，当继续烘烤时，内部水分无法逸出，到一定程度时水汽就将已经硬化的表面鼓开，使耐火可塑料砌体一块块剥落，剥落块的厚度一般为50~100mm，使砌体遭受严重的破坏。

在烘炉前如果发现由于某些原因使锥好的孔洞闭合，在补锥之后才可烘炉。

D 黏土结合耐火浇注浇捣炉体的烘炉制度

黏土结合耐火浇注浇捣炉体在烘炉过程中有150、350、600、800℃四个保温阶段，主要是为了排出炉体中游离水和结晶水。

黏土结合耐火浇注料是一种较新的不定型耐火材料。它是由颗粒不大于12mm的矾土熟料为骨料和矾土熟料细粉以及耐火生黏土细粉混合的一种散状材料。在使用时，将按一定比例配制的混合料加入定量的外加剂，用强制搅拌机搅拌，再加定量的水，再搅拌，然后像浇灌混凝土那样浇捣炉体。

配料时必须保证料的配合比准确,加入的水水质必须清洁,水量不能超过规定。在满足正常施工的前提下,浇注料的用水量和促凝剂量要尽量少加,以保证浇注料的质量,延长炉体使用寿命。浇捣完成后至拆模前要有一段养护时间,养护时间长短视季节和气温而定,当常温耐压强度达到0.98MPa以上时,方可拆模。拆模后到烘炉前应该有一段自然干燥期,尤其在深秋和冬季施工,充分干燥是相当必要的。在烘炉过程中烘烤温度必须均匀,严禁局部温度过高和升温过快,必须使整个炉体温度均衡地沿烘炉曲线上升,以免产生炉体破裂剥落。

用耐火可塑料或黏土结合浇注料炉体预制块,按炉体各部位尺寸设计预制块的结构、形状和大小,事先由耐火材料厂捣打预制块并进行烘烤。这样现场吊装砌筑方便,可以缩短筑炉时间;由于预制块经过了烘烤,烘炉时间可以缩短。用预制块砌筑,在炉体损坏、局部更换和拆炉时比浇捣的炉体容易,但预制块炉体的气密性和整体性没有浇捣炉体的好。

9.1.2.4　烘炉操作程序

(1) 首先进炉内检查炉膛内有无杂物,如有,需进行清理。

(2) 检查炉顶的密封情况,如有空隙,可采用灌浆法进行封闭。

(3) 检查炉砌体的垂直度,如发现垂直度不合格,则应停止所有工作,重新拆砌。

(4) 检查炉内的汽化管是否全部包扎。

(5) 检查测温元件的安装情况,确认烘炉开始后才能有正确的炉温反馈。

(6) 检查炉门及烟闸的活动是否自如。

(7) 烟道内杂物清理是否完全彻底及换热器的通畅程度。

(8) 炉内水冷件送水,检查水管是否堵塞。

(9) 汽化冷却系统是否合乎要求。

(10) 风机、推钢机试车是否正常。

(11) 与仪表工联系温度显示系统是否进行校验,并与仪表工配合对自控的执行机构进行试车(包括风的执行机构、煤气的执行机构、汽化放散的执行机构、转动烟闸的执行机构、升降烟闸的执行机构等)。

(12) 开动汽化冷却的助循环启动阀门。

(13) 如烘炉使用煤气,进行炉内烘炉用煤气燃烧装置的接通,如使用木柴进行木柴倒运,并将木柴按规定堆放在炉内的需放位置。

(14) 检查炉用蒸汽管路是否畅通。

(15) 关闭所有的炉门,烟闸少留空隙。

(16) 经请示点火。

(17) 熟悉并掌握烘炉制度及烘炉曲线的温度要求及时间长短。

(18) 按烘炉曲线要求升温,并注意观察砌体的情况。

(19) 到一定的时间炉温停止变化时,并且炉温已达到炉子生产使用燃料的着火温度时,燃料管路扫线试通。

(20) 供给正常的燃料,只开少量的燃烧器。一般沿炉长方向只开前端的喷嘴2~3个;供油或煤气前,应打开烟道烟闸的50%开度。

(21) 注意炉头砌体有无变化,以控制温升速度。

(22) 按炉温曲线要求升温和保温。

(23) 炉子保温温度超过800℃时,应打开部分喷嘴。

(24) 与汽化冷却系统联系,看汽化冷却系统是否进行自然循环。

(25) 提升炉温至生产需要的温度。

9.1.2.5 烘炉时应注意的事项

(1) 烘炉曲线中在150℃、350℃、600℃都需要保温,这三个温度有时掌握烘炉操作不当就会使砌体遭受破坏。在烘炉时要注意在150℃时保温一个阶段以排出泥浆中的水分,在350~400℃缓慢升温以使结晶水析出,在600~650℃时需要保温一段时间,以保持黏土砖的游离 SiO_2 结晶变态,在1100~1200℃时要注意黏土砖的残存收缩。烘炉时间大致为:小修1~2天,中修3~4天,大修或新炉5~6天或更长一些。

(2) 烘炉的温度上升情况,应基本符合烘炉曲线表的规定。温度的上升不应有显著的波动,也不应太快,否则将产生不均匀膨胀,导致砌体的破坏。连续式加热炉要特别注意炉顶的膨胀情况,对用硅砖砌筑的炉顶应加倍注意,因为硅砖在200~300℃之间和573℃时,由于高低型晶型转变,体积骤然膨胀,因此烘炉时在600℃以下,升温不宜太快(在高低型晶型转变温度保温一个阶段),做法是在炉顶的中心线上,做几块标志砖,以便观察炉顶的情况,如果膨胀不均匀,应调整该部位的火焰。另外应密切注意热工仪表是否准确,以免发生事故。

(3) 新建或大修后烘炉,连续式加热炉应关上炉门,并使炉内呈微小的负压,炉温达700℃以上转为微正压,并且在烘炉时不要长时间打开炉门。

(4) 在使用煤气的时候,应经常检查煤气管道上是否有漏气现象,在低温时,应随时观察炉内火苗,防止熄火和不完全燃烧,炉温逐步提高后,根据炉内燃烧情况给予适当的空气,严禁不完全燃烧,以避免在换热器或烟道内积存,造成爆炸条件和浪费燃料。

(5) 用木柴烘炉改为重油时,不要开风过大,以免将炉内的火堆吹散、吹灭。

(6) 烘炉的开始,使用的热工仪表应采用手动操作,当炉温达900℃以后,才能转入自动。

(7) 在烘炉过程中,应经常检查烟囱的吸力情况,如果烟囱吸力不足,影响烘炉速度时,应在烟囱底部点火,以增加烟囱抽力。

(8) 砌体如有漏火现象要及时灌泥浆。

(9) 炉内膨胀及金属结构的变形情况都要做记录。

9.2 燃油加热炉加热操作要点

加热工的职责范围是负责燃料燃烧过程,看火、调节炉温、控制炉压,使之符合加热规范的工艺要求,为轧钢生产提供要求数量和加热质量的原料。

9.2.1 重油的准备

重油燃烧前的准备工作是十分重要的,它包括重油的卸出、储存、沉淀、脱水、过滤、预热、输送和压力的调节等。

燃烧重油装置的好坏对炉子的工作起着重要作用,但是重油准备工作的好坏,供油系统及设备的好坏也直接影响炉子工作状态的好坏、产量的大小和能耗的高低。例如:油的加热温度不够高时,油的黏度大,会造成雾化质量不好;油压不稳定时,可能造成火焰不稳定和炉温的波动;油泵能力不足时,喷嘴能力就达不到要求,炉子热负荷就可能不够;油压过高时,又会使喷嘴能力剧增,并可能破坏喷嘴雾化的最佳条件和失去油风的比例关系;油的过滤不好,可能造成流量仪表的损坏和管路或喷嘴的堵塞;脱水不净含水过高时,会增加燃烧热损失,也容易造成喷嘴火焰不连续;操作管理不当,油路系统缺乏必要的安全措施时,又会引起火灾等事故发生。

为了做好重油燃烧前的准备和合理组织重油的燃烧，必须掌握所用重油的使用性能，主要是重油的黏度、凝固点、闪火点、含水量、含硫量、掺混性等。

在实际使用时，一些地方对黏度、温度及其他指标都有要求。

A 黏度

（1）输油泵的允许黏度为：

齿轮泵和螺杆泵	10～200 °E
离心泵	15～30 °E
蒸汽往复泵	70～80 °E

（2）油路系统。管路中要求黏度在 7～12 °E，也可以适当大些。

（3）油在喷嘴前的黏度。为了保证重油的雾化质量，不同形式的喷嘴对油的黏度有不同的要求。

低压空气雾化喷嘴	3～5＜8 °E
压缩空气雾化喷嘴	4～6＜15 °E
蒸汽雾化喷嘴	4～6＜15 °E

B 温度

（1）油罐的油温。重油一般为 70～80℃；原油一般为 40～50℃。加热温度一般低于油闪火点 20～30℃，加热温度过高时容易发生火灾，重油加热温度过高还容易发生油罐冒顶事故。加热温度高，不但不安全而且散热损失也大。

（2）油在喷嘴前的油温。为了达到要求的黏度，重油品种不同，所需要加热的温度也应不同。重油的供应很不稳定，各炼油厂的重油也无一定标准，这就给黏度操作带来很大困难。在喷嘴前一般将重油加热到 110～120℃ 温度。如不考虑什么油品，一律将重油加热到固定不变的温度，是不合理的。严格讲，随来油黏度的不同，预热温度亦应随之改变。

喷嘴前的油温加热不足，不仅对油的输送不利，流量减少，而且影响喷嘴雾化质量，致使燃烧条件恶化。影响流量计的准确性，也会给自动控制带来困难。喷嘴前油温加热太高，又会引起重油的剧烈气化和起泡沫，造成燃烧不稳定或断火（气塞），并且容易析出黏状与块状的炭，堵塞管路或喷嘴，所以要求喷嘴前重油最高加热温度不得高于 130℃。

进一步的要求是，各炼油厂应按一定标准供油，每一批油测定出黏度—温度曲线，按曲线调节油的加热温度。

C 其他指标

（1）闪火点。又称闪点，主要用来决定油的易燃等级，作为判断发生火灾可能性的依据。在储存和加热油料时，最高温度也不能超过其闪点。同时必须严防火种靠近，以免发生火灾。油罐里油的加热温度应低于闪点 20～30℃，并且不超过 90℃。在压力容器或管道中油的加热温度可以高于闪点。

使用闪点在 60℃ 以下的油时，必须采用蒸汽吹扫管道；当使用闪点大于 60℃ 的油时，才允许使用压缩空气扫线。

（2）含硫量。含硫量过高，对加热钢材质量有影响，还会增加烟气中 SO_2 含量，污染环境。加热炉用油要求硫含量不大于 1%，我国大部分地区重油含硫量都在 1% 以下。同时含硫量愈高，油的黏度也就愈高。

（3）水分。水分对燃烧不利，不仅水分蒸发时消耗大量的热，降低燃料的发热量，水分过多时(10% ~15%)还会造成喷嘴火焰不稳定。一般希望油中水含量不大于2%。事实上,炼油厂来油含水量较高,加上转运过程中,采用蒸汽直接加热的方法卸油,使含水量增加。

在操作上应保证油在油罐中有储存沉淀时间,使水分离、排掉。大多数燃油系统中,只有油罐一处可以排水,所以操作时应严格把关,在储存期间要及时排掉沉淀水分,使水含量达到燃烧要求。

油掺水乳化燃烧是另外一回事,掺水的油要经过弹簧哨或乳化管乳化,目前还有加入化学乳化剂,形成乳化液。因为均匀稳定的油水乳化液中,油颗粒表面上附着一些小于4μm的水颗粒,在高温下这些水变成蒸汽,蒸汽压力将油颗粒击碎成更细的油雾,即第二次雾化。由于雾化的改善,用较小的空气消耗系数便能得到完全燃烧。国内经验表明,采用乳化油燃烧后,化学性不完全燃烧可以降低1.5% ~2.2%,火焰温度不仅没有下降,反而提高了20℃左右。由于过剩空气量的减少,使燃烧烟气中的NO_x含量降低,减少了大气污染。乳化油燃烧的关键是乳化的质量,如不能得到均匀的乳化液,则不能达到改进燃烧过程的目的。

不同来源的重油,其化学稳定性不同,当把它们互相掺混使用时,有时会产生一些固体沉淀物或胶状半凝固体,这样就会堵塞供油系统,严重者导致停产事故。这在国内曾多次发生。

生产实践证明,同一来源不同牌号的重油可以混合使用;同一来源的不同牌号的焦油也可以混合使用;但是不同来源的焦油则不能随便混合;尤其不能随便将重油和焦油混合使用。

为了防止发生事故,在混合使用不同来源的燃料油时,必须先做掺混性试验。

9.2.2 送油操作要点

送油操作是指从储油罐向加热炉上的喷嘴前输送重油的操作。对新建和经过长时间停炉检修后的炉子,送油操作应遵循如下程序:

(1) 油泵房操作工,提前打开油罐加热器进汽和出水阀门,使罐内重油逐渐升温到70 ~80℃。当油库距油喷嘴较远时,往往在储油罐的预热器与喷嘴之间的一段管道用蒸汽保温以防止油温下降。还可以另铺设两条和油管路平行的蒸汽管并用绝热材料将两管包在一起,或将油管套在蒸汽管内。检查油过滤器前后阀门并将两台过滤器中一台的前后阀门关闭(安装两个并排的过滤器,目的是在一个过滤器清理时,还可以用另一个过滤器工作),检查油泵进出口、流量计前后及旁路阀门,检查调压阀及所有蒸汽阀门,检查并打开疏水器前的蒸汽阀门。

(2) 打开保温管和加热器进汽阀门,使管路和加热器预热。

(3) 检查与炉前送油联系信号是否畅通。

(4) 打开储油罐出油阀门。

(5) 炉前加热工检查各喷嘴、阀门等安装是否正确。

(6) 炉前加热工巡视总阀门以内的所有炉前管道,熟悉并复查管路安装是否正确,热管道保温层是否完好。

(7) 打开炉前保温管蒸汽总阀门,通汽预热炉前油管,并检查末端疏水器前阀门是否开启,疏水器是否好用。继续打开吹扫喷嘴蒸汽阀门吹扫一下喷嘴,检查喷嘴是否堵塞,同时使喷嘴得到预热,然后将吹扫蒸汽阀门关严。

(8) 当检查一切正常后,通知油泵房操作工送油。泵房操作工得到送油通知后,打开供油泵前输油管路上各种阀门,使输油管路畅通,同时打开输油套管蒸汽闸阀,加热输油管路。

(9) 打开储油罐的出油闸阀,使供油泵前各输油管充满燃油(以供油泵前小阀门打开后能流燃油为准)。

（10）少许打开供油泵出油闸阀启动油泵供油，同时调整供油泵后闸阀和总回油闸阀，使油压调节到适应喷嘴需要的参数（泵后压力表指针在0.4～0.6MPa）。这时如果全部送油管路无异常变化，无泄漏点，而且循环正常、油压稳定、油温适合、流量计指针走动正常，至此即可认为送油操作合格。

应当着重指出，新建的油管路在试压检漏的同时必须对管路进行彻底清扫，将管道内可能存在的氧化铁皮、电焊渣等物清除干净，否则将长期影响炉子的正常运行；停炉检查时油管路也要进行认真扫线，将油管路内的残油清扫干净。

9.2.3 点炉操作要点

重油点火操作要遵循下列程序：

（1）在送油操作已经完成，重油已送到喷嘴前，按炉子需要即可进行点火。在点燃喷嘴之前，首先检查喷嘴中心与烧嘴砖中心是否重合，检查油管及蒸汽管路的阀门及开闭器是否在正确的位置，并将所有的油管雾化剂管路上的开关和调节阀全部关闭。

（2）点火前，首先开动助燃风机；高压雾化喷嘴可打开炉前总蒸汽阀门或炉前总压缩空气阀门。

（3）打开烟道闸门及靠近喷嘴处的炉门，为了使未燃烧的易燃气体容易逸散和防止爆炸，应在要点燃的喷嘴前点燃火堆或准备好油棉纱火把。

（4）将喷嘴进风阀微开，打开喷嘴的雾化剂阀门，向喷嘴供入适量的雾化剂。

（5）打开喷嘴进油阀，这时人应在喷嘴侧面，以免被喷出的火焰烧伤。如果喷嘴喷出的可燃物没有着火或点着又熄灭，这时必须迅速将油阀关闭，停数分钟后，使炉内可燃混合物充分排除，分析原因，进行处理后，再点燃。

（6）当喷嘴点燃后，调节油量不要太大，等火焰稳定后，开大油阀和风阀，调节风、油量使燃烧正常。燃烧正常时，火焰应明亮，无黑烟。

（7）喷嘴喷出的火焰，不应与喷口的耐火砖接触，否则可能产生喷口堵塞或中心线错动。一个喷嘴点着后，再点相近的喷嘴就比较容易点着。点燃喷嘴的数量和时间根据需要的炉温决定。根据炉内情况及时调节好烟道闸门，使炉内为正压，以炉门冒出少许火焰为宜，或用仪器测量。

（8）正常生产时，应经常进行巡回检查，当发现喷嘴堵塞，油量调节不当、火焰熄灭等现象时应及时处理。

9.2.4 燃烧操作

从点炉到正常生产过程都要把重油烧好，在燃烧时出现如下问题要及时处理。

（1）点不着火。其原因一般有：油温低；油中含水多；供风量过大；雾化剂压力高和油流股相遇时反压大，把油封住；炉膛温度太低等；处理时要分析原因，有针对地进行处理。

（2）正常燃烧的火焰有时突然熄灭，产生灭火。灭火的原因，有时与点不着火的原因相同，除此之外，低压喷嘴空气量过大、油量过小时也容易产生灭火，此时应当减少风量适当增加油量；高压蒸汽雾化喷嘴，蒸汽量过大也容易灭火，此时应适当减少雾化蒸汽量。

（3）有时可能产生喷出的可燃混合物在远离喷口一段距离才有火焰，产生脱火。此时适当减少助燃空气量，使火焰移近喷口达到燃烧稳定。

（4）喷嘴火焰不连续，产生喘气一样的气塞现象。多因为油中含水过多，油的加热温度过高或油泵故障，油压不稳所造成。此时要将油中水排除，控制含水量2%以下，降低油的加热温度到120℃以下,检查油泵消除故障使油压稳定。

(5) 在燃烧过程中,有时喷嘴头部和喷嘴砖会结焦。产生结焦的原因有:重油雾化不良;喷嘴安装不正或喷嘴砖孔径、张角太小;流股冲碰喷嘴砖,油滴凝聚受热裂解而积炭结焦;喷嘴关闭时,喷嘴头部留有残油,炉内辐射热使残油裂化结焦。为此,要改进重油雾化质量;改进喷嘴安装和喷嘴砖的内孔尺寸;当停用个别喷嘴时,要及时插好喷嘴安装板上的插板,封闭喷嘴砖孔;如果停炉较长,在停炉时将喷嘴用蒸汽吹扫干净。

(6) 喷嘴有时会堵塞。其原因一是结焦,二是油渣堵塞。为减少结焦堵塞,喷嘴停用时要插好挡板和停炉时吹扫干净,同时油喷嘴要定期更换风套中的油枪,更换下的油枪要用轻质油清洗干净。

喷嘴被油渣堵塞是由于重油过滤不好或管路中有焊渣引起的。油过滤器要符合要求,过滤器要定期更换和清洗。

(7) 重油燃烧不好会冒黑烟。冒黑烟不仅浪费能源,而且污染环境。冷炉点火和空气不足时容易冒黑烟。冷炉点火时注意开启烟道闸门,开始油量给得不要太多,配合适当的风量,点着后慢慢增加油量和风量;逐渐提温,避免开始在炉膛温度很低,油与空气混合和燃烧速度很慢的情况,供入大量油不能燃烧而冒黑烟。

(8) 燃烧操作时,应使重油良好雾化。影响重油雾化的因素很多,油温低往往是雾化不良的重要原因。因此,要提高油的加热温度,降低油的黏度;如油温提不高,需要检查油加热保温蒸汽压力是否足够,如果饱和蒸汽压力太低,要采取措施解决。低压喷嘴内部调风机构失灵也会造成雾化不良,要定期清洗和检修喷嘴。

另外,雾化剂和油的喷出速度直接影响雾化质量。要注意控制风压、风量和调节喷嘴出风口的截面积;控制油压和调节喷油口的直径。

(9) 燃烧操作时要注意经常观察重油的燃烧状况并进行调节。重油燃烧要做到火焰具有良好的稳定性,燃烧完全,没有火星存在,不冒黑烟。在保证完全燃烧的情况下,力求减少空气量。燃油烟气的含氧量应在0.5%~2%之间。

调节燃烧时,增油时要先增加雾化剂量和助燃空气量,而后增加油量;减油时要先减少油量,而后减少助燃空气量和雾化剂量。喷嘴不应在最大和最小负荷状态下运行,调节量不够时,应开启和关闭喷嘴个数。

9.2.5 停炉操作

停炉操作步骤如下:

(1) 首先关闭喷嘴的进油阀门,使喷嘴熄火。

(2) 通知油泵工,关闭油泵停止送油。

(3) 如果是停炉保温可以停止鼓风机供风,并关闭烟道闸门。如果是停炉检修,应加快炉子冷却,继续供风,并开大烟道闸门。

(4) 打开吹扫喷嘴的蒸汽阀门,将各喷嘴中残油吹到炉内烧掉,将喷嘴吹净。打开重油管路的吹扫阀门,用蒸汽将管路中的残存重油吹扫到中间罐或中间包内。然后关闭总油门和吹扫阀门,关闭保温管蒸汽阀门。高压喷嘴则可关闭雾化剂总开关,停供雾化剂。

(5) 炉底水管水冷或汽化冷却循环系统应照常供水,等炉温降到一定温度才可停止供水。

(6) 油泵工用蒸汽吹扫整个供油管道,排尽剩油。

9.3 燃煤气加热炉的操作及注意事项

9.3.1 送煤气前的准备

送煤气前的准备工作如下：

(1) 送煤气之前本班工长、看火工及有关人员应到达现场。

(2) 检查煤气系统和各种阀门、管件及法兰处的严密性，检查冷凝水排出口是否正常安全，排出口处冒气泡为正常。

(3) 检查蒸汽吹扫阀门（注意冬季不得冻结）是否完好，蒸汽压力是否满足吹扫要求（压力≥0.2MPa）。

(4) 准备好氧气呼吸器、火把（冷炉点火）、取样筒等。

(5) 通知与点火无关人员远离加热炉现场及上空。

(6) 通知调度、煤气加压站，均得到允许后方可送煤气。

(7) 通知仪表工、汽化站及电、钳工等。

9.3.2 送煤气操作

送煤气操作步骤如下：

(1) 向炉前煤气管道送煤气前，炉内严禁有人作业。

(2) 烧嘴前煤气阀门、供风阀门关闭严密，关闭各放水管、取样管、煤气压力导管阀门。

(3) 打开煤气放散阀。

(4) 连接胶管或直接打开吹扫汽源阀门及各吹扫点旋塞阀，吹赶煤气管道内原存气体，待放散管冒蒸汽3～5min后，打开放水阀门，放出煤气管道内冷凝水，关闭放水阀门。

(5) 开启煤气管道主阀门，关闭热汽吹扫阀门，使煤气进入炉前煤气管道。

(6) 煤气由放散管放散20min后，取样爆发试验需做三次，均合格后，方可关闭放散阀门，打开煤气压力导管，待压力指示正常，方可点火。点火时如发生煤气切断故障，上述“放散”及“爆发试验”必须重新进行，合格后方可点火。

(7) 关闭空气总阀后再启动鼓风机，等电流指针摆动稳定后，打开空气总阀。

(8) 开启炉头烧嘴上的空气阀，排除炉膛内的积存气体和各段泄漏的煤气，送煤气前炉内加明火，确信炉内无煤气，方可进行点火操作。

9.3.3 煤气点火操作

9.3.3.1 点火程序

(1) 适量开启闸板，使炉内呈微负压。

(2) 点火应从出料端第一排烧嘴开始向装料端方向的顺序逐个点燃。

(3) 点火时应三人进行，一人负责指挥，一人持火把放置烧嘴前100～150mm，另一人按先开煤气，待点着后再开空气的顺序，负责开启烧嘴前煤气阀门和风阀，无论煤气阀还是风阀均都徐徐开启。如果火焰过长而火苗呈黄色则是煤气不完全燃烧现象，应及时增加空气量或适当减少煤气量；如果火焰过短而有刺耳噪声则是空气量过多现象，应及时增加煤气量或减少空气量。

(4) 点燃后按合适比例加大煤气量和风量，直到燃烧正常。然后按炉温需要点燃其他烧嘴；最后调节烟道闸门，使炉膛压力正常。

（5）点不着火或着火后又熄灭，应立即关闭煤气阀门，向炉内送风10～20min，排尽炉内混合气体后再按规定程序重新点燃，以免炉膛内可燃气体浓度大而引起爆炸。查明原因经过处理后，再重新点火。

9.3.3.2 点火操作安全注意事项

（1）点火时，严禁人员正对炉门，必须先给火种，后给煤气，严禁先给煤气后点火。

（2）送煤气时不着火或着火后又熄灭，应立即关闭煤气阀门，查清原因，排净炉内混合气体后再按规定程序重新点燃。

（3）若炉膛温度超过900℃时，可不点火直接送煤气，但应严格监视其是否燃烧。

（4）点火时先开风机但不送风，待煤气燃着后再调节煤气、空气供给量，直到正常状态为止。

9.3.4 升温操作

若为蓄热式烧嘴加热炉，升温操作步骤如下：

（1）炉膛温度在800℃前时，可启动炉子一边烧嘴供热，并且定期更换为另一边供热。

（2）不供热的一边，一组或某个烧嘴的煤气快速切断阀，空煤气手动阀门处于关闭状态。

（3）四通阀处于供风状态。

（4）排烟阀处于关闭状态，排烟机启动。

（5）用风量小时，必须适当关小风机入口调节阀开口度，严禁风机“喘振”现象发生。

（6）当要求某一边或某一组烧嘴供热时，先打开煤气快速切断阀（在仪表室控制），然后打开嘴前手动空气阀，再打开嘴前煤气手动阀，调节其开启度在30%，稳定火焰。

（7）根据炉子升温速度要求逐渐开大空煤气手动阀门来加大烧嘴供热能力，观察火焰，调节好空燃比。

（8）升温阶段远程手控烟道闸板，使炉膛压力保持在10～30Pa。

9.3.5 换向燃烧操作

若为蓄热式烧嘴加热炉，某厂换向燃烧操作步骤如下：

（1）当均热段炉温升到800℃以上时，方可启动蓄热式燃烧系统换向操作。

（2）打开压缩空气用冷却水，启动空压机调整压力（管道送气直接调整压力），稳定工作在0.6～0.8MPa，打开换向阀操作箱门板，合上内部电源，系统即启动完毕。

（3）系统启动后，将手动、自动按钮旋至手动状态。

（4）启动引风机，延迟15s后，徐徐打开引风机前调节阀开启度为30%。

（5）将空气流量调节装置打到“自动”方式。

（6）参考热值仪数据，确定空燃比，调整燃烧状态为最佳。空燃比一般波动在0.7～0.9，可通过实际操作试验找到最佳值。

（7）炉压控制为“自动”状态，控制引风机入口处废气调节阀使炉膛压力控制在5～10Pa。

（8）手动调节空气换向阀废气出口的调节阀，使其废气温度基本相同。

（9）当各段炉温稳定达到800℃以上时，换向方式改为“联动自动方式”。

（10）在生产过程中若出现气压低指示红灯亮、电铃报警且气动煤气切断阀关闭，说明压缩空气压力低于0.4MPa，这时应按下音响解除按钮，修理空压机、调整压缩空气压力至0.6～0.8MPa。

（11）在生产过程中若Ⅰ组、Ⅱ组阀板有误指示红灯亮、电铃报警且气动煤气切断阀关闭，说明换向阀阀位的接近开关损坏、阀板动作不到位超过16s，这时应按下音响解除按钮，首先查看阀板是否到位，阀板不到位，检查是否气缸松动使阀杆运行受阻、是否电磁换向阀、快速排气阀堵住或损坏。若阀位正常，应检查接近开关或接近开关连线。

（12）在生产过程中若出现Ⅰ组、Ⅱ组超温指示红灯亮、电铃报警且气动煤气切断阀关闭，说明排烟温度超过设定温度，这时应关闭气动煤气切断阀和引风机前蝶阀，检查测量排烟温度热电偶或温度表是否完好，重新确认温度设定。

9.3.6 正常状态下的煤气操作

（1）接班后借助“煤气报警器”对煤气系统，尤其是嘴前煤气阀门、法兰连接处等认真巡视检查，如发现煤气泄漏等现象，立即报告上级有关单位或人员，并采取紧急措施。煤气系统检查严禁单人进行，操作人员应站在上风处。

（2）仪表室内与煤气厂煤气加压站的直通电话应保持良好工作状态，发现故障立即通知厂调度室。

（3）看火工应按规定认真填写岗位记录。

（4）当煤气压力低于2000Pa时，应关闭部分烧嘴，当煤气低压报警（1000Pa）时，应立即通知调度和加压站，并做好煤气保压准备。

（5）发现烧嘴与烧嘴砖接缝处有漏火现象，应立即用耐火隔热材料封堵严实，发现烧嘴回火，不得用水浇，应迅速关闭烧嘴，查明原因，处理后再开启使用。

（6）看火工必须根据煤气发热量情况，对煤气量和风量按规定比例进行调节。

（7）在加热过程中，加热工应经常检查炉内加热情况及热工仪表的测量结果，严格按加热制度要求控制炉温。在需增加燃料量时，应本着先增下加热，后增上加热；先增炉头，后增炉尾的原则进行，在需减燃料操作时，则与之相反。

（8）每班接班后，必须排水一次。

9.3.7 换热器的操作

若为换热式加热炉，某厂换热器操作步骤如下：

（1）换热器入口烟温允许长期≤750℃，短期不超过800℃；煤气预热温度允许长期≤320℃，短期不超过370℃。

（2）入口烟温及煤气预热温度超温时，应依次关闭靠近炉尾的烧嘴，紧急情况下可关闭嘴前所有煤气阀门。

（3）热风放散阀应做到接班检查，发现异常及时通知仪表工。

（4）风温允许长期高于350℃，短期不超过400℃。如超温，采取如下措施：

1）热风全放散。

2）按换热器操作第（2）条执行。

（5）一旦换热器出现泄漏，立即采取补漏措施。

9.3.8 停炉操作

9.3.8.1 正常状态下停炉制度

A 操作程序

（1）停煤气前，首先与调度、煤气站联系，说明停煤气原因及时间，并通知仪表工。

（2）停煤气前应由生产调度组织协调好吹扫煤气管道用蒸汽，蒸汽压力不得低于0.2MPa。

(3) 停煤气前加热班工长、看火工及有关人员必须到达现场,从指挥到操作,分配好各自职责。专职或兼职安全员应携带"煤气报警器"做好现场监督,负责操作的人员备好氧气呼吸器。

(4) 按先关烧嘴前煤气阀门,后关空气阀门顺序逐个关闭全部烧嘴(注意:风阀不得关死,应保持少量空气送入,防止烧坏烧嘴)。

(5) 关闭煤气管道两个总开关,打开总开闭器之间的放散管阀门。

(6) 关闭各仪表导管的阀门,同时打开煤气管道末端的各放散管阀门。

(7) 如炉子进入停炉状态则应打开烟道闸板。

(8) 打开蒸汽主阀门及吹扫阀门将煤气管道系统吹扫干净,之后关闭蒸汽阀门,关闭助燃鼓风机,有金属换热器时要等烟道温度下降到一定程度再停风机。

(9) 如停煤气属于炉前系统检修或炉子大、中、小修,为安全起见,应通知防护站监检人员进行堵盲板水封注水。检修完成后,开炉前由防护站负责监检,抽盲板、送煤气。

(10) 操作人员进炉内必须确信炉内没煤气,并携带煤气报警器两人以上工作。

B 安全注意事项

(1) 停煤气时,先关闭烧嘴的煤气阀门后关闭煤气总阀门,严禁先关闭煤气总阀门,后关闭烧嘴阀门。

(2) 停煤气后,必须按规定程序扫线。

(3) 若停炉检修或停炉时间较长(10天以上),煤气总管处必须堵盲板,以切断煤气来源。

9.3.8.2 紧急状态下停煤气停炉制度

A 操作程序

(1) 由于煤气发生站、加压站设备故障或其他原因,造成煤气压力骤降,发出报警,应立即关闭全部嘴前煤气阀门,并打开蒸汽吹扫,使煤气管道内保持必要压力,严防回火现象发生,同时与调度联系,确认需停煤气时,再按停煤气操作进行。

(2) 如遇有停电或风机故障供风停止时,亦应立即关闭全部嘴前煤气阀门,待恢复点火时,必须按点火操作规程进行。

(3) 如加热炉发生塌炉顶事故,危及煤气系统安全时,必须立即通知调度和煤气加压站,同时关闭全部烧嘴,切断主煤气管道,打开吹扫蒸汽,按吹扫的程序紧急停煤气。

B 安全注意事项

(1) 若发现风机停电或风机故障或压力过小时应立即停煤气,停煤气时按照先关烧嘴阀门,后关总阀门,严禁操作程序错误,并立即查清原因,若不能及时处理的,煤气管道按规定程序扫线;待故障消除,系统恢复正常后,按规定程序重新点炉。

(2) 若发现煤气压力突降时,应立即打开紧急扫线阀门,然后关闭烧嘴煤气阀门,关闭煤气总阀门,打开放散阀门。因为当管内煤气压力下降到一定程度后,空气容易进入煤气管道而引起爆炸。

9.4 烧钢操作的优化

优化烧钢操作是以最小的消耗满足轧机的要求所进行的操作。影响加热炉生产和消耗的因素很多,归纳起来,操作上的因素不外乎燃烧情况、热负荷、炉子热工制度等几个方面,而优化操作也应从这些方面着手。

9.4.1　正确地组织燃料燃烧

正确地组织燃料燃烧就是保持炉内燃料完全燃烧。燃料入炉后如能立即完全燃烧，将有效地提高炉温，并能增加炉子生产率，降低燃料单耗，这对满足增产节能两方面的要求，有非常重要的意义。

从操作上来讲，正确地组织燃料的燃烧，有很多工作要做，如以前所述对燃料使用性能的了解；对风温、风压的控制都是十分重要的问题；燃烧器的安装、使用、维护保养对燃料燃烧情况的好坏都有很大的影响。在以上因素合理控制的基础上，燃料与空气的配比是影响燃烧和燃料节约的主要问题。

从节约燃料的观点出发，在保证燃料完全燃烧的条件下，在炉子操作中应尽可能地降低空气消耗系数。以前，用给定空气消耗系数来维持空、燃比例，但往往由于燃料热值的波动破坏正常的空、燃比例，实现低氧燃烧是困难的。近年来发展用氧化锆测氧仪连续测定烟气中的氧含量作为自动控制燃烧的信号，来控制燃料与空气的供给量。而且还可以进行分段控制，以每段各自分别测定烟气中的氧含量为信号，来控制各段的空燃比。如果在操作中对空气消耗系数的大小，心中无数，完全靠观察，靠经验进行调节，会出现不完全燃烧。在操作中也常常出现只调燃料不调空气，或只调空气而不调燃料的错误操作。这些都是造成燃料浪费的原因，应该及时改进。

9.4.2　合理控制热负荷

在加热操作时，应根据炉子生产变化情况调节热负荷，使其控制在最佳的单耗水平，这样对加热质量、炉体寿命、能源消耗均有利。

前冶金部《关于轧钢加热炉节约燃料的若干规定》中规定“操作规程中应规定加热不同品种规格坯料和不同轧机产量的经济热负荷制度，做到不往炉内供入多余的燃料”。

目前，加热炉的热耗比较高，主要是在低产或不正常生产时没有严格控制好往炉内供入的燃料所造成的。在低产或不正常生产时还必须充分注意调节好炉子各段的燃料分配。理想的温度制度是三段式温度制度（即预热、加热、均热），均热段比加热段炉温低，能使钢坯断面温差缩小到允许范围之内，使钢坯具有良好的加热质量；适当提高加热段的温度，实行快速加热，允许钢坯有较大的温差，提高炉子生产率；预热段不供热，温度较低，充分利用炉气预热钢坯，降低出炉烟气温度，提高炉子热效率。三段式加热制度对产量的波动有较大的适应性和灵活性。当炉子在设计产量下工作时，炉子可按三段制度进行操作，随着炉子产量的降低，可逐渐减少加热段的供热，从炉尾向炉头逐渐关闭喷嘴，当炉子产量低于设计产量很多时，可完全停止加热段的供热，均热段变成了加热段，加热段变成了预热段，预热段等于延长，出炉烟气温度也降低，炉子变成了二段制操作。随着炉子产量的波动，不向炉内供入多余燃料，出炉烟气带走的热量可以保持在一个最佳数值上，炉子单耗就可以降低。

在生产过程中，炉子待轧时间是不可避免的，研究制定待轧时的保温、降温和开轧前的升温制度，千方百计地降低待轧时的燃料消耗是个极其重要的问题。必须发挥热工操作人员的积极性才能收到较好的效果。

炉子在待轧时必须按待轧热工制度减少燃料和助燃空气的供给量，适当调节燃料和空气的配比，使炉子具有弱还原性气氛；调节炉膛压力要比正常生产时稍高些；还要关闭装出料口的炉门及所有侧炉门；要主动与轧钢工段联系，了解故障情况，分析预测需要停车时间的长短，决定炉子保温和降温制度。掌握准确的开轧时间，适时增加热负荷，以便在开轧时把炉温恢复到正常生产的温度。表9-2的待轧保温制度可作参考。

表 9-2 待轧降温表

待轧时间/h	降温温度/℃	注意事项
≤30min	基本不变	待轧期间减少燃料，同时要适当减少风量
≤1	50~100	
≤2	100~200	关闭所有炉门及观察孔
≤3	200~250	关闭烟道闸门，保持炉内成正压，避免吸入冷风
≤4	250~350	待轧 4h 以上，炉温降至 700~800℃

9.4.3 合理控制钢温

按加热温度制度要求，正确控制钢的加热温度，同时还要保证钢坯沿长度和断面上温差小，温度均匀。过高的钢温，增加单位热耗，造成能源浪费，氧化烧损增加，容易造成加热缺陷和粘钢，但钢温过低，也会增加轧制电力消耗，容易造成轧制设备事故，因此应合理控制钢温。

在加热段末端与均热段，钢温与炉温一般来说相差 50~100℃，正确地控制钢温以满足轧制的需要是十分重要的。

对于不同的钢种，加热有其自身的特点，对于普碳钢来讲，轧制时钢温的要求不太严格，由于普碳钢的热塑性较好，轧制温度的范围较宽，生产中即使遇到了钢温不均或钢温较低的情况，也可继续轧制。但对于合金钢来说，有的合金钢轧制温度范围很窄，所以就需要有较好的钢温来保障，不同种类的钢应掌握不同的温度，正确地确定钢的加热温度，对于保证质量和产量有着密切的关系，一般可以通过仪表测量出炉钢温及炉温，但仪表所指示的温度一般是炉内几个检测点的炉气温度，它有一定的局限性，所以，加热工如果想正确地控制钢温，必须学会用肉眼观察钢的加热温度，以便结合仪表的测量，更正确地调节炉温。钢坯在高温下温度与火色关系见表 9-3。

表 9-3 钢坯在高温下火色与温度的关系

钢坯火色	温度/℃	钢坯火色	温度/℃
暗棕色	530~580	亮红色	830~880
棕红色	580~650	橘黄色	880~1050
暗红色	650~730	暗黄色	1050~1150
暗樱桃色	730~770	亮黄色	1150~1250
樱桃色	770~800	白色	1250~1320
亮樱桃色	800~830		

9.4.4 合理地控制、调整炉温

在加热炉的操作中，合理地控制加热炉的温度，并且随生产的变化及时地进行调整是加热工必须掌握的一种技巧。一般加热炉的炉温制度是根据坯料的参数、坯料的材质来制定的，而炉膛内的温度分布，预热段、加热段和均热段的温度，又是根据钢的加热特性来制定的；加热时间是根据坯料的规格、炉膛温度的分布情况来确定的。一般对于含碳量较低、加热性能较好的钢种，加热温度就比较高，但随着钢的含碳量的增加，钢对温度的敏感性也增强，钢的加热温度也就越来越低。如何合理对钢料进行加热，怎样组织火焰，并且能使燃料的消耗降低，就是一个技巧上的问题。

炉温过高，供给炉子的燃料过多，炉体的散热损失增加，同时废气的温度也会增加，出炉烟气的热损失增大、热效率降低、单位热耗增高。炉温过高炉子的寿命受到影响，同时也容易造成钢烧损的增加和钢的过热、过烧、脱碳等加热缺陷，还容易把钢烧化，侵蚀炉体，增加清渣的困难引起粘钢事故。

对于一个三段连续式加热炉来说，经验的温度控制一般遵循如下的规定：预热段温度≤780℃；加热段最高温度≤1350℃；均热段温度≤1200℃。

炉温控制是与燃料燃烧操作最为密切的，也就是说炉温控制是以增减燃料供应量来达到的，当炉温偏高时应减少燃料的供应量，而炉温偏低时又应加大燃料供应量，多数加热炉虽然安装有热工仪表，但测温计所指示的温度只是炉内几个点的情况。因此，用肉眼观察炉温仍是非常重要的。

同时，要掌握轧机轧制节奏来调节炉温以适应加热速度。轧机高产时，必须提高炉子的温度，而轧机产量低时，必须降低炉子的温度。这样可以避免炉温过高产生过烧、熔化及粘钢，而炉温过低出现低温钢等现象。

连续式加热炉同时加热不同钢种的钢坯时，炉温应按加热温度低的加热制度来控制，在加热温度低的钢坯出完后，再按加热温度高的加热制度来控制。当然在装炉原则上，应该尽量避免这种混装观象。

在有下加热的连续式加热炉上，应尽量发挥下加热的作用，这样既能增加产量又能提高加热质量。

9.4.5　炉压控制

炉压的控制是很重要的。炉压大小及分布对炉内火焰形状、温度分布以及炉内气氛等均有影响。炉压制度也是影响钢坯加热速度、加热质量以及燃料利用好坏的重要因素。例如某些炉子加热时由于炉压过高造成烧嘴回火，而不能正常使用。

当炉内为负压时，会从炉门及各种孔洞吸入大量的冷空气，这部分冷空气相当于增加了空气消耗系数，导致烟气量的增加，更为严重的是由于冷空气紧贴在钢坯表面严重恶化了炉气、炉壁对钢的传热条件，降低了钢温和炉温，延长加热时间，同时也大大增加了燃料消耗。

当炉内为正压时，将有大量高温气体逸出炉外。这样不仅恶化了劳动环境，使操作困难，而且缩短了炉子寿命，并造成了燃料的大量浪费。

加热炉是个不严密的设备，吸风、逸气很难避免，但正确的操作可以把这些损失降低到最低程度。为了准确及时掌握和正确控制炉压，目前加热炉上都安装了测压装置，加热工在仪表室内可以随时观察炉压，并根据需要人工或自动调节烟道闸门的开启度，保证炉子在正常压力下工作。

一般连续加热炉吸冷风严重的地方是出料门处，特别是端出料的炉子。因为端出料的炉子炉门位置低，炉门大，加上端部烧嘴的射流作用，大量冷风从此处吸入炉内。

在操作中应以出料端钢坯表面为基准面，并确保此处获得0～10Pa的压力，这样就可以使钢坯处于炉气包围之中，保证加热质量，减少烧损和节约燃料。此时炉膛压力约在10～30Pa，这就是所谓的微正压操作。在保证炉头正压的前提下，应尽量不使炉尾吸冷风或冒火。

当做较大的热负荷调整时，炉膛压力往往会发生变化，这时亦及时进行炉压的调整。增大热负荷时炉压升高，应适当开启烟道闸门；减少热负荷时，废气量减少，炉压下降，则应关闭烟道闸门。

当炉子待轧熄火时，烟道闸门应完全关闭，以保证炉温不会很快降低。

在正确控制炉膛压力的同时,还应特别重视炉体的严密性,特别是下加热炉门。由于炉子的下加热侧炉门及扒渣门是炉膛的最低点,负压最大,吸风量也最多。因此,当下加热炉门不严密或敞开时,会破坏下加热的燃烧。在实际生产中,有些加热炉把所有的侧炉门都假砌死,这对减少吸冷风起到了积极作用。

在生产中往往有一些炉子炉膛压力无法控制,致使整个炉子呈正压或负压。究其原因,前者是由于烟道积水或积渣,换热器堵塞严重,有较大的漏风点,造成烟温低,烟道流通面积过小,吸力下降;而后者则是由于烟囱抽力太大之故。对于炉压过大的情况要查明原因,及时清除铁皮、钢渣和排出积水,并采取措施,堵塞漏风点,而对于炉压过小的情况,可设法缩小烟道截面积,增加烟道阻力。

9.4.6 采用正确的操作方法

正确的操作是实现加热炉高产、优质、低耗的重要条件。在多年生产实践中,人们总结出了不少好的操作经验。"三勤"操作法就是比较成熟的操作方法,一个优秀的加热工应该十分认真地执行"三勤"操作法。所谓"三勤"就是勤检查、勤联系、勤调整。

勤检查就是要经常检查炉内钢坯运行情况,注意观察燃料发热量波动情况,燃烧状况以及各段炉温和炉膛压力变化,正确判断炉内供热量及其分配是否合理,判断钢坯在各段内的加热程度;经常检查冷却水的水压、水量、水温及水质变化,掌握生产情况,并及早发现未来可能影响生产的一切征兆,以便对症采取措施。

勤联系就是经常与有关方面联系,搞好与其他各生产工序或岗位的配合衔接。

要经常与轧钢或调度室联系,了解轧制钢材的规格、速度、待轧时间及换辊、处理事故时间等,做到心中有数。

当煤气发热量及压力发生较明显的波动时,应立即通过调度室与煤气加压混合站取得联系,问明情况,以便做出相应的调整。

要经常与质量检查人员取得联系,掌握加热质量情况。

当检查发现入炉冷却水水质污浊,有明显的杂质,如木块、破布等物以及水压低于0.2MPa或水温过高(入炉水温超过35℃)时,应及时通过调度向给水部门反映,要求立即给予调整。

当检查发现重大设备隐患及安全隐患时,应及时向主管部门汇报,以便及早决策,制订和采取措施,消除隐患。

勤调整就是根据检查和了解到的情况,勤调节炉况,使之适应不断变化着的生产要求。

当轧机轧制节奏、加热钢种、规格发生变化时,要掌握适当的时机改变热负荷,在保证合适的钢的加热温度前提下,尽可能降低炉温,以低限热负荷满足生产。当加热断面尺寸小的钢坯时,可不开或少开加热段烧嘴,当加热较大钢坯时,轧制速度快,加热时间短,则应加大加热段的供热量,以强化加热,增加炉子加热能力。在调整热负荷的同时切记还要调整好空燃比和炉膛压力,否则,仅仅采用调热负荷的做法很可能达不到预期的调节效果和目的。

在一些较先进的炉子上一般都有燃烧的自动比例调节装置,如模拟量调节器,单、多回路调节器等,特别是形成闭环控制的单回路调节系统,自动化程度很高,操作很容易,只要改变设定值就行了。在这种情况下,人们往往产生依赖思想。应该强调指出,即使在这种情况下,"三勤"操作法还是非常重要而且是必不可少的。因为,只有根据轧制情况经常改变设定值才能烧好钢。

9.5 炉况的分析判断

炉子工作正常与否,可以通过分析某些现象来判断。掌握分析判断的方法,对热工操作是十分有益的。

9.5.1 煤气燃烧情况的判断

煤气燃烧状况可以用以下方法判断:从炉尾或侧炉门观察火焰,如果火焰长度短而明亮,或看不到明显的火焰,炉内能见度很好,说明空燃比适中,燃料燃烧正常;如火焰暗红无力,火焰拉向炉尾,炉内气氛混浊,甚至冒黑烟,火焰在烟道中还在燃烧,说明严重缺乏空气,燃料处于不完全燃烧状态;如果火焰相当明亮,噪声过大,可能是空气量过大,但对喷射式烧嘴不能以此判断。

煤气燃烧正常与否还可以通过观察仪表进行分析判断。当燃烧较充分完全时,空气与煤气流量比例大致稳定在一定数值,这一数值因燃料发热量不同而不同。

有一些加热炉上已安装了氧化锆装置以检测烟气含氧量,这就使燃烧情况的判断变得更简单了。当烟气中含氧量在1% ~3%时,燃烧正常;含氧量超过3%为过氧燃烧,即供入空气量过多;含氧量小于1%为氧化锆"中毒"反应时,说明空气量不足,是欠氧燃烧。当然,氧化锆安装位置不当,取样点不具有代表性,所测得的数据不能作为判断依据。

9.5.2 加热过程中钢坯温度的判断

准确地判断钢坯加热温度,对于及时调节炉子加热制度提高烧钢质量,是十分重要的,即使是在加热炉上装有先进的测温仪表,用目测法判断钢温仍是很有必要的。作为一名优秀的加热工应该练好过硬的目测钢温本领。目测钢温主要是观察并区别开钢的火色。在有其他光源照射的情况下目测钢温时,应该注意遮挡,最好是在黑暗处进行目测,这样目测的误差会相对小些。

通过观察钢的颜色,就能够知道钢温,但被加热的钢料在断面上温度差的判断又是一个问题,所以看火工在判断出钢温度以后,第二要做的就是要观察钢料是否烧透。一般钢料中间段的温度与钢料两端的温度相同时,说明钢料本身的温度已比较均匀;若端部温度高于中间部分温度,说明钢料尚未烧透,需继续加热;若中间段的温度高于端部的温度,则说明炉温有所降低,此时便要警惕发生粘钢现象。钢温与炉子的状况有着直接的联系,如有时料的端头温度过高,多是因为炉子两边温度过高,坯料短尺交错排料时,两头受热面大,加热速度快或炉子下加热负荷过大,下部热量上流,冲刷端头引起的。钢长度方向温度不均,轧制延伸不一致、轧制不好调整,也影响产品质量。端头温度低,轧制进头率低,容易产生设备事故,影响生产,增加燃料和电力消耗。

钢加热下表面温度低或严重的水管黑印,轧制时上下延伸不同容易造成钢的弯曲,同时也影响产品质量。下加热温度低的原因是下加热供热不足,炉筋水管热损失太大,水管绝热不良,下加热炉门吸入冷风太多或均热时间不够。此时就应采取如下措施:提高下加热的供热量;检查下加热炉门密封情况;观察炉内水管的绝热情况,如有脱落现象发生,在停炉时间进行绝热保护施工,以保证炉筋管的绝热效果。有些加热操作烧"急火",钢在出炉以前的均热段加热过于集中,炉子是二段制的操作方法,均热段变成了加热段,加热段变成了预热段或热负荷较低的加热。这样,容易造成均热段炉温过高,损坏炉墙炉顶,烧损增加,均热时间短,黑印严重或外软里硬的"硬心"。烧"急火"的原因,是因为产量过高或待轧降温、升温操作不合理,轧机要求高产时,由于加热制度操作不合理没有提前加热,为了满足出钢温度要求或加热因滑道水管造成的黑印,在均热段集中供热,或者因待轧时温度调整过低,开车时为赶快出钢,在出钢前集中供热,使局部温度过高,钢坯透热时间不够,钢坯表面温度高,内部温度偏低,影响轧机生产,使各种消耗增加。

9.5.3 炉膛温度达不到工艺要求的原因分析

在加热生产中，经常会遇到因炉温低而待热烧钢的现象。其大致可从以下几方面分析：

(1) 煤气发热量偏低。

(2) 空气换热器烧坏，烟气漏入空气管道。

(3) 空气消耗系数过大或过小。

(4) 煤气喷嘴被焦油堵塞，致使气流量减少。

(5) 煤气换热器堵塞，致使煤气压力下降。

(6) 炉前煤气管道积水，致使气流量减少。

(7) 炉膛内出现负压力。

(8) 烧嘴配置能力偏小。

(9) 炉内水冷管带走热量大，或炉衬损坏，致使局部热损失大。

(10) 煤气或空气预热温度偏低。

9.5.4 炉膛压力的判断

均热段第一个侧炉门下缘微微有些冒火时，炉膛压力为正合适。如果从炉头、炉尾或侧炉门、扒渣门及孔洞都往外冒火，则说明炉膛压力过大。当看不见火焰时，可点燃一小纸片放在炉门下缘，观察火焰的飘向，即可判断炉压的概况，合适的炉压应使火苗不吸入炉内或微向外飘。

炉压过大的原因可从以下几方面分析：

(1) 烟道闸门关得过小。

(2) 煤气流量过大。

(3) 烟道堵塞或有水。

(4) 烟道截面积偏小。

(5) 烧嘴位置分布不合理，火焰受阻后折向炉门，烧嘴角度不合适，火焰相互干扰。

9.5.5 燃料燃烧不稳定的原因分析

燃料燃烧不稳定的原因可从以下几方面分析：

(1) 煤气中水分太多。

(2) 煤气压力不稳定经常波动。

(3) 烧嘴喷头内表面不够清洁或烧坏。

(4) 烧嘴砖选择不当。

(5) 冷炉点火，煤气量少。

9.5.6 换热器烧坏的原因分析

换热器烧坏的原因可从以下几方面分析：

(1) 煤气不完全燃烧，高温烟气在换热器中燃烧。

(2) 换热器焊缝处烧裂，大量煤气逸出，并在换热器内遇空气燃烧。

(3) 空气换热器严重漏气。

(4) 换热器安装位置不当。

(5) 停炉时换热器关风过早。

9.5.7 空气或煤气供应突然中断的判断

生产中有时会由于多种原因造成燃料及助燃空气的供应中断，在这种情况下，及早做出正确的判断，对防止发生安全事故是极其重要的。

当煤气中断供应时，仪表室及外部的低压报警器首先会发出报警声、光信号，烧嘴燃烧噪声迅速衰减。煤气中断时，只有风机送风声音，炉内无任何火焰，仪表室各煤气流量表、压力表指向零位，温度呈线性迅速下降。

当空气供应中断时，室内外风机断电报警铃同时报警，烧嘴燃烧噪声迅速降低，炉内火焰拉得很长，四散喷出，而且火焰光色发暗，轻飘无力。当系统总的供电网出现故障时，还会造成全厂停电，仪表停转，警报失灵。

9.5.8 炉底水管故障的判断

炉底水管故障常见的有水管堵塞、漏水及断裂三种。这些故障处理不及时就可能造成长时间停产的大事故，因此要给予足够的重视。

(1)水管堵塞。原因主要是冷却水没有很好过滤，水质不良。另外，安装时不慎将焊条或破布等杂物掉进管内没有清除。

水管堵塞的现象是出口水温高，水量少，有时甚至冒蒸汽。

(2)水管漏水。原因有以下几种：一是安装时未焊好，或短焊条留在水管(立管)中将水管磨漏。二是冷却水杂质多，水温高，结垢严重，影响管壁向冷却水传导热量，管壁温度过高而氧化烧漏。在这种情况下，水管绝热砖的脱落对烧漏水管起到一定促进作用。水管漏水往往都发生在靠墙绝热包扎砖容易脱落部位水管的下边。当炉膛内水管漏水时，可以看到喷出的水流和被浇黑的炉墙或铁渣。当水管在砌体内漏水时，可以观察到砌体变黑的现象。严重漏水时，从出水口能检查到水流小、水温高的情况。

(3)水管断裂。一般都发生在纵水管上。由于卡钢或水管断水变形等原因，可能造成纵水管被拉裂的事故。当水管断裂时，大量冷却水涌入炉内，会造成炉温不明原因的突然下降，冷却水大量汽化和溢出炉外，回水管可能断水或冒汽。

必须特别指出，当检查发现上述水冷系统故障时，应立即停炉降温进行处理。对于漏水的情况，在炉温未降到200℃以下时，不能停水，以免整个滑道被钢坯压弯变形。

9.5.9 通过仪表判断炉况

加热炉热工参数检测所用的仪表不外乎温度、流量、压力、成分几种。根据投资规模和设计要求，仪表设置的多寡不一。但是，均热段和加热段的温度，风、燃料流量和压力显示及控制仪表必不可少。它们将加热炉的运行状态集中反映出来，使操作者一目了然。在仪表使用过程中遇到的问题简介如下。

(1) 一般情况下，仪表系统正常时，操作过程中常会遇到下面几种情况：

1)仪表系统正常，炉况正常，煤气流量一定，仪表显示工艺参数有变化，某段温度有缓慢下降趋势，这可能是由于轧制节奏加快，炉子生产率提高，使投料量增加，钢坯在炉内吸热增多引起，属于生产过程中的正常现象，只要适当调整煤气量和供风量就可以使温度缓慢上升，恢复正常。

2)仪表系统正常，生产率较稳定，燃料发热量不变，煤气量、供风量一定，但仪表显示各段温度缓慢下降。通常这可能是由于煤气压力突然下降造成的；反之则是煤气压力升高引起的(在加热炉运行过程中，煤气压力很重要，它直接关系到加热炉各段温度的稳定性)。这时应调整煤气阀门的开启度。

3)加热炉炉况正常,生产率在某一范围内稳定不动,煤气压力正常,风、煤气给定值都能满足生产率的要求,炉温缓慢下降。这时应观察风、煤气量显示值之比是否在规定范围之内,或者观察氧量分析仪显示参数(正常时含氧量应为1% ~3%左右)。如果风、煤气比偏大或含氧量偏高,温度低是燃料发热量降低而造成,这时应根据实际情况适当降低供风量,增大煤气量;反之增大供风量,减少煤气量,直至空燃比适宜或氧含量参数显示正常时为止。

4)加热炉正常运行过程中,煤气压力、煤气量、风量等均按正常操作给定。燃料发热量一定,生产率变化不大,下加热或下均热段温度有下降的趋势,这时含氧量正常,同时,从炉子里出来的钢坯阴阳面大。这时应立刻检查炉内火焰情况,如果某处火焰颜色呈红色、橘红色或暗红色并且分布在纵、横水管周围,这很可能是炉底水管漏水造成。应马上将该段压火进一步检查,同时通知有关人员处理。

(2)当加热炉运行正常时仪表系统出现异常的一些现象以及判断和解决方法有:

1)某段温度突然上升或下降,变化幅度超过100℃且不再恢复正常。该现象一般是热电偶损坏或变送器故障所引起。这时应凭借以往的操作经验,借助该段瞬时流量参数进行调整,同时通知有关人员进行处理。一般而言,当炉型和炉体结构固定不变时,供热量与温度之间都有一定的规律,遵循这个规律,短时间盲调不影响正常生产。

2)对新建、改建或停炉检修后,经过点火、烘炉过程投入生产的炉子,当其外部条件都正常,煤气量、供风量按先前的规律给定,这时加热炉该段温度应达到某一温度范围,但实际显示没有达到。这一般是由于测温热电偶插入深度不正确所致。一般来说,平顶炉插入深度应为80~120mm左右,拱顶炉则在120~150mm之间。插入太少仪表显示温度偏低,不能真实反映炉温,而且过多消耗燃料,容易造成粘钢。插入太深,反映的温度可能是火焰温度,这也失去了意义,而实际钢温将偏低,直接影响加热质量。所以,如显示温度差距较大,多半是因为热电偶插入深度不正确引起,但也可能是温度显示仪表出现故障,这时应及时通知有关部门处理。

3)仪表显示各工艺参数正常。由于轧制节奏改变引起生产率变化,伴随发生炉温的升降,这时操作者必然要调整风、煤气量。如果操作器给定值已调整了50% ~80%的范围,煤气或风的流量计的瞬时值还在原位停滞不动,一般是执行器失灵造成。

4)与第三种现象相反,当操作器给定值刚刚微动了很小的调整范围,流量计显示变化量特别大,观察炉内火焰情况没有大起大落现象,这可能是执行器阀位线性化不好所致。

对于3)、4)两种情况,都需要仪表管理部门处理。

复习思考题

1. 新建或检修后的炉子为什么要进行干燥?
2. 烘炉的目的是什么?
3. 烘炉前应做哪些检查?
4. 烘炉前是否用烘烟囱,用什么燃料烘,烘到多少度?
5. 烘炉曲线上哪几个温度点是比较关键的,为什么?
6. 烘炉时是否压钢坯,什么时候压?
7. 用什么燃料烘炉,是否直接用烧嘴烘,为什么?
8. 若有汽化冷却,什么时候通知汽化工打开助循环设施?

9. 为什么说烘炉的主要问题是烘炉速度？
10. 烘炉时炉压为正压还是负压？
11. 重油罐中油的加热温度是多少，喷嘴前油的加热温度是多少？
12. 不同牌号的重油是否可以掺混使用？
13. 简述送油操作步骤。
14. 简述重油点火程序。
15. 重油点不着火的原因有哪些？
16. 重油燃烧产生灭火的原因有哪些？
17. 重油燃烧产生气塞的原因有哪些？
18. 产生结焦的原因有哪些？
19. 喷嘴堵塞的原因有哪些？
20. 燃油加热炉如何进行停炉操作？
21. 炉温降到多少度才能停止炉底水管供水？
22. 送煤气时为什么要进行扫线？
23. 检查煤气管道上的放水管、取样管、煤气压力导管及其阀门、煤气放散阀时应注意什么？
24. 放散管冒蒸汽多长时间后，打开放水阀门？
25. 煤气放散多长时间后，取样做爆发试验？
26. 简述煤气点火操作步骤，点不着火怎么办？
27. 为什么点不着或着火后又熄灭，应立即关闭煤气阀门，向炉内送风10~20分钟？
28. 简述蓄热式烧嘴加热炉的升温、换向操作步骤。
29. 对换热式加热炉，换热器超过多少度时进行热风放散？如何进行？
30. 如何进行停煤气操作？
31. 停炉时，烟道温度下降到多少度时，才停风机？
32. 停煤气时如何堵盲板，盲板在哪儿？
33. 简述停煤气时关阀门的顺序。
34. 如何合理控制加热炉温度？
35. 如何用肉眼观察钢的加热温度？
36. 什么是“三勤”操作法？
37. 如何判断燃料的燃烧情况？
38. 如何判断钢温？
39. 炉膛温度达不到工艺要求时，可能的原因有哪些？
40. 炉压为负值时，有哪些害处？炉压过大，有什么缺点？
41. 炉压大小与废气量有没有关系？
42. 在实际操作中，用什么方法来控制炉膛压力？
43. 换热器烧坏的原因有哪些？
44. 炉底水管故障有哪些，其原因是什么？
45. 加热炉某段温度突然上升或下降，可能是什么原因造成的？
46. 热电偶插入深度对测炉温有何影响？

10　煤气的安全使用

煤气是大型钢铁联合企业轧钢厂加热炉中最常用的燃料，它一方面有燃烧效率高，燃烧装置简单，易于控制，输送、操作方便等许多优点；另一方面还有极易产生煤气中毒和煤气爆炸的缺点，有时甚至造成厂毁人亡的严重后果。为了避免煤气事故的发生，每个加热工都应具有一定的安全知识，在日常操作上必须严格遵守煤气安全技术规程。

10.1　煤气中毒事故的预防及处理

10.1.1　发生煤气中毒的原因

煤气中使人中毒的成分有 CO、C_2H_4 和一些重碳氢化合物、苯酚等，其中以 CO 的毒性最大，CO 能与血液中的红血球相结合，使人失去吸收氧气的能力，从而使人中毒和死亡，中毒的特征是头痛、头晕等。为了预防中毒，做到安全生产，在操作时应特别注意。

一氧化碳的密度同空气相近，一旦扩散就能在空气中长时间不升不降，随空气流动。由于它是一种无色无味的气体，人的感官很难发觉，所以往往使人在不知不觉中中毒。

10.1.2　煤气中毒事故的预防

新建、改建、大修后的加热炉煤气系统，在投产前必须经过煤气防护部门的检查验收。煤气操作注意事项如下：

（1）对煤气设备如管道、阀门、放散管、排水器等要定期检查。

（2）凡在煤气区作业必须到防护站办理作业票，防护站到现场检查发现问题及时处理。

（3）利用风向，不允许在上风头工作时，可根据现场 CO 浓度决定工作的时间长短。国标规定 CO 浓度及允许工作时间如表 10 - 1。

表 10 - 1　国标规定 CO 浓度及允许工作时间

CO 浓度/mg · m^{-3}	允许工作时间	CO 浓度/mg · m^{-3}	允许工作时间
30(即 24×10^{-6})	可以长期工作	100(即 80×10^{-6})	可以工作 0.5h
50(即 40×10^{-6})	可以工作 1h	200(即 160×10^{-6})	可以工作 15 ~ 20min，但间隔时间 2h

（4）上炉子工作时至少 2 人以上，点火时至少 3 人以上操作，并且必须配带煤气报警器。

（5）严禁在煤气区休息、打盹、用煤气水洗衣服等。

（6）所有报警器每班使用前校对一次。

（7）新建或改建大修后的煤气设备要进行严密性试验，符合标准才能使用。

（8）凡进行煤气放散前，要通知调度室，并由调度室通知汽化人员，严禁自行放散。

（9）煤气设备检修时应有可靠的切断煤气源装置。

（10）扫线时胶管与阀门连接处捆绑铁丝不得少于两圈。开阀门时应侧身缓慢进行。扫线完毕拆胶管时应缓慢进行，把管内残气排净，方可拆掉，以免蒸汽烫伤人。

(11) 带氧气呼吸器工作,应检查是否好用,是否有足够氧气。

(12)煤气作业区应常通风,CO 含量应合格。

10.1.3 煤气中毒事故的处理

发生煤气中毒事故时应立即用电话报告煤气防护站到现场急救,并指派专人接救护车。同时将中毒者迅速救出煤气危险区域,安置在上风侧空气新鲜处,并立即通知附近卫生所医生到现场急救。检查中毒者的呼吸、心脏跳动及瞳孔等情况,确定煤气中毒者的中毒程度,采取相应救护措施。

必须注意,当中毒者处于煤气严重污染区域时,必须戴好防毒面具才能进行抢救,不可冒险从事,扩大事故。

对轻微中毒者,如只是头痛、恶心、头晕、呕吐等,可直接送附近卫生所或医院治疗。

对较重中毒者,如有意识模糊、呼吸微弱、大小便失禁、口吐白沫等症状,应立即在现场补给氧气,待中毒者恢复知觉,呼吸正常后,送医院治疗。

对意识完全丧失、呼吸停止的严重中毒者,应立即在现场施行人工呼吸,中毒者未恢复知觉前,不准用车送往医院治疗。未经医务人员允许,不得中断对中毒者的一切急救措施。

为了便于抢救,应解开中毒者的领扣、衣扣、腰带,同时注意冬季的保暖,防止患者着凉。

发生煤气中毒事故后,必须查明原因,并立即处理和消除,避免重复发生同类事故。

10.2 煤气着火事故的预防及处理

10.2.1 煤气着火事故的预防

在冶金企业中,发生煤气着火事故是比较常见的,这方面的教训是深刻的,经济损失也比较严重。

发生煤气着火事故必须具备一定的条件,一是要有氧气或空气;二是有明火、电火或达到煤气燃点以上的高温热源。大多数的煤气着火事故都是由于煤气泄漏或带煤气作业时,附近有火源或高温热源而产生的,因此,防止煤气着火事故的根本办法就是严防煤气泄漏和带煤气作业时杜绝一切火源,严格执行煤气安全技术规程。

在带煤气作业中要使用铜质工具,无铜质工具时,应在工具上涂油而且使用时十分小心慎重。抽、堵盲板作业前,要在盲板作业处法兰两侧管道上各刷石灰液 1 ~ 2m,并用导线将法兰两侧连接起来,使其电阻为零,以防止作业产生火花。

在加热煤气设备上不准架设非煤气设备专用电线。

带煤气作业处附近的裸露高温管道应进行保温,必须防止天车、蒸汽机车及运输炽热钢坯的其他车辆通过煤气作业区域。

在煤气设备上及其附近动火,必须按规定办理动火手续,并可靠切断煤气来源,处理净残余煤气,做好防火灭火的准备。在煤气管道上动火焊接时,必须通入蒸汽,趁此时进行割、焊。

10.2.2 煤气着火事故的处理

凡发生煤气着火事故应立即用电话报告煤气防护站和消防队到现场急救。

当直径为 100mm 以下的煤气管道着火时,可直接关闭闸阀止火。

当直径在 100mm 以上的煤气管道着火时,应停止所有单位煤气的使用,并逐渐关闭阀门三分之二,使火势减小后再向管内通入大量蒸汽或氮气,严禁关死阀门,以防回火爆炸,让火自然熄灭后,再关死阀门。煤气压力最低不得小于 50～100Pa,严禁完全关闭煤气或封水封,以防回火爆炸。

如果煤气管道内部着火应封闭人孔,关闭所有放散管,向管道内通入蒸汽灭火。

当煤气设备烧红时,不得用水骤然冷却,以防管道变形或断裂。

10.3 煤气爆炸事故的预防及处理

空气内混入煤气或煤气内混入了空气,达到了爆炸范围,遇到明火、电火花或煤气燃点以上的高温物体,就会发生爆炸。煤气爆炸可使煤气设施、炉窑、厂房遭到破坏,人员伤亡,因此必须采取一切积极措施,严防煤气爆炸事故的发生。各种煤气的爆炸浓度及爆炸温度见表 10-2。

表 10-2 各种煤气的爆炸浓度和爆炸温度

气体名称	气体在混合物中的体积含量/%		爆炸温度/℃
	下 限	上 限	
高炉煤气	30.84	89.49	530
焦炉煤气	4.72	37.59	300
无烟煤发生炉煤气	15.45	84.4	530
烟煤发生炉煤气	14.64	76.83	530
天然气	4.96	15.7	530

10.3.1 产生煤气爆炸事故的主要原因

(1)送煤气时违章点火,即先送煤气后点火,或一次点火失败接着进行第二次点火,不做爆发试验冒险点火,造成爆炸。

(2)烧嘴未关或关闭不严,煤气在点火前进入炉内,点火时发生爆炸。

(3)强制通风的炉子,发生突然停电事故,煤气倒灌入空气管道中造成爆炸。

(4)煤气管道及设备动火,未切断或未处理净煤气,动火时造成爆炸。

(5)煤气设备检修时无统一指挥,盲目操作,造成爆炸。

(6)长期闲置的煤气设备,未经处理与检测冒险动火,造成事故等。

应当指出:煤气爆炸的地点是煤气易于淤积的角落,如空煤气管道、炉膛及烟道和通风不良的炉底操作空间等,其中点火时发生爆炸的可能性最大。

10.3.2 煤气爆炸事故的预防

既然加热炉点火时最易发生爆炸事故,那么预防爆炸事故首先就要做好点火操作的安全防护工作。

点火作业前应打开炉门,打开烟道闸门,通风排净炉内残气,并仔细检查烧嘴前煤气开闭器是否严密,炉内有无煤气泄漏,如炉内有煤气必须找到泄漏点,处理完毕并排净炉内残气,确认炉内、烟道内无爆炸性气体后,方可进行点火作业。

点火作业应先点火,后给煤气;第一次点火失败,应在放散净炉内气体后重新点火,点火时所有炉门都应打开,门口不得站人。

在加热炉内或煤气管道上动火,必须处理净煤气,并在动火处取样做含氧量分析;含氧量达到 20.5% 以上时,才允许进行动火作业,管道动火应通蒸汽动火,作业中始终不准断汽。

在带煤气作业时，作业区域禁止无关人员行走和进行其他作业，周围 30m 以内（下风侧 40m）严禁一切火源和热渣罐、机车头、红坯等高温热源及天车通过，要设专人进行监护。

在煤气压力低或待轧、烧嘴热负荷过低以及烘炉煤气压力过大时，要特别注意防止回火和脱火，酿成爆炸事故。切不可因非生产状态而产生麻痹思想。

如果遇有风机突然停运及煤气低压或中断时，应立即同时关闭空、煤气快速切断阀及烧嘴前煤气、空气开闭器，要特别注意首先要关闭煤气开闭器，切断煤气来源，止火完成后，通知有关部门，查明原因，消除隐患后，才可点火生产。

10.3.3　煤气爆炸事故的处理

发生煤气爆炸事故时，一般都伴随着设备损坏而发生煤气中毒和着火事故，或者产生第二次爆炸。因此，在发生煤气爆炸事故时，必须立即报告煤气防护站及消防保卫部门；切断煤气来源，迅速处理净煤气，组织人力，抢救伤员。煤气爆炸后引起的煤气中毒或煤气着火事故，应按相应的事故处理方法进行妥善的处理。

10.4　预防回火

生产时，还应注意燃烧器的回火现象，回火就是煤气和空气的可燃混合物回到燃烧器内燃烧的现象。

回火的产生是由于煤气与空气的混合物从喷嘴喷头喷出的速度小于火焰传播速度。根据理论分析和现场操作实践总结出以下情况容易发生回火：

（1）煤气的压力突然大幅度降低。

（2）烧嘴的热负荷太小，混合可燃气体的喷出速度过低。

（3）烧嘴混合管内壁不光洁，混合可燃气体产生较大的涡流。

（4）关闭煤气的操作不当时，例如在关闭煤气时没有及时关闭风阀，空气就将窜入煤气管道中造成回火。

（5）混合气体喷出速度分布不均匀（在喷出口断面上）也容易引起回火，这是因为回火是在喷出速度小于燃烧速度（即火焰传播速度）的情况下发生的，而喷出速度不是指该处的平均速度，而是指最小速度，因此在流速分布不均匀时，虽然混合气体的平均喷出速度大于燃烧速度，但其最小速度有时可能小于燃烧速度而造成回火。

（6）焦油及灰尘的沉析，也容易引起回火。特别是对使用发生炉煤气的炉子上，这种现象是相当严重的，一般发生炉煤气中的焦油在 270℃ 以上就大量析出炭黑，它不但经常使喷嘴堵塞，并且它还成为点燃物，从而使煤气过早自燃而引起回火，为此，有的单位将空气预热温度控制在 300℃ 以下，以防止回火现象。

当烧嘴回火时，要关闭烧嘴，检查处理。如果烧嘴回火时间较长，已将烧嘴混合管烧红，应冷却混合管后再点燃。在实际操作中，要掌握煤气压力过低时不能送煤气这一点。

在实际操作中只要保证混合气体的喷出速度在 30 ~ 50m/s 就可以了，过大的喷出速度将使燃烧不稳定，火焰断续喘气，甚至熄火。这就是说在一定条件下，除考虑防止回火问题外，还必须注意“灭火”问题。

复习思考题

1. 煤气对人体会造成哪些伤害?
2. 煤气使人中毒的成分是什么,预防煤气中毒有哪些方法,发生煤气中毒时如何抢救,国标中规定CO浓度及工作时间是什么?
3. 煤气发生爆炸的条件是什么,防止爆炸的具体措施有哪些?
4. 防止煤气着火的具体措施是什么,发生煤气着火后如何处理?
5. 回火条件和防止回火的具体措施有哪些?

11　加热炉的维护及检修

11.1　加热炉的维护

11.1.1　炉子维护的意义与内容

炉子维护是否良好，对正常生产、炉子的使用寿命、单位燃料消耗和劳动环境有很大影响。炉子维护得好，炉子钢结构、砌体和炉门完好，始终保持炉子的严密性，不冒火、不吸风、散热少、炉筋水管不弯曲不变形，就会使推钢能正常进行；水管包扎绝热层完整无缺，水管带走热损失减少，燃烧装置不漏不堵灵活好使，则炉体寿命长。设备事故少，单位热耗低，劳动条件也改善。如果炉子维护不好，炉体冒火、吸风、钢结构和炉墙板变形，炉门损坏，大量散热，滑道变形，就会影响推钢；包扎脱落热量损失，燃烧装置滴漏、堵塞、调节失灵，则不能保持正常生产，炉子寿命短，单位热耗高，劳动环境也差。所以加热炉日常维护是一项很重要的工作。

炉子日常维护的内容有：炉底水管及其绝热层的维护；炉子砌体的维护；炉体钢结构、炉墙钢板及其他部件的维护；炉底的维护与清理；燃烧装置及各种管道的维护；烟道、闸门及换热器的维护等。

11.1.2　加热炉的日常维护规程

加热炉的日常维护规程如下：

（1）每日检查加热炉的各种仪表是否正常，发现异常现象及时与仪表室联系处理。

（2）每日检查换热器的保护装置，热风放散阀的可靠性，要求进行班前试验。

（3）每日检查加热炉的各种管道煤气管、风管、水管等，杜绝“跑、冒、滴、漏”现象。

（4）随时检查加热炉冷却水管及水冷部件，不得断水，出水口水温不得高于45℃。

（5）在控制冷却水时，若发现阀门开启不正常，应通知管工及时处理。

（6）冷却水循环系统出现停水事故时，应立即停炉，并把所有炉门及烟道闸板打开降温，立刻与供水单位联系，供水正常后，方可提温生产。

（7）当有停风事故发生时，应严格按技术操作规程处理。

（8）换热器出现异常现象时，应严格按技术操作规程处理。

（9）看火工要随时观察炉况，按加热技术操作规程操作，发现异常情况及时与工段联系。

（10）交接班时，看火工要逐一检查烧嘴情况，做好记录。

（11）对加热炉的炉渣做到及时清理，严防流渣浸泡炉子钢结构。

（12）严禁天车吊料在加热炉顶停放，严禁吊料碰撞风管及炉子钢结构。

（13）交接班前检查炉炕情况，对上涨的炉炕要利用换辊或检修时间组织处理。

（14）加热炉要定期小修，周期一般为2～3个月，小修期间要做好如下工作：

1）彻底检查加热炉各部位。

2）炉底管找平。

3）打压检查炉底有无漏水及破裂现象，发现问题及时处理。

4）检查滑轨磨损情况，一般不得磨损纵水管。

5）炉底管包扎。

6）修补炉墙及砌破损的保护墙。

7）处理生产时不易解决的问题。

8）浇注炉头、斜坡及滑道修补。

9）清理炉炕，上铺 50～80mm 的镁砂。

11.1.3 耐火材料炉衬的维护

耐火炉衬直接接受高温炉气侵蚀和冲刷，其工作条件十分恶劣，做好维护工作十分重要。加热工要维护好炉衬必须做到以下几点：

（1）烘炉及停炉特别是大、中修的烘炉，必须按规程规定的升、降温速度进行，防止急骤升温和快速降温。过快的升降温速度会使砌体内部产生较大的热应力，致使炉体崩裂。

（2）不允许炉子超高温操作。炉温过高不仅会产生严重的化钢现象，而且大大缩短炉子的使用寿命。一般连续式加热炉最高炉温不得超过 1350℃，应绝对禁止把炉温提到 1400℃，甚至更高温度的错误操作。必须明确超高温操作会影响炉衬的寿命，是绝对不允许的。

（3）要绝对禁止往高温砌体上喷水。在实际生产中，有的加热工因为急于清渣或进炉作业，用往高温炉衬上浇水的方法来加速炉子冷却。这种做法会对耐火材料产生极大的破坏作用，要坚决制止。

（4）应注意装炉操作，严防坯料装偏，或跑偏未及时纠正而刮炉墙、卡炉墙。要积极避免预热段发生拱钢事故，以防撑坏炉顶。

（5）应尽量减少停炉次数。每次停、开炉都会因砌体的收缩和膨胀而使其完整性受到破坏，影响使用寿命。炉子的一些小故障应尽可能用热修解决，检修周期与轧机相同，平时无检修时间的几座炉子，每炉停炉次数应大致相等，以免由于停炉集中于某一座炉子而使其砌体受损严重，无法工作到一个检修周期。

11.1.4 炉子钢结构的维护注意事项

炉子钢结构的作用是保持砌体的建筑强度，支持砌体重量，抵抗砌体的膨胀作用以及维持砌体的完整性和密封性。钢结构是否完整对整个加热炉的寿命均有重大的影响。

（1）在生产、烘炉和停炉过程中注意检查钢结构状态，发现钢结构变形或开焊时，应及时处理。

（2）防止炉压太高，炉门、装料口等处大量冒火，保证炉门、着火孔、测试孔关闭和堵塞严密，防止冒火烤坏钢结构和炉墙板。

（3）在操作时应避免发生事故，特别是推钢操作要严防推坏炉体砌砖，因为砌体损坏就会导致钢结构被烧坏。

11.1.5 炉底的维护

钢在炉内加热时，不可避免要产生氧化，氧化铁皮脱落将造成炉底积渣，引起炉底上涨。积渣的快慢与钢的加热温度、火焰性质以及钢的性质有密切关系。钢的加热温度高，火焰氧化性强时，钢的氧化加剧，积渣速度就快。特别是在炉温波动大时，氧化铁皮容易脱落，更易造成炉底上涨。炉底积渣过多时对钢的加热和炉子的操作都有不良影响，因此必须及时清理炉底，排除积渣。

避免炉内积渣过快最根本的方法是加热炉的正确操作。严格按加热制度控制炉温、不烧化氧化铁皮。因为烧化了的钢渣凝固后很坚硬,不容易用铁钎打掉。严格控制炉压,并防止炉温波动,以避免炉内吸入冷空气而增加氧化烧损,减少氧化铁皮的脱落,以防炉底过快积渣造成炉底上涨。

11.1.6 架空炉底及炉底机械的日常维护

采用双面加热的炉子,除了要加强对实心炉底的清理与维护外,还应加强对架空炉底,即炉筋管、横向支撑水管及支柱水管的维护,以防止在高温下长期使用失去应有的结构强度和稳定性而造成塌陷,其维护要点如下:

(1) 开炉前必须有压炉料,否则炉筋管等容易烧弯、烧坏。

(2) 在装、出料时,要防止歪斜、弯曲坯料卡炉筋管。

(3) 经常检查炉内各炉筋管、横向支撑水管及支柱水管绝热包扎层,并及时将损坏的地方加以修补。

(4) 确保冷却水的连续供给,严格控制出口水温。

(5) 炉筋管、横向支撑水管及支柱管经过一定的使用期后,在炉子检修时必须更换,勉强使用易造成事故。

对于机械化炉底加热炉而言,炉底机械等的正常运行是加热炉顺利生产的前提条件,因此必须加强对炉子装、出炉设备和炉底机械的日常维护和检修。否则,一旦发生事故将被迫停产。对炉底机械等的维护应从以下几个方面着手:

(1) 经常检查各机械设备的运行情况。发现隐患,应利用一切非生产时间及时加以检修,防止设备带病工作。对于易损部件,应有足够的备品备件,以便能及时更换。

(2) 加强对设备的润滑,对需要润滑的部位,应定期检查、加油。

(3) 对炉底机械要采取隔热降温措施,需冷却的部件,必须保证冷却水的连续供给。

(4) 加强对液压系统的检查与检修。在机械化炉底的加热炉中,许多炉底机械是采用液压系统控制的,如步进炉炉底的步进梁。液压系统能否正常工作,将直接影响炉底机械的正常运行,必须加以重视。

11.1.7 水冷设施的维护

加热炉中的许多金属构件及设备需要冷却,如果不能保证冷却水的连续供给,加热炉是不能投入生产的。为此应加强对炉子水冷设施的维护工作。炉子的冷却方式主要分为水冷和汽化冷却两种。对于炉门、炉门框、水冷梁等金属构件或机械设备等,一般均直接采用水冷;对于炉筋管、横向支撑水管及支柱水管,一般采用汽化冷却方式。

(1) 水冷设施的维护

1) 经常检查水泵运行情况及管路状况,保证管路上各调节阀严密、灵活。

2) 防止管路系统,特别是冷却部件或设备漏水。

3) 严格控制出口水温,及时调节冷却水流量。

4) 水冷系统尽可能形成闭环,循环使用,以节约用水。

(2) 汽化冷却系统的维护

1) 经常检查循环泵及循环系统所有管路的运行情况。

2) 严格控制汽包水位、压力及温度。

3) 经常检查管路上各种阀门,如安全阀、调节阀、放散阀、排污阀和压力表、水位计等是否正常,应确保其严密性、灵活性、准确性。

4)保证软化水的质量,并定期对水管过滤器进行清洗。

对加热炉除了要加强对上述重点项目进行维护外,同时还要加强对金属构架、炉门、观察孔、换热器等的维护。煤气管道上的各种开闭器和调节阀要经常涂油,以确保其严密性、灵活性。

11.1.8　燃烧装置的维护

11.1.8.1　注意事项

(1)要保持烧嘴或喷嘴的位置正确,与烧嘴或喷嘴砖的中心线相一致。

(2)保证烧嘴或喷嘴不滴漏,烧嘴砖孔不结焦。

(3)燃烧器要经常维护,定期检修,及时清除结焦、油烟及其他杂物。

(4)经常检查各种炉前管道是否有跑、冒、滴、漏,发现后应立即处理,各种阀门开闭是否灵活,热管道保温层是否完好。

11.1.8.2　烧嘴的检查

烧嘴检查的内容为:

(1)检查各个部件连接螺丝是否松动。

(2)检查嘴前所有阀门转动是否灵活,润滑是否良好。

(3)检查烧嘴及嘴前阀门是否泄漏。

(4)检查烧嘴与炉子接触部位是否冒火,如发现问题要及时进行处理或者采取措施,在处理过程中要遵守有关的安全规定。

11.1.8.3　燃煤气烧嘴的更换

更换步骤为:

(1)切断烧嘴的煤气和助燃风的供应。

(2)确认没有残余的煤气后,把烧嘴与煤气和助燃风连接的法兰卸开。

(3)先卸开烧嘴的端盖螺栓,然后卸下风桶及煤气桶。

(4)把备用的风桶及煤气桶装上去,更换连接处的密封圈,拧紧端盖螺栓。

(5)把烧嘴与煤气、助燃风连接的法兰拧紧。

(6)打开煤气和助燃风的阀门,检查是否泄漏。

(7)把更换下来的部件收好,进行修理和清洗,以备再用。

11.1.9　烟道、闸门的维护注意事项

检修后要清理干净烟道中的杂物,正常生产时注意检查烟道是否漏风,烟道有无漏水和积灰影响抽力、排烟不畅的现象,检查闸门有无变形影响调节的情况。

11.1.10　换热器的维护注意事项

11.1.10.1　空气换热器的维护

(1)一般换热器入口烟温,允许长期≤800℃,短时最高不超过850℃;预热风温不超过500℃。

（2）热风自动放散阀是保护换热器的保护装置，为防止热风放散阀失灵，看火工每次接班后均应作手动试放散一次（即将给定值内500℃降至实际风温以下20～30℃），发现热风自动放散阀失灵应及时通知仪表工修复。

（3）全厂性停电前两小时，必须由调度室书面通知加热工段或当班看火工停炉降温并关闭烟闸，确保停电之前换热器入口烟气温度降到600℃以下。

（4）为防止换热器管子外壁结垢堵塞，每使用6～12个月应仔细清灰一次。

11.1.10.2　煤气换热器的维护

（1）如遇有停电、停风、停煤气或加热炉发生塌炉顶等大事故时，按紧急状态下修煤气停炉制度处理。

（2）每使用5～6个月清灰检查一次；使用一年整体打压试漏一次。

11.1.11　空、煤气系统的维护

经常检查空气、煤气管道有无泄漏，是加热工的一项重要工作。特别是煤气一旦泄漏，极可能引起火灾、中毒、爆炸等恶性事故，因此需特别注意检查。在煤气区应挂上“煤气危险区”等标志牌，进入危险区作业应有人监护；特别检查高炉煤气管道时，应事先做好事故预测和安全措施，配带氧气呼吸器。要用肥皂水试漏，不得采用鼻子嗅的方法检查管道泄漏。对查出煤气管道泄漏要马上处理，不准延误；对于空气管道泄漏，只要不影响生产可另找时间处理。

炉上一切空、煤气阀门必须灵活可靠。加热工应经常检查，看是否符合上述要求，如关闭不严或转动不灵活，应立即通知煤气钳工来处理。

煤气管道积水常常造成煤气压力低或压力不稳定而影响生产，因此加热工应定期排放炉上煤气管道中的积水。放水时要先观察厂房内气流方向，站在上风口放水，听到气绝声立即闭死放水阀。

要特别注意冬季停炉处理煤气后，将煤气管道内积水排出，以免冻裂管道，造成煤气泄漏。

11.2　加热炉的检修

11.2.1　检修的种类

加热炉检修可分为热修与冷修。冷修又分为小修、中修和大修。

11.2.1.1　炉子的热修

热修属于事故抢修，是非计划检修。热修是在不停炉状态下，适当减少燃料供给量，但炉温仍相当高的情况下修补炉子的个别部分，如炉墙或炉顶。

如果加热炉拱顶被烧坏，在抢修之前，应先减少燃料供给量及降低炉膛压力，以减弱从破口处喷出的火焰，然后由筑炉瓦工进行抢修，在热修炉顶时，严格禁止站在炉顶上工作以避免意外事件发生。连续式加热炉的炉门及炉墙等损坏时，都可用热修的方法及时修补。

11.2.1.2　加热炉的定期检修

停炉后待其冷却以后进行的检修叫冷修。冷修一般是有计划的检修，根据检修工作量或时间的长短可分为小修、中修和大修。

如果炉子的钢结构有的部位需要修理，炉子热效率降低，炉子结构不合理，燃料消耗上升，使

加热炉不能满足生产要求则需冷修。

连续式加热炉的小修，一般是根据车间的生产完成情况、燃耗情况、包扎层脱落程度及加热炉炉体损坏情况等，临时安排的检修。小修是炉子易损坏部位的局部检修。例如：更换滑轨和炉炕的局部砌砖；检修烧嘴砖墙；检修局部炉底水管；修补局部炉顶和炉墙；修补或更换炉底水管的绝热层等。

连续式加热炉中修主要将高温段进行拆修，中修是炉子的大半部分进行检修。例如：炉子均热段的炉墙、炉底、炉顶的烧嘴端墙；加热段的炉墙、炉底、炉顶和上下加热烧嘴处炉墙；部分炉底水管及绝热层、炉门和变形损坏的钢结构；部分烧嘴及其他损坏部件的检修。

连续式加热炉大修是炉子绝大部分砌体、部分钢结构和燃烧器、全部炉底水管及其绝热层和所有炉门的检修。连续式加热炉大修时，首先是拆除钢结构和炉子砌砖，同时还要清除炉子结渣，接着是施工阶段，首先是浇炉子基础，然后安装钢结构（加热炉立柱、炉底水管、换热器及附属设备等），炉体砌筑是先炉底及炉墙，然后是炉顶，最后是炉底水管包扎。上述各项在施工中为了加快检修速度均可交叉进行施工，检修全部完成后即可进行烘炉。大修每隔 2 ~ 4 年一次，时间一般为 3 个月左右。

检修之前应充分做好准备工作：(1) 检修之前，准备好检修所需要的各种材料，准备好更换的部件，并将材料运到加热炉附近现场；(2) 作为施工队伍的安排，编制出检修进度图表，并召开检修工作会议，将检修进度安排、检修要求、安全及其他注意事项向参加检修人员交代清楚。

11.2.2　检修注意事项

(1) 连续式加热炉停炉检修时，为了加快炉子的冷却速度，要将烟道闸门和所有炉门全部打开以加强流通冷却。

(2) 注意保证检修质量，保证检修进度并做到材料节约。为减少材料消耗，拆下来的可以利用的耐火砖及钢材等整齐堆放，以备再用。

(3) 拆除旧的砌体及部件时，注意不要拆毁其他不需要检修的部分，保护不需要检修部分不受损坏。

(4) 对冷修砌筑质量要求与新建炉子相同，新旧砌体之间的接缝应平整而坚固。

(5) 检修时对炉内冷却件的焊接质量必须保证良好，要求技术高、有经验的焊工焊接。安装炉底水管时，注意检查并清除管内氧化铁皮及杂物。每个冷却件安装后进行水压试验，无渗漏后才允许砌砖。

(6) 加热炉检修是比较复杂的，需多工种相互配合完成的工作。各项工作都要做到密切配合，严格按照工程进度和检修要求进行。检修后，组织对所有检修项目进行详细检查验收，并组织消除检查出的缺陷，并将加热炉周围环境打扫干净，检查后全部符合要求时，才能进行烘炉。

11.3　大、中修完成的验收

炉子经过大、中修理后，要进行全面的修理质量验收工作。质量验收的主要依据来自于砌筑标准及图纸要求，验收工作包括下面三方面的内容。

(1) 砌体质量的验收。

(2) 金属结构安装质量的验收。

(3) 设备检修质量的验收。

下面针对以上三方面中的砌体质量验收工作内容加以说明。

11.3.1 砌体质量的验收

砌体质量检查验收包括以下内容：

（1）炉墙的砌法是否符合规定。

（2）膨胀缝的留法是否正确。

（3）炉墙的结构是否符合图纸要求。

（4）垂直度误差是否超出规定。

（5）水平度误差是否超出规定。

（6）泥缝的厚度是否超出规定。

（7）各种材质的耐火制品使用部位是否符合要求。

（8）炉顶的砌筑是否正确。

（9）沟缝部位是否全部完成。

（10）应浇灌泥浆部位是否全部完成。

（11）炉门的砌法是否正确。

（12）特殊部位的砌筑应符合图纸要求。

（13）应预留的孔洞是否全部预留。

（14）应砌筑是否已全部砌筑完毕。

砌体质量的验收工作，一般在砌筑过程中完成的，待砌体完成后，如再发现不合规定，则返工需要较大的工作量。一般砌体的验收工作，由有经验的加热工在施工过程中通过盯质量的方法来完成。一旦在砌筑过程中发现问题，通过质量检验认为不合格者，则重新施工，直到符合要求为止。

11.3.2 金属结构安装质量的验收

加热炉大修金属结构部分包括有炉子立柱、横梁、炉内横纵水管的安装、工业水冷管道、水管梁、炉尾排烟罩、护炉铁板等，对这些金属结构的安装质量验收条件有着不同的要求，下面分别给予介绍。

11.3.2.1 护炉立柱的安装质量条件

（1）立柱的垂直度不超过图纸上的要求。

（2）所有的立柱都应靠拉绳定位，前后必须顺线。

（3）立柱底部的固定螺丝必须拧紧。

（4）立柱顶部的连接横梁必须水平，焊接时需按图纸要求进行。

11.3.2.2 横纵水管的安装质量条件

（1）横水管安装前，必须使用水平仪测定横水管的安装位置，与图纸核定无误后方可施工安放。

（2）炉内横水管的上面必须在同一要求水平面上，安放并检查无误后，方可固定焊接。

（3）横水管的炉外连接管的焊接需按图纸要求进行，焊条、焊缝高度均应满足图纸要求。

（4）水管固定板必须与立柱焊接在一起。

（5）所有焊口质量均应在规定压力下做强度检验，以不渗漏时为合格。

（6）纵水管的间距必须要符合图纸要求，纵水管的上面标高应作为安装的主要标准。

（7）纵水管接口的焊接质量以2倍工作压力下的强度检验不渗漏为合格。

（8）施工过程中，横纵水管内部不允许留有焊渣、杂物，必须保证水管畅通。

11.3.2.3 工业水冷管道的安装质量条件

（1）水冷管道的焊接应符合图纸要求，所有的管件均应有试压报告单。

（2）焊接部位以给水不渗漏时为合格。

（3）管道内部不应留有焊渣、异物，给水后应保证畅通无阻。

（4）管道的走向、安放位置要符合图纸要求。

复习思考题

1. 简述加热炉的日常维护规程。
2. 维护炉底要注意哪些问题？
3. 怎样维护换热器？
4. 怎样维护连续加热炉的炉筋管和水冷部件？
5. 连续加热炉的大、中、小修的修炉范围是什么？
6. 大、中修完成的验收工作包括哪些内容？

12 汽化冷却系统操作

12.1 汽化冷却系统操作程序

汽化冷却在连续式加热炉上是广为采用的。汽化冷却的上水、排污、放散、容器内部的污垢清理、水质的化验、水处理等工作环节对汽化冷却的正常运行关系很大。下面主要介绍检修后的试压配合操作、排污操作、放散操作、容器内污垢的清理操作、停炉操作等。了解这些操作的顺序、方法和步骤对汽化冷却的操作工来说是十分必要的。这些操作也是操作工必须掌握的技能,下面介绍其操作步骤和方法。

12.1.1 检修过程与专业人员的试压配合操作步骤

加热炉运行一年后,往往是在设备检修期间,汽化冷却系统同样要进行系统的检修工作,这些检修工作包括各阀门的更换、压力表的校验、执行机构的检修、各种显示仪表的校验、容器内的污垢清理等等。在检修完毕后,按照国家的规定要进行本系统的打压试验,试验的目的是在系统工作压力的规定倍数下检查各焊口、各个阀门的严密情况。汽化冷却操作工要对职能部门的检验进行配合。配合试压工作的程序和步骤如下:

(1) 在试压前,操作工要首先对系统的各部位进行检查,检查的内容包括汽包与主蒸汽联箱的阀位、排污阀位、放散阀位、显示仪表的阀位、系统与外界连接管道各处的阀位情况,应该关闭的要全部关闭,应打开的要全部打开,各步准备工作的检查情况符合要求后,再进行下步操作,如果发现不符合规定的现象,要及时反映给职能部门的工作人员。

(2) 给上水系统的各电泵接通电源,检查询问接通情况,与仪表接通情况,查询各显示仪表正常与否,如没有问题,再进行下一步操作。

(3) 上水操作。告诉各部门参与试压的工作人员,查询有关情况,如无问题,接通上水泵电源,电泵启动。查询电泵的正倒转情况,密切注意水位指示仪表的水位,与现场水位情况进行对证,沟通情况。

(4) 水位在控制室内的仪表显示超出范围后要与现场人员联系,查询放散阀位是否已有水流出,如水从放散阀门流出说明水满,如无流出继续上水。

(5) 水满后停泵,按下停止按钮,泵停后待下步操作。

(6) 经职能部门同意,关闭放散阀门。

(7) 询问现场工作人员有无漏水现象,如有要进行处理;如果没有漏水现象,请示有关人员进行下一步操作。

(8) 观察各部阀门处及焊接缝情况,有无漏水情况。

(9) 经请示,开动蒸汽上水泵,首先要将蒸汽泵的出口阀门稍稍打开,逐渐加大蒸汽量,提高供水量。

(10) 观察各部阀门处及焊缝情况,有无漏水情况。

(11) 升压。各步正常,请示有关人员升压,稍稍打开蒸汽泵出口阀门,逐渐提高蒸汽泵的蒸汽量,密切注意系统的压力显示仪表的读数指针,当达到规定的数值时,压低蒸汽泵出口开度,小量度上水，注意观察压力表读数。

（12）当达到规定值时，停泵关闭蒸汽阀门，并严密观察回水逆止阀的密封情况，观察压力表指针读数，能否保持压力，如能，保持压力至规定时间。

（13）试验完毕后，卸压，按规定执行机构卸压至某一压力值，继续保持一定时间，然后再继续释放压力。

（14）各部阀位、焊缝有无漏水现象，有无渗水现象，查询这些情况。

（15）试压完毕。

（16）在试验书上签署操作人员姓名。

12.1.2　点炉时汽化操作工的操作

（1）开动蒸汽上水泵或电泵，使本系统水量达中水位。

（2）当加热工通知温度达到一定数值时，要打开蒸汽助循环的管道阀门，使蒸汽通入上升管内，提高上升管内的水温。

（3）判断循环是否开始。循环是否处于稳定状态，一般可用倾听上升管中汽水混合物的流动声是否连续不断来加以辨别。当下降管设有流量计时，可观察流量达到一定数值后，用流量波动幅度的大小来判断循环的稳定性，波动幅度越小越稳定。一般加热炉加热段炉温达到800～1000℃，循环即趋于稳定。在引射过程中，装置的启动性能与外部蒸汽压力有关。对启动性能差的装置，要求外部蒸汽压力较高；反之，蒸汽压力可以较低。当外部蒸汽压力一定时，对于启动性能较差的装置，为了减弱其振动和响声，在引射停止前，汽包压力应控制在略低于外部蒸汽压力。根据生产经验，在启动上，一般汽包压力升至0.3～0.4MPa时，振动和响声均可消除，表示循环已趋稳定，即可停止引射。对于启动性能较好的装置，为了达到较好的引射效果，在整个启动过程中，汽包压力可以控制得低一些。

（4）如循环开始，关闭助循环蒸汽阀门。

（5）系统产生的压力是多少，系统蒸汽压力是否提高了。

（6）保持中水位。

12.1.3　运行

操作的主要任务是保证汽化冷却装置和加热炉的安全运行，并保证蒸汽的参数、品质满足生产的要求。运行的基本操作如下：

（1）保持均衡给水，使汽包保持正常水位，不允许超过最高和最低水位（一般为正常水位线±50mm）。

当采用手动给水时，要经常密切注意汽包水位的变化，随时调节给水阀的开度，力求给水量变化平稳，避免猛加猛减。

当采用自动给水时，也要经常密切注意汽包水位，并检查水位计和给水调节阀的正确性和可靠性。

（2）汽包的水位计应定期冲洗（一般每班冲洗1～2次），使其保持完好状态。

远方指示或记录式的水位计，一般每隔4h与汽包水位计校对一次。

装有高低水位警报器时，每周至少试验一次，并同时检查所有水位计（包括汽包水位计）的指示是否一致和可靠。

（3）应维持适合于装置的正常给水压力，如发现给水压力过低和过高时，应及时进行检查和调整。

经常注意给水泵的运行,倾听运转声响是否正常。备用给水泵应经常调换工作,一般每周调换一次。

(4) 应经常维持汽包压力稳定,不宜波动过大,以保证汽化冷却装置循环稳定和用户要求。当压力过低时,应及时调整。当压力过高,超过运行压力时,汽包上的安全阀应能自动开启向外排汽。安全阀的动作灵敏性及可靠性试验,一般每周应进行1~2次。

(5) 为了保证汽包、上升管、下降管内部的清洁,避免炉水发生泡沫和炉水品质变坏,必须进行排污。定期排污次数通常每班进行1~2次,若设有连续排污装置,应调节连续排污阀排污,以保证炉水的品质在规定范围内。排污量应根据炉水化验结果按计算确定。为了不破坏水循环,所有定期排污阀不能同时打开。排污时,排污阀全开的时间,不宜超过半分钟。

(6) 应经常注意装置的各管道阀门、配件是否有损坏或泄漏现象,每周应检查一次,并作好检查记录。

(7) 在汽化冷却装置中,要保证运行中给水、炉水和蒸汽品质符合标准,防止由于水垢或腐蚀而引起管道及部件的损坏,确保安全运行。因此,给水水质每班化验1~2次,当化验结果超过规定指标时,应及时进行调整。

12.1.4 排污操作

(1) 进行水质化验,检查碱度是否超标,如已超标,进行下步操作。

(2) 水位情况是否具备排污条件,如具备,进行下一步。

(3) 打开下排污阀门,排污。

(4) 上水保持中水位。

(5) 在某一汽压下排污水量已够标准,停止排污。

(6) 取样罐放水,判断取样罐的余水放尽与否,如已放尽,取样化验水的碱度。

(7) 如碱度不超标,则操作完毕。

12.1.5 放散操作

(1) 观察汽包内蒸汽压力是否超标,如已超标则进行(2)项操作。

(2) 打开放散阀门。

(3) 观察汽包内蒸汽压力情况,如已符合标准,停止放散。

(4) 放散操作完毕。

12.1.6 清污垢操作

清污垢操作也是操作工一年来自己对水质化验情况判断分析正确与否的检验,水垢太多,说明一年来对化验分析方法掌握的不够准确,应加强分析与化验的准确性。汽化冷却器内的水垢越多,说明炉内受热部分管道的水垢更厚,水垢太厚是十分危险的,它直接影响生产。水垢太多,水管受热不均,易造成水管弯曲,致使生产受到影响。清污垢操作一般采用机械清理的方法,操作步骤如下:

(1) 将汽包内的存水用下排污排净。

(2) 打开汽包人孔。

(3) 清理污垢。

(4) 职能人员验收。

(5) 合格后关闭人孔。

12.1.7　汽化冷却系统事故及处理

汽化冷却系统在运行中,遇到下列情况之一时,应立即停炉。

(1) 汽包水位低于水位表的下部可见边缘。

(2) 不断加大给水及采取其他措施,但水位仍继续下降。

(3) 水位超过最高可见水位(满水),经放水仍不能见到水位。

(4) 给水泵全部失效或给水系统故障,不能给水。

(5) 水位表或安全阀失效。

(6) 设备损坏,汽包构架被烧红等。

(7) 其他异常情况,危及汽包及运行人员安全。

紧急停炉操作,根据具体使用的燃料不同,管道设施及其他设备的不同而不同。最主要的操作主要为水系统、燃料系统等处的阀门切换。

12.1.8　停炉操作

汽化冷却装置的停炉,有正常停炉和事故停炉两种,现分述如下。

12.1.8.1　正常停炉

加热炉熄火后,汽化冷却装置应停止向外供汽。随热负荷逐渐降低,汽包压力随之下降。为了保证装置的水循环正常,应维持缓慢降压,同时应逐渐减少汽包的进水量,以维持汽包内水位正常。对使用给水自动调节器的装置,也必须注意水位变化,当在低负荷调节器不灵时,可切换为手动调节。随炉温继续降低,气压继续下降,若水循环出现异常现象时(如响声、管系振动等),可启动辅助循环设施(打开蒸汽引射或启动循环泵),直至炉温降至400℃以下时,方可停止辅助循环设施运行。

对加热炉停炉时间不长,汽化冷却装置本体又不需要检修时,可在停炉后仍保持汽包压力在0.1MPa左右,以便使汽包内炉水有一定温度,以利于再次启动。

长期停炉,有冻结可能时,应考虑采取防冻措施。

12.1.8.2　事故停炉

一般事故停炉可分为两种:一种是由于突然停电而电源在短期内又不能恢复所引起的;另一种是由于其他事故经处理无效所致。现分述如下:

突然停电时,首先切除电动给水泵,然后紧急启动汽动给水泵,由专人监视水位,将全部自动调节改为手动操作。当电源不能恢复时,为了尽可能减少给水消耗,充分利用给水箱和汽包内的存水,使水循环能维持装置在原工作压力下运行,或使降压尽可能缓慢,直至炉温低于400℃,方可安全停炉。

当其他事故经处理无效,装置必须迅速停运时,应在加热炉熄火降温过程中控制汽包降压速度不宜过快。为了保证炉底管的安全,应在加热段炉温降至800~1000℃,气压降至0.4MPa以下时,启动辅助循环设施,直至炉温降至400℃以下,方可停炉。在整个停炉过程中,应对装置进行全面检查,并做好记录。

12.1.9 停炉保养

12.1.9.1 干保养法

对已安装好并进行了水压试验而又不能及时投入运行的或需停止运行一个较长时间(一个月以上)的汽化冷却装置,为了防止管道和汽包内部金属表面腐蚀,可采用干保养法,其步骤如下:首先将汽包和管道内的全部积水放尽,并将汽包内的污垢彻底清除、冲洗干净后,用微火烘烤或用其他方法将系统内湿气除净,再用 10 ~ 30mm 的块状石灰分盘装好,放入汽包内(一般按汽包每 $1m^3$ 空间放 8kg 计算用量)。也可用硅胶作干燥剂分袋装好,或分装于容器中(要求容器大于硅胶体积,以便在硅胶吸湿后膨胀成散状时,仍不致溢出容器)放入汽包内,然后将所有的人孔、手孔、管道阀门等关闭严密。每三个月检查一次,若生石灰碎成粉状或硅胶吸湿成散状,应更换新的石灰或硅胶。

12.1.9.2 湿保养法

当装置停运时间较短(小于一个月)时,可采用湿保养法,其步骤如下:在装置停止运行后,将全部积水放尽,并彻底清除内部污垢、冲洗干净,重新注入给水至全满,并将炉水加热到100℃,使水中气体排出,然后关闭所有阀门。当气候寒冷易结冻时,不宜采用湿保养法。

12.2 运行事故分析与处理

运行事故按损坏程度可分为三类:爆炸事故、被迫停炉的重大事故和不需停炉的一般事故。事故发生的主要原因有两个方面:一是属于汽化冷却装置的事故,二是操作、管理不善引起的。当发生事故时,操作和管理人员应做到以下几点:1)运行操作人员在任何事故面前都要冷静,迅速查明发生事故的原因,及时准确地处理问题,并应如实向上级报告;2)运行操作人员遇到自己不明确的事故现象,应迅速请示领导或有关技术管理人员,不可盲目擅自处理;3)事故发生后,除采取防止事故扩大的措施外,不能破坏事故现场,以便对事故进行调查分析;4)在事故处理过程中,运行管理和操作人员,都不得擅自离开现场;5)汽包事故消除后,必须详细检查,确认汽包各部分都正常时,方可重新投入使用;6)汽包事故消除后,应将事故发生的时间、起因、经过、处理方法、处理后检查的情况及设备损坏的部位和损坏程度,详细记录。现只介绍汽化冷却装置一般事故原因及处理方法。

汽化冷却装置的事故,一部分由加热炉的事故引起,而另一部分则由装置本身的事故造成。前者主要有炉顶脱落、钢坯掉道、严重粘连、水冷部件的工业水突然停水和煤气事故等,当需要加热炉迅速停炉时,汽化冷却装置应密切配合加热炉操作进行停炉。装置本身造成的事故主要有汽包缺水、满水、汽水共腾、炉管变形等。下面仅叙述装置本身的部分事故处理。

12.2.1 汽包缺水

汽包上水位表指示的水位低于最低安全水位线时,称为汽包缺水。汽包缺水的原因是:1)运行操作人员失职,或是对水位监视不严,或是由于擅离职守,当水位在水位表中消失时未能及时发现;2)给水自动调节器失灵;3)水位表失灵,造成假水位,运行人员未及时发现,产生误操作;4)给水设备或给水管路发生故障,使水源减少或中断;5)汽包排污后,未关闭排污阀,或排污阀泄漏;6)炉底管开裂。

当汽包水位计中水位降到最低水位,并继续下降低于水位计下部的可见部分时,一般分两种情况进行处理：

（1）如水位降低（即低于最低水位以下并继续下降）是发生在正常操作和监视下，且汽包压力和给水压力正常时，应采取下列处理措施：1）首先应对汽包上各水位计进行核对、检查和冲洗，以查明其指示是否正确；2）检查给水自动调节是否失灵，应消除由于给水调节器失灵造成的水位降低现象，必要时切换为手动调节；3）开大给水阀，增大汽包的给水量；4）如经上述处理后，汽包内水位仍继续降低时，应停止汽包的全部排污，查明排污阀是否泄漏，同时还应检查炉底管是否泄漏，如发现水位降低是由于排污阀或炉底管严重泄漏造成时，应按事故停炉程序使汽化冷却装置停止运行。

（2）如水位降低是由于给水系统压力过低造成时，则应立即启动备用给水泵增加水压，并不断监视汽包水位。若水压不能恢复时，装置应降压运行，直至水压能保证给水为止。若降压运行后水压仍继续下降，水位随之降低至水位计下部的可见部分以下时，则应按事故停炉程序停止装置运行。

12.2.2 汽包满水

当汽包水位计中水位超过高水位，并继续上升或超过水位上部的可见部分时，一般可以从以下方面进行处理：

（1）对汽包各水位计进行检查、冲洗和核对，查明其指示是否正确。

（2）检查给水自动调节是否失灵，应消除由于给水调节器失灵造成的满水现象，必要时切换为手动调节。

（3）将给水阀关小，减小给水量。

（4）如经上述处理后，水位计中水位仍继续升高，应立即关闭给水阀，并打开汽包定期排污阀；如有水击现象时还应打开蒸汽管或分汽缸的疏水阀，待水位计中重新出现水位并至正常水位范围内时，即停止定期排污和疏水，稍开给水阀，逐渐调整水位和给水量，使恢复正常运行。

12.2.3 汽水共腾

当汽包内炉水发生大量气泡时，一般处理步骤如下：全开连续排污阀，并开定期排污阀，同时加强向汽包给水，以维持水位正常，加强炉水取样分析，按分析结果调整排污，直至炉水品质合格为止。

如汽水共腾产生严重的蒸汽带水，使蒸汽管中产生水击现象时，应开启蒸汽管和分汽缸上的疏水阀加强疏水。

12.2.4 炉管变形

A 事故分析

炉底管变形一般分两种情况：一种是突发性的变形事故，一种是逐渐发生的变形事故。前者一般是由于偶然性的恶劣施工质量原因，如管路堵塞，接管张冠李戴；或严重的误操作原因，如汽包烧干，也有的是极不合理的设计原因。后者则一般是由于汽化冷却系统设计不合理，或操作存在问题而导致炉底管发生逐渐变形，亦即积累变形。一般炉底管变形多属后者。

对于金属材料，在高温下长期作用载荷将影响材料的机械性能。对于碳钢，在300～350℃以下，虽长期作用载荷其机械性能无明显变化，而当超过这一范围，且载荷超过某一范围，则材料就会发生缓慢变形，此变形为塑性变形，逐渐增大导致破坏，称之为蠕变。加热炉汽化冷却炉底管设计要求其使用温度（管壁温度），不得超过其冷却介质工作压力下饱和温度80℃，超过这一温度就可能出现问题。当炉底管壁温度升高时,强度和刚度条件就可能不满足了,从而导致炉管的变形。那么是什么原因使得炉底管壁温度升高的呢?我们从汽化冷却系统的结构和操作运行两个方面进行分析。

(1)首先从结构方面分析。汽化冷却系统阻力系数偏大,导致水流速降低。循环回路的阻力包括局部阻力和沿程阻力,局部阻力指由于转向、扩张、缩径、分流等引起的阻力损失;沿程阻力指介质与回路管壁间的摩擦产生的阻力损失,它与路径长短有关。阻力越大,循环对运动压头的要求提高,致使水流速降低,可以从下降管的流量看出水流速的高低,炉底管内水流速偏低,使得水与炉管的换热减弱,表现为蒸汽产量降低,导致壁温升高。

(2)导致炉底变形的不合理操作因素有:

1)汽包一次补水过多导致管壁温度升高。汽化冷却系统运行是以上升管中汽水混合物和下降管中水的重力差作为循环动力的,如果汽包一次补水量过多,则汽包水的热焓量大大降低,这样进入炉管内水的"欠热"增加,水段长度延长,蒸汽产量降低,使得上升管中含汽率降低,循环动力减弱,循环流速减小导致壁温升高。

2)开停炉不当,导致炉管变形。比如开炉前不提前打开引射蒸汽并组织提高蒸汽压力,致使开炉时引射能力不足,加上升温速度快,炉管就会受损害。停炉前,当汽包压力低于一定值时要打开蒸汽引射帮助循环,但有时开动不及时,也导致不良影响。

B　汽化冷却系统事故解决措施

(1)改变上升管、下降管路径使其走最佳路径,减少转向和路途。

(2)限制汽包一次补水量,并尽快实现自动补水。

(3)严格开炉、停炉操作,升温要缓慢。

复习思考题

1. 点炉时汽化操作工应如何操作?
2. 正常运行时汽化操作工应做哪些工作?
3. 为什么要进行排污操作?
4. 停炉时,汽化操作工应如何操作?
5. 停炉后,如何对汽包进行停炉保养?
6. 汽包缺水或汽包满水时应如何处理?
7. 汽水共腾的产生原因是什么?如何处理?
8. 可能产生炉管变形在汽化冷却系统方面的原因有哪些?

参 考 文 献

1 蔡乔方主编. 加热炉(第2版). 北京:冶金工业出版社,1996
2 蒋光羲,吴德昭编. 加热炉. 北京:冶金工业出版社,1987
3 金作良编. 加热炉基础知识. 北京:冶金工业部,1985
4 陈英明编. 热轧带钢加热工艺及设备. 北京:冶金工业部,1985
5 陈淑贞等编. 中厚板原料加热. 北京:冶金工业部,1985
6 陈鸿复主编. 冶金炉热工与构造. 北京:冶金工业出版社,1993
7 金属热加工使用手册. 北京:机械工业出版社,1996
8 日本工业协会编. 工业炉手册. 北京:冶金工业出版社,1989
9 王秉铨主编. 工业炉设计手册. 北京:机械工业出版社,1996
10 戚翠芬主编. 加热炉. 北京:冶金工业出版社,2004
11 李均宜主编. 炉温仪表与热控制. 北京:机械工业出版社,1981
12 张善亮主编. 加热炉. 北京:冶金工业部,1995
13 陈海祥主编. 金属学. 北京:冶金工业部,1995
14 刘天佑主编. 钢材质量检验. 北京:冶金工业出版社,1999
15 王廷溥,齐克敏主编. 金属塑性加工学. 北京:冶金工业出版社,2001
16 张承等主编. 中型轧钢. 北京:冶金工业部,1990
17 李曼云主编. 小型型钢连轧生产工艺与设备. 北京:冶金工业出版社,1999

冶金工业出版社部分图书推荐

书　　名	作　者	定价(元)
塑性成型力学与轧制原理	章顺虎	52.00
特种轧制设备	周存龙	46.00
真空轧制复合技术与工艺	骆宗安　谢广明	88.00
板带材智能化制备关键技术	张殿华　李鸿儒	126.00
中厚钢板热处理装备技术及应用	王昭东　李家栋　付天亮　等	86.00
金属压力加工原理(第2版)	魏立群	48.00
金属塑性成形理论(第2版)	徐　春　阳　辉　张　弛	49.00
金属固态相变教程(第3版)	刘宗昌　计云萍　任慧平	39.00
金属学原理(第2版)	余永宁	160.00
光学金相显微技术	葛利玲	35.00
焊接导论	张英哲　伍剑明　李　娟	27.00
钛粉末近净成形技术	路　新	96.00
增材制造与航空应用	张嘉振	89.00
粉末冶金工艺及材料(第2版)	陈文革　王发展	55.00
高温熔融金属遇水爆炸	王昌建　李满厚　沈致和　等	96.00
冶金工艺工程设计(第3版)	袁熙志　张国权	55.00
冶金与材料热力学(第2版)	李文超　李　钒	70.00
钢铁冶金虚拟仿真实训	王　炜　朱航宇	28.00
轧钢过程节能减排先进技术	康永林　唐　荻	136.00
轧钢生产典型案例——热轧与冷轧带钢生产	杨卫东	39.00
轧钢工(高级技师)	杨卫东	36.00
焊工技能培训(技师)	张金艳　李晓霞	38.00